中国市长培训教材⑤

城市固体废物管理

牛冬杰　魏云梅　赵由才/主编
全国市长研修学院/组织编写

中国城市出版社
·北京·

图书在版编目(CIP)数据

城市固体废物管理/ 牛冬杰,魏云梅,赵由才主编.
—北京:中国城市出版社, 2012.7
中国市长培训教材
ISBN 978—7—5074—2621—2

Ⅰ.①城… Ⅱ.①牛… ②魏… ③赵… Ⅲ.①城市—固体废物—废物处理—干部培训—教材 Ⅳ.①X799.305

中国版本图书馆 CIP 数据核字(2012)第 148526 号

责任编辑	宋凯(booktaste@163.com)
封面设计	美信书装设计工作室
责任技术编辑	张建军
出版发行	中国城市出版社
地址	北京市西城区广安门南街甲 30 号(邮编:100053)
网址	www.citypress.cn
发行部电话	(010)63454857 63289949
发行部传真	(010)63421417 63400635
总编室电话	(010)68171928
总编室信箱	citypress@sina.com
经销	新华书店
印刷	北京圣夫亚美印刷有限公司
字数	310 千字 印张 22
开本	787×1092(毫米) 1/16
版次	2012 年 9 月第 1 版
印次	2012 年 9 月第 1 次印刷
定价	55.00 元

版权所有,盗印必究。举报电话:(010)68171928

《中国市长培训教材》编审委员会

主　　　任：仇保兴

副 主 任：王　宁

执行副主任：王忠平

成　　　员：（按姓氏笔画排序）

毛其智　王如松　王铁宏　王富海　王景慧

冯　俊　吕　斌　江　亿　何兴华　吴志强

宋言平　张　悦　李　迅　李兵弟　杨保军

沈清基　邹德慈　陈秉钊　周大亚　武　涌

范维澄　段里仁　赵炳时　赵新良　唐子来

唐　凯　徐文珍　董光器　董黎明　潘海啸

总　序

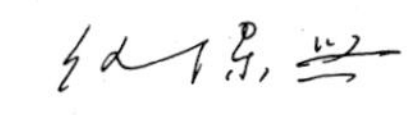

中国市长培训工作始于20世纪80年代初期。当时的中国刚刚结束“十年动乱”，城市建设同其他领域一样都处于百废待兴状态，同时很多城市领导者不熟悉城市建设的问题也比较突出。在时任国务院副总理万里同志的倡导下，为适应改革开放和城市现代化建设的需要，中国开始了市长培训历程。1983年10月，由中组部、建设部(住房和城乡建设部前身)和中国科协共同组织开办了首期市长研究班。到目前为止，共举办各类市长研究班近百期，培训市长6300多人次，为指导和推动城市现代化建设做出了重要贡献。

党中央、国务院一直高度重视市长培训工作。历任中央领导同志，都曾多次接见过市长研究班学员并做出重要指示。胡锦涛同志在直接主管干部培训工作期间，曾两次对市长培训工作做出重要批示，要求以城市规划、建设、管理为主要内容，以提高管理现代化城市的能力和水平为目标，不断改进教学方法，提高教学质量，注重培训效果，努力把市长培训工作做得更好。温家宝同志、贺国强同志曾亲自接见市长学员并与学员座谈。2008年5月，中共中央政治局委员、中组部部长李源潮同志接见全国特大城市城乡规划专题研究班学员并作重要讲话时，高度评价了有史以来的市长培训工作，并以贯彻科学发展观为主题，对进一步做好市长培训工作提出了殷切希望和要求。

为贯彻党中央、国务院关于努力做好市长培训工作的一系列指示精神，我国一大批专家学者和政府官员倾注了大量心血，提供了丰富多彩的理论与实践相结合的教学课程。联合国及有关国际机构的专家学者和官员，也在中国市长培训教学过程中，给予了重要的教学支持。不仅如此，通过不断深化市长培训教学改革，新的教学资源建设已形成常态更新机制。这些宝贵并且时时更新的国内外培训教学资源，不仅在当期市长培训过程中发挥了重要作用，而且对今后的市长培训教学仍有重要价值。

中国目前正处于城镇化高峰时期，借鉴世界的城市化经验和已经走过的历程，中国未来的城市建设任务会更加繁重。以往的城市现代化建设，我们已经取得了令世界瞩目的成就，但是存在的问题也很突出，特别是与科学发展观的要求和国际先进水平相比，我们还有不可忽视的差距，未来的城镇化建设仍然面临着严峻挑战。同时，虽然现今城市领导者科学素质和领导能力已经有了显著提高，但是知识和能力的更新永远是客观要求。还有就是城市领导的岗位变动和自然更替，也需要跨领域的熟悉过程。更重要的是，城镇化的惊人发展过程在促使许多勤于学习的市长在岗位的实践中成长为富有经验的优秀的城市管理者。按照国际通行概念，中国的建制镇也属于城市范畴，而中国的建制镇目前已有两万多个。因此，对于中国城镇化的科学发展过程来说，中国的市长培训工作仍然是任重而道远。

为了更好地适应市长培训工作需要，充分发挥市长培训教学资源在促进住房和城乡建设事业在科学发展过程中的咨询引导作用，在中组部、住房和城乡建设部、中国科协的大力支持下，全国市长研修学院以科学发展观为指导，组织国内外资深专家学者和政府官员，于2009年开始着手编写系列化的市长培训教材。已出版的《城镇化与城乡统筹发展》、《城市安全与应急管理》、《低碳生态城市理论与实践》、《建筑文化与地域特色》等书，就是首批教材成果。这次即将出版《城市固体废物管理》、《城市交通规划与管理》、《城市公共空间规划设计》、《低碳城市设计原则与方法》等书。今后还将陆续出版发行更多包括引入国外为我所用的教材。这些教材不仅可以用于市长培训教学，也可以作为对城市建设与发展感兴趣的其他读者包括大专院校的学生学习参考。

需要说明的是，市长培训虽属教育范畴，但与规范的国民教育还是有区别的。其中最重要的区别就是教材不是法定规范教材。因为城市的建设和发展会不断出现新情况和新问题，如何应对这些新情况和新问题并没有现成的答案。即使对于过去已经发生的事情，在认识论和方法论上也不是一成不变的。因而，教材中的错误和不当之处是在所难免，所谓的市长培训教材，也绝不是金科玉律，只能是城市领导者在施政过程中的咨询参考。诚恳希望城市领导者及所有的读者对此给予宽容和谅解，并提出宝贵意见和建议。相信教材编写工作者一定会虚心接受并不断加以改进。

2012年9月10日

前　言

固体废物是固态或半固态废弃物的总称，城市固体废物包括城市生活垃圾、工业固体废物和危险废物三大类。城市固体废物的任意排放会严重污染和破坏环境，其环境无害化处理、处置与资源化管理已成为制约城市可持续发展的重要因素，受到政府、科技界、产业界和环境保护企业界的重视。

本书从城市固体废物的基本概念出发，探讨了城市固体废物污染控制与资源化管理的基本原则，城市固体废物管理同循环经济发展、可持续城市建设之间的关系，并通过固体废物管理规划和先进技术的介绍，力图为各城市固体废物管理者提供新思路和信息。

城市固体废物的管理是一项系统工程，需要依据减量化、资源化和无害化的基本原则，实施从废物源头避免、产生后分类收集、收集后预处理、运输、储存、处理、处置全过程管理。管理工作中需要进行合理规划，规划先行，在规划的指导下，依据相关法律、法规和地方标准，借鉴国内外的先进经验，在合理的管理机构设置基础上，通过各种规制手段，建立激励机制，引导公众、企业和废物处理各单位积极承担责任，实现生活垃圾和工业固体废物、危险废物的源头减量、综合利用及污染控制相结合的综合管理决策，并采用先进的生活垃圾分类收集、预处理、有机废物生物处理、卫生填埋、热解气化和焚烧发电、废轮胎热解处理、废塑料回收利用、建筑垃圾的综合利用、餐厨垃圾的资源化能源化利用、电子废物的资源化、医疗废物的处理处置等技术，确保有效控制城市废物收集、运输、处理处置环节的污染。

根据我国目前的经济和社会发展水平，在当前和今后相当长的时期内，城市生活垃圾仍然以填埋为主，辅之以焚烧、生物处理等其他处理方法。因此，本书在固体废物的处理处置技术部分，重点针对填埋场的污染控制进行了详细阐述，同时也介绍了国内外焚烧和生物处理的先进经验。典型废物(包括建筑垃圾、餐厨垃圾、电子废物、医疗废物等)的分类管理已经在各个城市中逐步实施，本书也重点做了介绍。

城市污水处理厂污泥采用的处理处置方法与城市生活垃圾类似，因此，近年来，城市污泥也被纳入固体废物的范畴，但受篇幅所限，本书未对污泥的处理与管理进行论述。

本书力图全面完整地描述固体废物污染控制与资源化新技术、新方法、新理论。适合于从事生活垃圾和有毒有害废物的管理人员和城市固体废物处理处置的工程技术人员等阅读和参考，也可作为学习教材。本书所引用的国内外大量文献资料在参考文献或文中尽可能列出，但由于受参考文献数目的限制，加上作者在撰写时出现的疏忽，某些文献可能被遗漏，请有关原作者谅解。

各章编写人员如下：

第一章　牛冬杰、黄慧

第二章　牛冬杰、何冬伟

第三章　倪珊、牛冬杰、刘常青

第四章　牛冬杰

第五章　魏云梅、赵爱华、牛冬杰、赵由才

本书由牛冬杰、魏云梅任主编，赵由才任主审。

编者

2012年8月

目录

目录

目录

目录

第一章 城市固体废物概论

第一节 城市固体废物定义、分类

一、固体废物与城市固体废物的定义

1. 固体废物的定义

固体废物是指在生产、生活和其他活动中产生的丧失原有利用价值或虽未丧失利用价值但被抛弃或者放弃的固态、半固态和置于容器中的气态物品、物质以及法律、行政法规规定纳入固体废物管理的物品、物质。

2. 城市固体废物的定义

城市固体废物（Municipal Solid Waste(MSW)或 Refuse)是指在城市居民日常生活中或为城市日常生活提供服务的活动中所产生的固体废物。主要包括：食品垃圾、普通垃圾、建筑垃圾、清扫垃圾、危险垃圾。但是不同地方的城市固体废物组成是不一样的，因为它的组成依赖于当地的工业、文化、废物管理和当地的气候等条件，由于组成

不同，城市固体废物的处置和处理方法也不同。

城市固体废物往往被称为生活垃圾或城市生活垃圾或简称为垃圾。本书中，“垃圾”特指城市生活垃圾或城市固体废物。

二、城市固体废物的特点与分类

1. 城市固体废物的性质与特点

固体废物一般具有如下特点：

①无主性：被丢弃后，不再属于谁，找不到具体负责者，特别是城市固体废物；

②分散性：丢弃、分散在各处，需要收集；

③危害性：给人们的生产和生活带来不便，危害人体健康；

④错位性：一个时空领域的废物在另一个时空领域是宝贵的资源，又被称为“在时空上错位的资源”。

固体废物对环境的危害与所涉及的固体废物的性质和数量有关，其处理的依据主要是当地的环境污染控制标准，对环境污染的控制程度与经济发展和民众生活水平有密切关系。

城市固体废物的性质如下：

(1)物理性质

包括物理组成、色、臭、温度、含水率、空隙率、渗透性、粒度、密度、磁性、电性、光电性、摩擦性、弹性等。生活垃圾的压实、破碎、分选等处理方法主要与其物理性质有关，其中色、臭等感官特性可以通过视觉或嗅觉直接加以判断。

(2)化学性质

包括元素组成、重金属含量、pH 值、植物营养元素、污染有机物含量、碳氮比(C/N)、生化需氧量与化学需氧量之比值（BOD_5/COD）、垃圾中生物呼吸所需的耗氧量 DO、热值、灰分熔点、闪点与燃点、挥发分、灰分和固定碳、表面润湿性等。城市固体废物的堆肥、发酵、焚烧、热解等处理方法主要与其化学性质有关。

(3)生物化学性质

包括病毒、细菌、原生及后生动物、寄生虫卵等生物性污染物质的组成、有机组分的生物可降解性等。固体废物的堆肥、发酵、填埋等生化处理方法主要与其生物化学性质有关。

2. 城市固体废物的分类

由于城市固体废物种类繁多,分类方法也不尽相同。可按来源、性质与危害、处理处置方法等,从不同角度进行分类。按化学成分,可分为有机废物和无机废物;按热值,可分为高热值废物和低热值废物;按处理处置方法,可分为可资源化废物、可堆肥废物、可燃废物和无机废物等;按危害特性,城市固体废物可分为有毒有害城市固体废物和无毒无害城市固体废物两类。

分类的不同,决定了固体废物处理的方法和手段不同。根据城市固体废物的性质来分类,如可燃性、化学成分、燃烧值等指标来分类。按可燃性性能分为可燃性废物和不可燃性废物;可以判断城市固体废物是否适合焚烧处理。按化学成分可分为无机废物和有机废物,按可堆肥性分为可堆肥性废物与不可堆肥性废物。这两项可以决定固体废物是否能用生物方法处理。结合城市固体废物处理处置方式或资源回收利用可能性来做简易分类,可分为有机废物、无机废物和可回收废物等。

第二节　可持续发展理论与固体废物管理

一、可持续发展内涵及其实现的基本原则

20 世纪 80 年代以来,世界人口膨胀、资源危机、环境恶化等问题越来越严重。几百年来一味追求经济发展而不顾及环境造成的后果引起了人们的深思:人类是

得到了？还是失去了？什么是发展？什么是进步？如果扣去资源的损失，扣去环境的破坏，扣去人体受危害的代价，所谓的经济增长还算得上是增长吗？人类是不是应该对自身的生产方式和生活方式重新进行估价和检讨呢？

到了20世纪末，这些问题引起了全世界大多数国家普遍重视，开始探求新的发展模式和发展观，“可持续发展”逐渐成为全球性的热门话题。

1. 可持续发展的内涵

可持续发展理论蕴含着一定的道德理性内容，即发展的整体意识、未来意识、优化意识以及法制化和规范性。它突出发展的主题，发展与经济增长有根本区别，发展是集社会、科技、文化、环境等多项因素于一体的完整现象，是人类共同的和普遍的权利，发达国家和发展中国家都享有平等的不容剥夺的发展权利。可持续发展理论的重点就在于发展的持续性和整体性。其持续性反映出它不是短期行为而是世世代代延续不断地发展，人类经济和社会的发展不能超越资源和环境的承载能力，要达到现代人与未来人利益的统一；其整体性反映出它不是以局部利益牺牲整体利益、以区域利益牺牲全球利益，而是要求实现社会各系统的协调发展和全球共同进步。可持续发展是由传统工业文明向新的生态文明转换的发展观，既强调了人与人之间的关系和谐，也强调了人与自然之间关系的和谐。可持续发展理论正确辨识了“人与自然”和“人与人”之间的关系，强调人包括在自然界之中，人类必须规范自己的行为，学会尊重自然、师法自然、保护自然，与之和谐相处。可持续发展概念内涵十分丰富，体现了发展的诸多原则。

2. 可持续发展的原则

(1)公平原则

公平原则指机会选择的平等性。

此原则有三方面的含义：一是指同代人之间的横向公平性；二是指代际公平，即可持续发展不仅要实现当代人之间的公平，而且也要实现当代人与未来各代人之间的公平；三是指人与自然、与其他生物之间的公平性，这是可持续发展与传统发展的根本区别之一。

(2)共同性原则

共同性原则要求发展必须考虑全球的整体性和相互依赖性，采取全球共同的联合行动，达到全球共同发展的目标。

(3)可持续性原则

可持续指生态系统受到某种干扰时能保持其生产率的能力。

资源的持续利用和保持生态系统的可持续性是人类社会可持续发展的首要条件。因此，人类在发展时，必须考虑自然资源的临界性和环境的承载力，做到合理开发和利用自然资源、保护生态环境。

(4)和谐性原则

可持续发展战略就是要促进人类之间以及人与自然之间的和谐，使人类与自然之间保持一种互惠共生的和谐关系，只有这样，可持续发展才能实现。

(5)需求性原则

人类需求是由社会和文化条件所确定的，是主观因素和客观因素相互作用，共同决定的结果，与人的价值观和动机有关。可持续发展立足于人的需求而发展，强调人的需求而不是市场商品，是要满足所有人的基本需求，向所有人提供实现美好生活愿望的机会。

(6)高效性原则

高效性原则不仅是根据其经济生产率来衡量，更重要的是根据人们的基本需求得到满足的程度来衡量，是人类整体发展的综合和总体的高效。

(7)阶跃性原则

随着时间的推移和社会的不断发展，人类的需求内容和层次将不断增加和提高，所以，可持续发展本身隐含着不断地从较低层次向较高层次的阶跃性过程。

二、各国可持续发展战略固体废物管理的相关规定

环境问题的实质一方面是由于人类经济活动索取资源的速度超过了资源本身及其替代品的再生速度，另一方面则在于人类活动向环境排放的废弃物的数量超

过了环境的自净能力。因此，应加强对废物的管理，尽量减小废物对环境的影响。

许多国家在实施可持续发展战略过程中，都或多或少地要在固体废物管理方面采取相应管理措施，实施循环经济。

1. 发达和较发达国家

美国在其可持续发展战略中有关环境保护方面要求实施源头控制；要求停止消耗臭氧层化学物质的生产；使用以化石燃料替代品为燃料的车辆；政府部门增加使用可循环及可再生商品；使用节能计算机。此外，还对固体废物处理、处置征收处置税，刺激固体废物处置业的发展同时有利于减少固体废物处理的费用。

加拿大政府已经通过立法来减少和控制有毒物质的使用和排放。加拿大联邦政府正在修改《加拿大环境保护法案》和《治虫产品法案》来严格现有规范，对有毒物质实行生命周期全过程控制。《加拿大环境保护法案》要求产品在进行毒性评估之前，不准进入加拿大市场。

法国在其可持续发展战略中提出要强化固体废物管理。法国从 1993 年起，已经实施征收固体废物处置税的办法，税收用于资助购置固体废物处理设备，完善处置设施。同时颁布了新的《垃圾法》，以强化垃圾管理。法国在废物管理方面的主要思路为：采取预防，减少垃圾产生量降低其危害；组织好垃圾运输，合理调配废物运输距离；做好废物循环利用工作，尤其是可再生能源的转化利用；推行废物全过程管理。目前，90%以上的生活固体废物是在官方认可的工厂里进行处理的。目前已有生活垃圾分拣站 250 多个。这些分拣站将可回收物品（如玻璃、纸张等）以及特殊的生活垃圾（如油、蓄电池、干电池、药物等）分门别类存放以便回收利用。从 2002 年起，将关闭全部的垃圾堆放场；在关闭的传统垃圾堆放场所中有四分之一作为不可回收城市固体废物储存库。

在废弃物管理方面，英国政府计划采取征收土地占用税的办法来促进废弃物的回收利用和再循环。目前已经采取了生产者责任制度加强包装废物的回收利用。通过制定并推广可持续废物管理政策，提高家庭废弃物的回收利用比例。此外，英国政府还督促地方政府在可持续发展的废物管理过程中发挥作用，以加强城市废物管理，降低处理成本。

由于日本国土面积小，人口众多，所以固体废物处置场所的用地很紧张。日本政府十分重视在废弃物管理领域贯彻可持续发展思想。为减少固体废物产生总量，日本建立了一种促进循环的新的废物管理体系。废弃物的处置主要依据《废弃物处理与清运法》、《防止海洋污染及海上灾害法》、《大气污染防治法》、《水质污染防治法》等相关法律。根据《废弃物处理与清运法》，日本将废弃物分为一般废弃物和产业废弃物两大类。其中具有爆炸性、毒性、感染性及其他可能危害环境和人体健康的废弃物被列为“特殊管理废物”，对不同类别废物采取不同方式处理、处置。

而韩国比较重视化学品的安全管理。政府已经立法来减少和控制有毒化学品地使用和排放，并严格现有规范，对有毒化学品进行生命周期管理。对于废弃物排放，则主要采取经济手段管理。建立了废弃物处理收费体系、排放再投资体系、商业设施收费体系、排放收费体系以及生活垃圾排放收费体系等。1993 年 12 月，韩国制定了废弃物综合处理计划，建立了中远期废物处理政策，将降低排放、循环利用和安全处理作为实施该计划的主要战略。

德国在环境污染控制方面非常重视。其环境污染控制重点是降低工业污染，保护城市环境卫生，将环境介质中污染物降低到最低限度。通过一些经济手段限制危险废物，如重金属镉、铅等及有机物的排放。德国十分重视可再生资源的使用。提高资源和能源的利用效率。根据国家环境保护标准、指标和规定，考虑到生产过程和产品的环境效应，采取环境标志管理方法。实施环境标志管理，不仅有利于尽量限制污染物产生，同时可以避免产品对环境所造成的潜在危害。

新加坡为进一步加强对城市垃圾的管理，于 1989 年在环境公共健康法中加入了有关固体废物收集方面的内容，规定对在公共场所倾倒垃圾等行为的具体处罚措施。1994 年还成立了一个专门机构以促进废物最小量化工作，遏制垃圾产生量的日益增长。在危险废物管理方面，新加坡于 1987 年把有关内容加入修订的《环境卫生健康法》中，并于 1988 年通过了附属于该法的《工业有害废物规定》，对危险废物产生、运输、储存和处置制定了严格的控制标准并体现了通过回收利用实施废物减量的观念。1997 年，新加坡通过了控制危险废物出口、进口、转移的危险废物法案。

2. 发展中国家

为消除空气污染，印度尼西亚将采取措施防止臭氧层进一步破坏，防止气候变化，控制长程空气污染物的潜在危害。印度尼西亚主要通过以下几个步骤对化学废品进行管理：分类，标识产品、对有关化学品的管理生产过程进行生命周期分析，检测控制有毒物品的进口，防止有毒和危险化学品的非法国内运输和越境转移。为了实现危险及有毒废物减量化，应改变原有的“尾端治理”管理办法，推行“清洁生产”，对危险废物实行“从摇篮到坟墓”的全过程管理原则。对危险废物施行环境无害化管理，重点在于废物减量化；开展国际合作，防止危险废物的越境转移；强化危险废物管理机构。所有有关放射性废物的管理都必须遵循放射性越低越合理的原则（ALARA）。对于放射性废物应该采取技术上、经济上都合理的技术以实现其环境无害化管理。印度尼西亚可持续发展战略中指出：应充分认识到废物会累计起来，破坏良性的物质循环，废物处置应不超过环境吸纳废物的承载能力。因此，应实行废物减量化，最大限度地推行环境无害化再生利用，堆肥利用，扩大废物管理的范围，鼓励提倡利用环境无害化的处理、处置措施，运用合理经济手段。

匈牙利政府规定，在国内使用的化学品必须经过卫生评价，并且必须具备由国家公共卫生中心签发的许可证明。但匈牙利有关化学品的规定上没有欧盟对于这方面的严格规定。在其《全国环境保护计划》中，匈牙利政府明确规定要加强对有毒化学品的管理，并且有关化学品的标准要逐步同欧盟标准统一。政府计划在2002年以前制定一个减少化学品生产、运输和储存过程中环境危害的规划。匈牙利每年大约产生110万t固体废物。目前，大约83%以上的城市固体废物能够得到系统的收集和处理。

印度也已经实施环境标志政策，规定某些特殊类别物品必须表示是否有害。这些商品包括农药、化肥、肥皂、塑料、饮料、药品等。政府还对农药生产和使用要求大量引进、生产和使用生物杀虫剂和无残留的农药。大力推广生物肥料，借以取代和减少化肥施用量。印度固体废物污染治理工作刚刚起步，大多数城市的生活固体废物主要以堆放为主。

南非于1994年签订了《巴塞尔公约》，环境事务和旅游部联合颁布了一系列有毒废物管理的政策、法规。目前尚没有综合性有毒废物污染防治法规。但颁布了《垃圾填埋最低要求》、《有毒废物管理最低要求》、《废物管理监控设施最低要求》等一系列法规指南。要求对有毒废物实施从预防到最终处置的全过程管理。重点在于预防和推行清洁生产，对有害废物实施全程监控。另外，根据其法规规定，在有毒废物作业地点，要采取强制措施，保证环境的卫生与安全。

泰国政府于 1992 年制定了《有毒物质安全管理法规》和《环境质量改善法规》。鼓励各市政府制定废物管理行动计划，对环境保护区或污染控制特殊地带实施单独特殊管理。泰国正在改善现有固体废物管理体系，并鼓励私人企业参与固体废物管理。

3. 中国

中国实行可持续发展战略，提出在环境治理领域采取措施。国家“九五”期间开始实施“全国主要污染物排放总量控制”，即对石油类、重金属和工业固体废物等 12 种主要污染物，排放总量能够控制在国家批准的水平内。

20 世纪 80 年代中期，中国垃圾处理技术政策为着重发展卫生填埋和高温堆肥处理技术，有条件的地方可发展焚烧和综合利用技术。医院及其他危害性大的垃圾，应专门收集并采取集中焚烧处理。重视垃圾开发综合利用技术，逐步实现垃圾处理无害化、减量化、资源化的总目标。各地应根据国际的垃圾处理技术政策，结合自己的实际情况，因地制宜，寻求垃圾处理的技术和模式，形成多类型、多层次的配套技术。在上述技术政策的指导下，中国城市生活垃圾的无害化处理率有了较大幅度的提高，由 1991 年不足 3%提高到 1998 年的 20%。

2000 年 5 月 29 日，建设部、国家环保总局、科技部联合发文规定，应按照减量化、资源化、无害化的原则，加强对垃圾产生的全过程管理，从源头减少垃圾的产生。对已经产生的垃圾，要积极进行无害化处理和回收利用，防止污染环境。

对于危险废物，根据《控制危险废物越境转移及其处置巴塞尔公约》和《中华人民共和国固体废物污染环境防治法》的要求，中国危险废物管理遵循最小量化原则、重点管理原则、综合污染控制原则、集中处置原则、处置责任自负原则、就近处理处置原则、公众参与原则、运营产业化和市场化原则。

加快危险废物的法制建设，纳入法制管理轨道，以固体废物申报登记为基础，以废物交换为突破口，与总量控制相结合，综合运用各项环境管理制度和措施，广泛开展危险废物的综合利用，实现危险废物最大程度的资源化，妥善处理危险废物,走可持续发展的道路是危险废物管理的基本思路。坚持"预防为主、交换互补、以大带小、集中控制"的技术指导原则。对危险废物污染环境防治实行重点控制和管理成为世界各国所接受的普遍原则和做法。

中国危险废物管理的长远目标是建立完善的危险废物法规体系和管理机构,对危险废物从产生到最终处置实施全过程管理,将危险废物的产生量、处置量和在危险废物全过程管理的各环节中释放进入环境的有毒有害物质量尽可能控制在最低水平,以减少有毒有害物质对人体健康和生态环境的危害。

根据中国环境保护的总体目标和危险废物产生和管理现状,中国规划到 2015 年,所有城市基本实现危险废物环境无害化处理、处置。

总体来看,世界各国固体废物的管理发展经历了 4 个阶段:第一阶段是为维护环境卫生而进行无害化处理的阶段。这一阶段的主要目标是清运城市固体废物,以保证城市环境清洁卫生,固体废物处理以简易填埋和焚烧为主,方法简单,成本低,会带来二次污染和恶性事故。发展的第二阶段是在确保固体废物无害化的基础上,避免产生二次污染的处理阶段,在这一阶段人们开始注意防治固体废物处理产生二次污染,采用卫生填埋、带有烟气处理设备的焚烧技术处理城市固体废物。这一阶段的特点是固体废物焚烧发电、供热等余热利用技术得到发展。随着固体废物产生量的增大,成分的不断变化,其中可以再循环使用的成分急剧增加。资源化系统成为城市固体废物综合处理系统中的一个重要组成系统。在这一阶段管理的重点开始转向如何分别对不同类废物实行分别管理。但管理的模式依然是末端管理。但随着可持续发展要求的逐步深入,城市固体废物的综合处理需要越来越高的投入,人们认识到解决固体废物问题的最佳途径,是避免固体废物的产生和源头减量,然后通过综合处理,实现资源的充分回收和最佳利用,使需要无害化处理处置的固体废物最小量化。同时随着人类对于人与自然环境之间关系的认识,开始探讨可持续的发展模式与固体废物管理模式。在这一阶段即第三阶段,源头避免的生态设计思想和全过程管理模式逐步确立其重要地位,基于对产品整个生命周期的分析,在产品设计阶段就考虑避免污染。固体废物管理发展到了源头避免为主,资源化高度发展的全过程管理阶段。

发达国家对于可持续发展中的环境保护战略都非常重视。总体来看,各个国家的环境保护战略目前已经发展到第四阶段，在固体废物管理中已经融入了可持续发展的思想，可持续发展战略开始以循环经济为目标。

而在大多数发展中国家，人员素质参差不齐，公众环境意识薄弱，政府的相关治理措施执行力度不够，人民生活贫困，环境污染治理中投入资金不足。所以，其固体废物污染环境治理通常措施简单，制度设计不够严谨周密，制度法规执行不力。但可以肯定的是，各国可持续发展战略中已经开始重视固体废物管理与循环经济，固体废物管理是可持续发展和发展循环经济的重要环节。

三、固体废物可持续管理目标体系

经过这些年来的完善和补充，人们对可持续发展的概念越来越清楚了。表1-1列出了有关固体废物管理的可持续发展指标体系。

表 1-1　固体废物可持续管理的指标体系

固体废物可持续管理指标	
目标：物质/环境/技术	
主目标 1	人与环境的保护
次目标 1.1	在一般情况下不对人和环境产生危害
次目标 1.2	在发生意外情况下不对人和环境产生危害
在固体废物管理过程中不对人和环境产生任何危害，无论是一般情况下还是发生意外的情况下（地震、火灾、工业事故等）。由人类消耗的物流应该低于自然界所能够承受的范围	
主目标 2	最佳资源管理
次目标 2.1	节约不可再生资源，可持续使用可再生资源
所有资源（物质、产品、能源、空间、信息）均必须优化使用。可再生资源应该以可持续的方式加以利用。任何资源的开采和使用量最多与可再生量持平（收获量不应该超过再生速度）。不可再生资源必须以经济和节约的方式加以利用，同时以可再生的资源代替之，如能够提高生产效率，就等于节约了资源	
次目标 2.2	物质圈的闭合：所有的物质是可再生利用的，或可通过环境友好的方式进行处理的
物质的循环是建立在生态和经济允许的范围内。这些物质必须是可再生利用的，或处理后不会对环境造成长期危害的。必须考虑到生态环境对废物的吸收容纳程度是有限的。废物的排放速度不能超过当地环境所能够允许的额度	
主目标 3	固体废物处理的及时与彻底

续表

固体废物可持续管理指标	
次目标 3.1	处理过程的区域责任
次目标 3.2	处理过程的即时责任
所有的固体废物处理不应该给环境或下一代留下任何可以预测得到的危害。为了消除可能的危害，在进行固体废物处理时，可以考虑通过补偿方法的地区间合作或国际合作	
目标：经济/经济效率	
主目标 4	固体废物管理在经济上是可接受的
次目标 4.1	固体废物处理过程中所有的费用应该得到满足，包括对可能造成的环境和人类健康损害的补偿
次目标 4.2	固体废物处理过程中所有的费用应该得到满足，包括为了消除可能造成的任何风险所需要的设施建设之需要
固体废物管理应该遵循污染者付费的原则。污染者必须支付处理所产生的废物的一切费用，包括在处理这些废物过程中可能造成的对环境和人类危害的补偿、消除。在废物收集、运输和处理过程中所潜在的风险补偿以及为消除这些风险所应该采取的过程措施之费用也应该考虑在内	
次目标 4.3	节约使用任何固体废物处理费用
必须认真使用每一笔用于固体废物处理的资金，通过使用效率，使处理费用低到能够在经济上和政治上可以接受的程度	
次目标 4.4	创造人类活动与环境相和谐的机制
通过税收、奖励、社会尊重等方式，促进人们按照环境友好和可持续发展模式进行活动。对那些造成环境危害的进行处罚	
次目标 4.5	从事固体废物处理的人员有足够的收入
所有从事固体废物处理与管理人员，其收入必须不低于国家规定的最低收入标准	
目标：社会/政策/政府	
主目标 5	固体废物管理可以被社会所接受
次目标 5.1	在固体废物管理过程中，个人与集体的利益应该充分考虑并协调起来
社会与集体的长期利益必须与个人利益相协调。当固体废物处理目标需要改变时，不应该损害任何有关当事人的个人利益	
次目标 5.2	利益与负担的平衡
固体废物处理对各个阶层（个人、集体、不同政府部门、中央与地方政府）所带来的利益和承担的负担应该公平分配	
次目标 5.3	所有的与固体废物处理目标有关的当事人有权参与信息的分享和讨论
有关固体废物处理的信息有权向社会公布。社会各阶层的人员有知情权。原则上讲，每个人均有权利过问有关固体废物处理的事宜。有关个人的知情权，可以个案处理	
次目标 5.4	常用用户友好和容易获得的处理方式
固体废物管理和处理方式应该是用户友好的。处理厂的选址、运行方式、交通等是可行的、方便的。任何人都可以很方便地发现处理厂	

续表

固体废物可持续管理指标	
次目标 5.5	工作条件
固体废物处理厂的工作条件符合有关国家规定,符合人体健康的要求	
次目标 5.6	优化处理过程的安全性
固体废物收集、处理的各个环节都必须保证是安全的。产生的固体废物应该及时处理。这涉及处理设施的安全、操作人员的熟练程度等	

从废物中提取有用金属,可能需要消耗大于从原材料生产同样数量的金属所需要的能源和其他成本。不过,在任何情况下,可持续发展应该包括保护环境、保护人体健康、尽可能降低不可再生资源的消耗。

第三节 循环经济理论与固体废物管理

循环经济(Circular Economy)是物质闭环流动型经济(Closing Materials Cycle Economy)的简称。诸如"零排放工厂"、"产品生命周期"、"为环境而设计(DFE)"等都体现了循环经济的理念。传统的经济模式是线性经济,其特征是高开采、高排放、低利用(所谓两高一低)。这与可持续发展战略相背离,是引起当今环境问题日趋严重的重要原因。为改变这种状况,世界各国提出发展循环经济,它以物质闭环流动为特征,可以在资源环境不退化甚至得到改善的情况下促进经济增长,从而实现可持续发展所要求的环境与经济双赢的战略目标。

一、循环经济的目标

1. 投入最小化

凡不可再生的资源、能源要尽量少用,多采用被再生的以及可再生的资源,即在经济活动中新投入的不可再生资源和能源要最小化。

2. 回收利用最大化

产品在使用以后,有的可以修复再使用,有的零件可以再次直接使用,有的材料加工后可以再使用,凡符合这些条件的都要回收利用,使在整个物质循环过程中排出的废物尽可能少。

3. 资源能源的使用效率最大化

地球资源是有限的,尤其目前世界资源日趋减少,环境日益恶化。

4. 环境的改变尽可能小

例如,进行清洁生产;通过对最终排出的少量废物进行环境治理,使大气、水系、土壤等恢复其功能。

二、循环经济的特点

1. 循环经济倡导的是一种与地球和谐的经济发展模式

它要求把经济活动组织成一个"资源—产品—再生资源"的反馈式流程,所有的物质和能源要能在这个不断进行的经济循环中得到合理和持久的利用,从而把经济活动对自然环境的影响降低到最小。而传统工业社会的经济是"资源—产品—污染排放"单向流动的线性经济,使资源持续不断变成垃圾,通过反向增长的自然代价来实现经济的数量型增长。

2. 循环经济就是把清洁生产和废弃物的综合利用融为一体的经济,本质上是一种生态经济

它要求运用生态学规律而不是机械论规律来指导人类社会的经济活动。循环经济系统通常包括 4 类主要行为者:资源开采者、处理者(制造商)、消费者和废物处理者。经过反馈式、网络状的相互联系,系统内不同行为者之间的物质流远远大

于出入系统的物质流。而线性经济内部是一些相互不发生关系的线性物质流的叠加，出入系统的物质流远远大于内部相互交流的物质流，造成经济活动“高开采、低利用、高排放”。

三、循环经济的三种理念

1. 生态经济效益(Eco - efficiency)理念和实践

这是1992年世界工商企业可持续发展理事会(WBCSD)在向里约会议提交的报告《变革中的历程》中提出的新概念。WBCSD提出注重生态经济效益的企业应该做到：

①减少产品和服务的物料使用量；

②减少产品和服务的能源使用量；

③减少有毒物质的排放；

④加强物质的循环使用能力；

⑤最大限度可持续地利用可再生资源；

⑥提高产品的耐用性；

⑦提高产品与服务的服务强度。

WBCSD是一个由120个国际著名企业组成的联盟，他们有力地推动了循环经济在企业层次上的实践。

2. 工业生态系统(Industrial Ecology)的理念和实践

1989年通用汽车公司在《科学美国人》杂志上发表题为《可持续发展工业发展战略》的文章，提出了生态工业园区的新概念，要求在企业与企业之间形成废弃物的输出输入关系，即把不同的工厂连接起来形成共享资源和互换副产品的产业共生组合，使得这家工厂的废气、废热、废水、废物成为另一家工厂的原料和能源。其实质是运用循环经济思想组织企业共生层次上的物质和能源的循环。丹麦卡伦堡是目前世界上工业生态系统运行最为典型的代表。1993年起生态工业园区建设逐渐在各国推开，到1997年已经有15个左右的生态工业园区建设规划分布在全美各地。此外，加拿大的哈利法克斯、荷兰的鹿特丹、奥地利的格拉兹等地也出现了类似的计划。

3. 生活废弃物再利用的理念和实践

20世纪90年代起各国日益在更广阔的社会范围内，在消费过程中、消费过程后组织物质和能源的循环。1996年德国公布《循环经济和废物管理法》，把物质闭路循环的思想推广到所有的生活废弃物。欧盟诸国、美国、日本、澳大利亚、加拿大等国家都已经先后按照资源闭路循环、避免废物产生的思想重新制定了各国的废物管理法规。1997年德国玻璃、塑料、纸箱等包装物回收利用率已达到86%；废弃物作为再生材料利用1994年为52万t，1997年达到了359万t；包装垃圾已从过去每年1300万t下降到现在的500万t。

四、发展循环经济与实施废物管理

发展循环经济的实质是实施资源的管理，而其中的重要部分就是废物管理。所以，发展循环经济的实质是从工业生产和生活消费等各个环节，全面促进废物的管理。因此，循环经济发展遵循与废物管理相同的三个原则，即3R原则。所谓3R原则即减量化（Reduce）、再利用（Reuse）、再循环（Recycle），其目标要求在经济流程中系统地避免和减少废物。循环经济的实施，可以实现经济、环境、社会三者发展的有机结合，使资源得到可持续利用；它可以拉长生态链，增加就业机会，有利于社会的持续发展。

减量化原则旨在从输入端进行控制，减少进入生产和消费流程的物质量，从而在经济活动的源头上节约资源和减少污染物的排放。在生产实践中，减量化原则要求生产厂家通过减少生产产品原材料的使用量、重新设计制造工艺和利用先进科技手段来节约资源和减少废弃物排放，尽可能使产品体积小型化和重量轻型化。在产品包装追求简单朴实而不是豪华浪费，从而达到减少废物排放的目的。在消费方面，要求人们尽可能少的使用一次性物品，尽可能多地购买和使用耐用性强的可循环使用的物品。

再利用原则旨在从过程上进行控制，目的是提高产品和服务的利用效率。它要求产品和包装容器能够以初始的形式被多次使用，通过再利用可防止物品过早成为垃圾，在生产中，对许多零配件制定统一标准，或生产方以便捷的方式提供零配件，避免产品因个别零件损坏而整体抛弃。此外，任何一种物品在丢弃时应检查和评价一下它在家中或单位里是否有再利用的可能性。

再循环原则旨在从输出端进行控制，要求生产出来的物品在完成其使用功能后能重新变成可以利用的资源。通过资源化实现资源的循环使用而减少垃圾的产生。按照循环经济的思想，生产者的责任应该包括解决废物制品的处理问题。只使一件制品诞生的生产只能算是完成了一半工作，关键的是要提供制品在寿终正寝后如何处理的设计。

3R 原则构成了循环经济的基本思路，只有遵循并创造性地把这些原则运用到经济活动中去，人们才有可能从旧的线性经济逐步走向新的循环经济。当然 3R 原则的重要性并不是并列的。减量化是循环经济的第一准则，它从经济活动的源头节约资源和降低污染，并在产品制造、消费、回收等各个环节系统地最大限度地减少污染物的排放，从而提高环境自净能力，促进生态平衡。

人们通常简单地把循环经济理解为仅仅是把废弃物资源化，这是不正确的。实际上循环经济的根本目标是强调在优先减少资源消耗和减少废弃物产生的基础上，实现资源的综合利用，从而在经济流程中系统地避免和减少废物，而废物再生利用只是减少废物最终处理量的方式之一。因而，3R 原则的基本顺序应该是：减量化——再利用——再循环。

实施 3R 原则是资源利用的最优方式，也是实施可持续发展的必要措施，3R 原则的排列顺序反映了人类在环境与发展问题上思想认识经过的历程：最初人类以破坏环境为代价追求经济增长，由于环境污染、生态破坏而遭遗弃，人类首先认识到不能排放废物污染环境，而应该通过处理减少环境污染；其次，认识到环境污染的实质是资源浪费，因此，进一步从单纯处理废物到利用废物；最后，人们认识到利用废物仍然只是一种辅助性手段，环境与发展协调的最高目标应该是实现从利用废物到减少资源、能源的使用，最大限度降低废物的产生。

因此，发展循环经济的目的是从根本上减少自然资源的消耗，减少线性经济引起的环境退化，同时实现了废物的体积和质量的减少，减轻了污染治理的负担。

五、发展循环经济与废物管理的实践

循环经济需要强有力的技术支撑，这种技术支撑是以清洁生产技术和废物资源化技术为主要内容的环境保护技术载体。污染治理技术，即环境工程技术，主要是通过废物（废水、废气、废渣）净化处理装置来消除污染物，实现有毒有害废物的末端治理。这些治理的技术主要有大气污染治理技术、水污染治理技术、固体废物和噪声污染治理技术等。废物资源化技术是指对废物进行资源化处理的技术，即通过回收、分选、加工和转化，把废物变为某些企业和产品的资源，实现循环经济的再利用原则。

从循环经济发展的实践来看其实现形式有三个层次，即单个企业的清洁生产，企业与企业之间共生形成的生态工业园区，以及整个社会实现物质和能力的循环（称为区域循环经济）。三个层次不同，但却有序衔接。单个企业层面上的循环经济为小循环，即相关企业进行清洁生产，将单位产品的各项消耗和污染物排放量限定在先进标准许可范围之类；企业之间层面上的循环经济为中循环，即工业园区按照生态产业链发展要求，将一系列彼此关联的生态产业链组合在一起，通过企业和产业间的废物循环利用，减少和杜绝废物的排放；社会层面上的循环经济为大循环，即整个国家和社会按照循环经济的要求，制定相关法律和规则，实现清洁生产资源循环利用。

1. 推行清洁生产——实现企业内部循环经济

清洁生产即从生产的源头，包括产品和工艺设计、原材料使用、生产过程、产品和产品使用寿命结束以后对人体和环境的影响各个环节都采取清洁措施，预防污染的产生或者把污染危害控制在最低限度，概括起来就是：低消耗、低污染、高产出。

清洁生产包括以下三方面的内容。

(1)清洁能源

它包括四项内容：

①常规能源的清洁利用，如洁净煤技术；

②可再生能源的利用，如水力资源；

③新能源的开发，如太阳能、风能的开发利用；

④节能技术的创新和运用等。

(2)清洁生产过程

主要内容有：尽量少用、不用有毒有害材料；生产过程中要尽量采用少废、无废工艺；高效的设备、物料的再循环。

(3)清洁的产品

主要内容有：产品在使用过程中以及使用后不应对人体健康和生态环境产生不利影响；包括合理，易于回收和再生；产品报废后容易处理、容易降解，具有合理使用功能和使用寿命。

通过推行清洁生产，构建企业内部循环经济产业体系。20 世纪 80 年代末，美国杜邦化学公司，把工厂作为试验新的循环经济理念的场所，创造性地把循环经济 3R 原则发展成为与化学工业相结合的“3R 制造法”，组织并实现了厂内各工艺之间的物料循环，极大地减少了废弃物的排放和空气污染，创造了企业内部循环经济的典范。

2. 构建生态工业园——实现企业之间的循环经济

生态工业园是继工业园区和高新技术园区的第三代工业园区，是依据循环经济理念和工业生态学原理设计建立的一种新型工业组织形态，它是以工业生态学及循环经济理论为指导的，生产发展、资源利用和环境保护形成良性循环的工业园区的建设模式，是一个高效、稳定、协调、可持续发展的人工复合生态系统。强调实现工业体系中物质的闭环循环，其中一个重要方式就是建立不同工业流程和不同行业之间的横向共生，实现副产品的信息共享与交换，最终达到变污染负效益为资源正效益的目的。它是高新技术开发区的升级和发展趋势，体现新型工业化特征及实现可持续发展战略要求。生态工业园区具有高效益的转换系统、高效率的支持系统、高水平的环境质量、多功能的绿地系统、高质量的人文环境系统、高效益的管理系统。

生态工业园成为实现循环经济的一个重要发展形态，生态工业园区的建设已成为当前可持续发展理念走向实践的重要方向之一。世界范围内许多国家均开展了生态工业园区理论的探讨和实践，尽管目前综合的、多行业的、成熟的工业生态系统还不多见，但许多国家正在致力于对这些生态系统的规划、设计和示范。据不完全统计，目前世界上正在进行生态工业园区规划或建设的项目已有几十个，众多国家工业园区正在向生态工业园区的方向转变，其中最具代表性的生态工业园有丹麦的卡伦堡生态工业园，我国的广西贵港生态工业园。

3. 以整个社会进行物质和能量的循环使用——实现社会区域经济的大循环

从社会整体循环的角度，发展循环经济，必须大力培育绿色消费市场和发展资源回收产业。绿色消费是一种对环境不构成破坏或威胁的持续消费方式。绿色消费主张人和自然的和谐统一，强调适度消费和环保型消费，在追求科学、文明、健康、舒适的生活的同时，注重节约资源、保护环境、治理污染，从而实现经济发展与环境保护的“双赢效应”。资源回收产业在日本称为社会静脉产业。资源回收循环利用是循环经济的一个起点。“垃圾是放错了地方的资源”。循环经济作为一种少废或无废经济，资源回收产业将像今天的采掘业一样重要，在一些发达国家，把资源回收产业作为21世纪的支柱产业来发展。目前世界上主要发达国家的再生资源回收总值已达到一年2500亿美元，并且以每年15%～20%的速度增长。绿色消费和资源回收产业是循环经济的两个重要环节，通过这两个重要环节，才能在整个社会的范围内形成“自然资源——产品和用品——再生资源”的循环经济环路，从而构建起循环经济体系。在这方面，日本、德国等发达国家做得比较好。德国建立了双轨制回收系统（DSD），使德国的包装废弃物如玻璃、塑料、纸箱等的回收利率高达86%。日本通过一系列的立法，规范了建筑材料、家用电器、汽车、食品、容器和包装材料等的回收和循环利用，一些大公司如日本理光、松下电器、索尼、丰田汽车、三洋电机、夏普等，将生产过程中排放出来的废弃物不断进行循环使用，将所有的废弃物都加工成各种有用产品，基本上达到了“产业垃圾零排放”标准，从而极大地促进了日本循环型经济社会的形成。

有观点认为：1吨废物＝700公斤的错误条件＋200公斤的懒惰思想＋100公

斥真正的废物。

德国正是从这个角度出发治理环境中所存在的问题。1972 年 6 月,德国通过了第一个废物处理法案,旨在减少工业和居民用户的废物量和提高废物回收率。随后,该法案有不同程度的修改,到 1996 年,该法案更加注重保护自然资源、避免浪费和减少有害物质。

在德国,经常会看到不同颜色的垃圾箱并排放在一起,上面分别标明哪个颜色的箱子是放金属的、哪个是放玻璃或有机物的,这样做的目的是让更多的垃圾可以循环利用,而能做到此点,要靠每一位德国人的点滴行动。垃圾公司一般会给居民提供一定数量的垃圾桶,大约三到四个,并发放小册子,详细注明应该怎样分拣生活垃圾,怎样把不同的垃圾分别放到不同颜色的桶里。每个桶可装 25 公升垃圾,有人会定期来收集清理垃圾。家具等可送到垃圾回收场,不收取费用,但建筑垃圾要付费。“环境警察”也会偶尔登门造访,抽查居民是否把垃圾放到指定的桶里。如果分拣垃圾不当,把垃圾归错了类,放错了桶,他们会及时指出,严重的还会罚款。垃圾公司将收集的垃圾进行细致的分类,收集站大致将各种垃圾的收集库编了号码,约有 40 多种,井然有序地排成一圈。1 号是玻璃瓶子、2 号是纸和纸板、5 号是混合板或木料、6 号是建筑垃圾、12 号是电视或电脑显示屏、35 号是灯泡、电池、药品或化学物品等危险物。有些垃圾桶是放木头的,其中的布料、镜子要事先分开再放进去。电脑废料、塑料垃圾则事先由人工分拣好了,再按类别放置。分拣处理后的垃圾将分别送到各个加工厂,如纸或纸板送到纸工厂,含铝的材料送到铝厂,镀锡铁皮或马口铁送到铁厂等。无法再利用的垃圾,就要送到焚烧厂焚烧发电。据了解,科隆焚化厂利用垃圾发电可解决该市 6 万家即全市 15%人口的用电问题,焚烧后的余灰则全部用于铺路等工程。

科隆市有一座世界最先进的垃圾焚化厂,由政府出资建造,建成后政府即让它成为一家独立运作的公司。该公司和科隆市政府签订长期合同,由政府负责提供垃圾,并从居民和机构收取垃圾处理费,交给该公司用做员工工资和垃圾处理费,这是该公司唯一的收入来源。该公司下属或与其有业务关系的“垃圾公司”包括垃圾分拣和运输等公司,有些由各社区建立,据说,这些垃圾公司为抢垃圾经常打得不可开交。由此可见,环保不能仅仅依靠立法,也不能只关注清洁,应通过技术和立法共同促进环境质量的提高，环境技术必须成为整个工商业的一部分，由市场带动其发展。德国每年产生垃圾6000多万t，其中3500万t被回收利用，1100万t被焚烧，另外1500万t填埋，国家的生态系统已基本进入了良性循环。

第四节　城市固体废弃物的生命周期评价

生命周期评价（LCA）在40多年的发展中，国际环境毒理学和化学学会（SETAC）和国际标准化组织（ISO）等国际组织积极推进着生命周期评价的方法论研究，并且在各国的工业企业的生产和实践中得到了广泛的应用。自1989年荷兰政府引入生命周期评价到“国际废弃物管理计划”，经过20多年的发展，固体废物的生命周期评价逐步成为生命周期评价的一个重要应用研究方向。城市固体废物的生命周期评价在城市固体废弃物管理中的作用将越来越重要。

一、生命周期评价的定义和框架

1. 生命周期评价定义

生命周期评价的定义较多，其中国际环境毒理学和化学学会（SETAC）和国际标准化组织（ISO）的定义如下：

（1）SETAC的定义

LCA是一个评价与产品、工艺或行动相关的环境负荷的客观过程，它通过识别和量化能源与材料使用和环境排放，评价这些能源与材料使用和环境排放的影响，并评估和实施影响环境改善的机会。该评价涉及产品、工艺或活动的整个生命周期，包括原材料提取和加工，生产、运输和分配，使用、再使用和维护，再循环以及最终处置。

（2）ISO的定义

LCA是对一个产品系统的生命周期中输入、输出及其潜在环境影响的汇编和评价。

2. 生命周期评价框架及实施步骤

生命周期评价的框架如图 1-1 所示，LCA 实施步骤包括以下四个阶段：

(1)目的与范围的确定(Scope)

分析确定 LCA 实施的目的、整个研究的基本框架，确立并定义另外三部分的相互关系，并决定后续阶段的进行及 LCA 最终结果。

(2)清单分析(Life Cycle Inventory Analysis, LCI)

清单分析是生命周期评价中对所评价对象整个生命周期中输入和输出进行汇编和量化的阶段。

(3)影响评价(Life Cycle Impact Assessment, LCIA)

影响评价是对清单分析中所辨识出来的环境负荷的影响作定量或定性的描述和评价。

(4)结果解释

结果解释是对前几个阶段的研究发现以透明的方式来分析结果、形成讨论、解释局限性、提出建议并报告解释的结果。

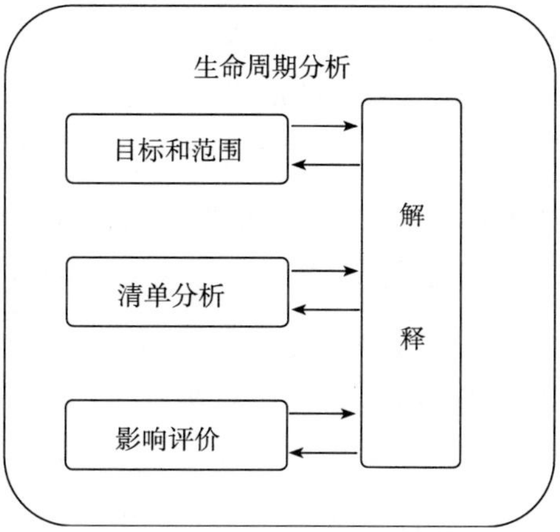

图 1-1　生命周期评价框架

二、城市固体废物生命周期评价的作用和意义

生命周期评价对研究对象采取的全过程(从摇篮到坟墓)管理鼓励从源头减少垃圾的产生,要求在生产和消费中尽可能地减少废弃物的产生量;对不可避免的已产生的废弃物,应进行分类收集,最大限度地循环利用(包括对能源的回收利用);对不可避免产生并无法回收利用的垃圾要采取合理的与环境相容的处置方式。生命周期评价把城市固体废弃物管理中的各个阶段作为一个整体进行研究,考虑从固体废弃物产生、收集、运输、处理到最终处置的整个过程的物质、能量利用及环境影响。

运用生命周期评价,可以在四个层次上对城市固体废弃物进行管理:在政策制定层面上,依据整个地区或国家的固体废物管理的生命周期分析的结果,为政策的制定做辅助决策;在规划层面上,比选不同处理处置工艺的环境影响,为管理者规划实施做战略决策支持;在管理层面上,优化已有的垃圾处理处置管理,例如,改善城市生活垃圾的收运系统,比较固体废弃物就近运输到处置场所后带来的环境影响的改变与垃圾各处理处置方式处理量改变后带来的环境影响的变化;在工艺操作层面上,例如用 EASEWASTE 软件(一种基于 LCA 的固体废物管理软件)可以分析出某个具体的垃圾处理处置系统中带来环境影响潜力最大的过程和造成影响最大的物质,这样帮助管理者优化工艺参数。但是值得注意的是生命周期分析是一个辅助决策的工具,并不能直接用来做决策。因为一方面生命周期的方法论还不尽完善,分析的结果受目标和范围的定义、清单分析及环境影响评估的方法选取影响;另一方面影响管理者城市固体废物管理的因子还有社会、经济、市场、伦理、气候等各方面因素;再者由于数据可得性、完备性不能达到 100%,数据质量有待检验等原因,也造成了评价分析不能完全客观的反映系统环境影响。

三、城市固体废弃物生命周期评价方法介绍

生命周期评价运用于城市固体废弃物，与产品的生命周期评价在功能单位、系统边界界定等各方面的实施都有所区别，以下将具体介绍城市固体废弃物的生命周期评价。

1. 目标和范围的确定

城市固体废弃物的生命周期评价中目标和范围的确定阶段主要解决的问题有：确定评价的目的、明确评价系统的功能单位、界定系统边界及规定研究数据的质量要求。

(1)确定评价的目的

依据一定的标准和框架，确定评价的目的，例如是为了比较不同的垃圾处理技术的环境影响大小，或是为了优化处理系统的工艺参数。

(2)明确评价系统的功能单位

功能单位确定是生命周期评价开展的一项最基础的工作，可以确保对不同的系统进行评价时，结果具有可比性。城市固体废弃物的生命周期评价功能单位根据系统的输入不同而确定，例如针对废弃物可用 1 吨城市生活垃圾作为功能单位。

(3)界定系统边界

生命周期评价的系统边界界定根据从“摇篮到坟墓”的原则。对于城市固体废弃物管理来说，系统边界通常定义为从垃圾产生开始，到资源化利用或最终无害化消纳于自然为止。系统边界如下图所示。值得一提的是，系统边界确定后并不是不可变更的，很多情况下，最初设定的系统边界需要不断进行修正。在某些情况下研究目标本身也可能需要修正。

初设定的系统边界需要不断进行修正。在某些情况下研究目标本身也可能需要修正。

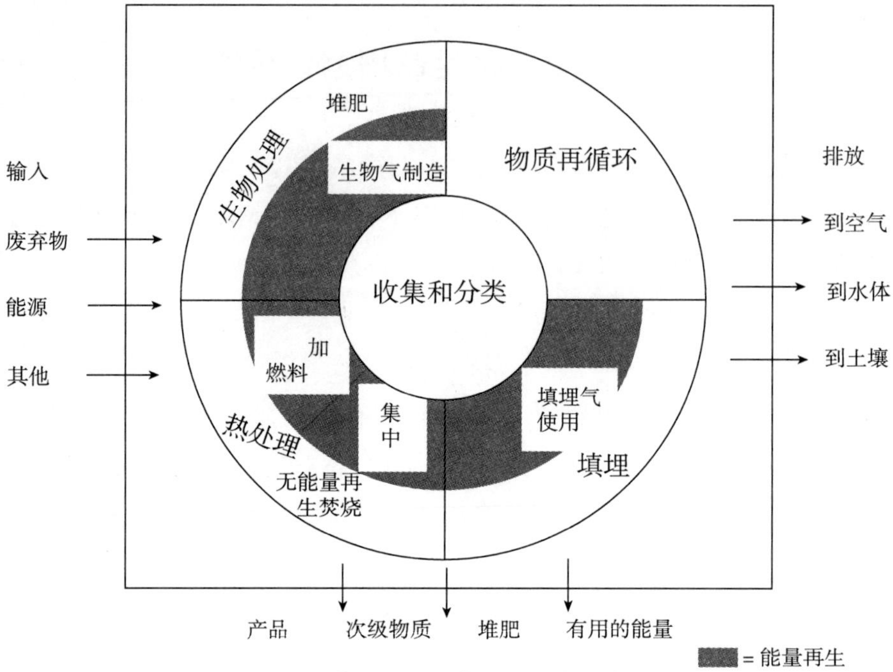

图 1-2　固体废弃物生命周期评价系统边界

资料来源：Integrated Waste Management Model for Municipalities. 在原图基础上有所更改。

2. 清单分析

清单分析阶段主要是对系统整个生命周期内数据的收集及计算，并以此量化分析系统中的输入（资源）和输出（污染物排放）。

(1)数据的收集

数据收集前应首先确定系统的流程，把系统流程每个阶段的输入和输出整理列表就构成整个系统的生命周期清单资料。随着系统的复杂性增大，数据收集难度也相应提高。数据的来源有第一手数据（通过现场调查获取）和文献数据（通过相关文献的查阅获取）。

对于城市固体废弃物处理处置，其生命周期一般分为如下几个阶段：收集、可回收物品的再循环利用、运输、堆肥、厌氧消化、焚烧和填埋。值得注意的是，城市固体废物管理的整个生命周期内不一定都是增加环境负担的清单，还有如堆肥后进行土地利用、沼气利用、焚烧发电/热、填埋气利用等这些通过替代了化学肥料的生产、化石原料的使用等而减少环境负担的清单。清单分析中这部分减少的环境负担可以用负值来表示。

以垃圾填埋的阶段为例，需要收集的清单数据如下：

① 能源输入：填埋过程中的车辆、操作设备的能源消耗；填埋场监测中心、操作间、职工宿舍等维持填埋场运行的电能消耗；填埋场中甲烷气体回收利用所产生的能源；

② 气体污染物排放：车辆设备等运转过程中燃油消耗所导致的废气排放；发电过程中燃料（煤炭）燃烧而引起的废气排放，填埋场垃圾分解产生的气体；填埋气利用替代相应量能源的使用而减少的废气排放（负值）；

③ 水体污染物排放：所使用（或被替代的）能源制备过程中产生的污水排放（正值/负值）；垃圾填埋产生的渗滤液；

④ 固体废物排放：车辆设备运转消耗的燃油或电力在各自生产过程中产生的固体废弃物排放。

(2)数据分析方法

清单分析有两种方式：

① 对于某个特定的废弃物管理系统，在能够得到全面的资料的情况下可以手工进行详细的生命周期清单研究，并从清单中推断一般结论；

② 在数据获得不够全面或难度比较大但可以获得那些关键数据的情况下，可以借助比较通用、目前也备受欢迎的评价模型进行分析。

随着 LCA 实践运用的增加，一些国家和组织还汇编了 LCA 专用的基础数据库，利用数据库和计算机的辅助可以大量减少数据收集及分析的工作量。目前国内还没有一套完整的数据库可供参考。

(3)结果分析

结果分析可以分阶段的直观看出涉及对土地资源的使用，向空气、水体及土壤的污染物排放。清单分析既可作为生命周期评价中环境影响评价的基础步骤，也可直接指导实践应用。

3. 影响评价

影响评价是 LCA 的核心内容，也是难度最大，争议最多的部分。SETAC 将影响评价定为一个“三步走”的模型：分类、特征化和量化。影响评价的一般步骤如图 1-3 所示。

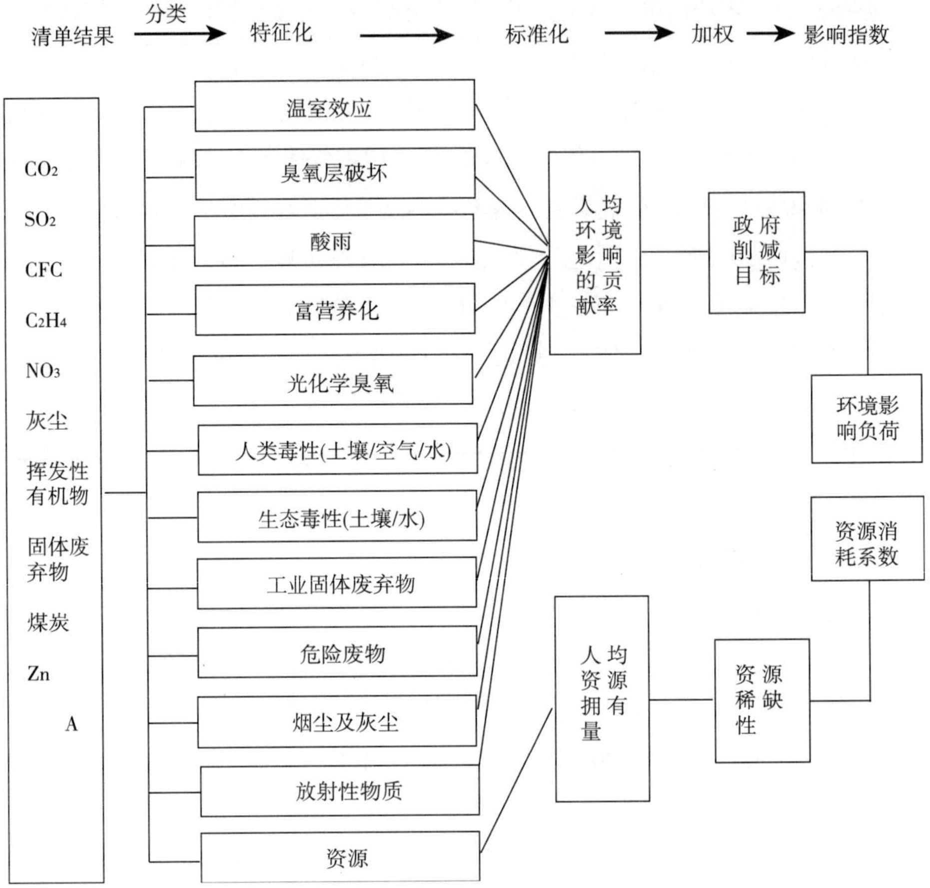

图 1-3 LCA 模型方法

(1)分类

分类把从清单分析中获得的数据归类到不同的环境影响类型。城市固体废弃物的生命周期评价的影响类型一般分为人类毒性(土壤、空气、水体)、光化学臭氧形成、生态毒性(土壤、水体)、全球变暖、臭氧破坏、酸雨、富营养化等几类，有的基于 LCA 思想开发的评价工具如 EASEWASTE（丹麦科技大学等开发的固体废弃物管理软件）把地下水污染和潜在生态毒性(土壤、水体)也作为其评价的影响分类类型。各影响类型根据其影响范围的大小又可以分为全球性、地区性及局地性环境影响。例如，地下水污染属于局地性污染。其他类型污染影响范围的划分见表 1-2。

(2)特征化

特征化是把每一个影响类型中的不同物质转化和汇总成为统一的单元。目前主要的特征化方法有特征化模型和特征化因子两种。例如,温室效应影响类型中有 CH_4、N_2O、SP_6、CFC 等多种因子,各种因子的影响潜值不一样,可以采用 CO_2 当量进行特征化分析。

(3)量化

量化是对特征化后的数据进行标准化和权重分析,根据不同影响类型的贡献大小赋予不同权重,进行加权分析,最终把具体的环境影响数据转化为相应的环境影响模型中的无量纲环境指标。标准化的过程主要是建立标准化基准,如表 1-1 所示,国内学者采用 1990 年我国人均环境影响总潜值建立的部分影响类型的标准化基准值。加权方法有两种,一种是“政策目标距离法”加权体系,能有效反映国家对各环境问题的政策优先权;一种是以社会避免损害环境的意愿为基础的加权体系。国内学者对加权方法的研究主要集中在政策目标距离法上。国内学者提出的权重采用的是 1990 年的基准与 2000 年中国政府的削减目标所估算的基准之间的比值,具体数值见表 1-2。不同国家和地区制定的标准化基准值和权重有所差别。表 1-3 列出了丹麦的 EDIP 97 体系的环境影响类型、标准化基准值及权重。

表 1-2　中国部分环境影响类型、标准化和权重

影响分类	标准化基准值(基准年 1990 年)					权重(基准年 2000 年)
	东部	中部	西部	均值	单位	
温室效应	–	–	–	8700	$kgCO_2-eq$ (person·a)	0.83
臭氧层破坏	–	–	–	0.20	kgCFC11 − eq (person·a)	2.7
酸雨	35	33	41	36	$kgSO_2-eq$ (person·a)	0.73
富营养化	57	60	67	61	$kgNO_3^- - eq$ (person·a)	0.73
光化学臭氧形成	0.76	0.63	0.48	0.65	kgC_2H_4-eq (person·a)	0.51

数据来源:Yang Jianxin and Per H. Nielsen, 2001

表 1-3　EDIP 影响类型、标准化和权重

影响类型	影响范围	标准化基准值		权重
		数值	单位	
人类毒性(土壤)	地区	127	m^3 soil/kg	1.2
光化学臭氧形成,高 NOx	地区	25	kgC_2H_4 − eq(person・a)	1.3
光化学臭氧形成,低 NOx	地区	25	kgC_2H_4 − eq(person・a)	1.3
人类毒性(空气)	地区	6.09E+10	m^3 air/kg	1.1
生态毒性(土壤)	地区	9.64E+5	m^3 soil/kg	1.0
生态毒性(水体)	地区	3.52E+5	m^3 water/kg	1.2
富营养化	地区	55	$kgNO_3^-$ − eq(person・a)	1.2
人类毒性(人体)	地区	50000	m^3 water/kg	1.3
臭氧层破坏	全球	0.103	kgCFC11 − eq(person・a)	63
全球变暖(100 年)	全球	8700	$kgCO_2$ − eq(person・a)	1.1
酸化	地区	36	$kgSO_2$ − eq(person・a)	1.3

数据来源:Henrik Wenzel and Michael Hauschild, 1997

随着生命周期评价应用的日趋广泛,其影响评价的方法体系也随着不断地发展。目前,国内外常用的评价方法体系有:EDIP 97(工业产品环境设计,1997 年版)、EDIP 2003(工业产品环境设计,2003 年版)、CML 2001(荷兰 Leiden 大学环境科学中心提出的方法)、EPS 2000(环境优先策略)、Ecoindicator 99(生态指数 99)、IMPACT 2002 (瑞士联邦研究所开发的方法)。各种评价方法体系对影响类型的分类稍有不同,各有优缺点。

4. 生命周期解释(Life Cycle Interpretation)

生命周期解释是根据研究目的和范围提供对 LCA 或 LCI 研究结果易于理解的、完整的和一致的说明。其包括三个要素:

① 以 LCA 中 LCI 和 LCIA 阶段的结果为基础对关键问题的识别;

② 数据完整性、敏感性和一致性检查的评估;

③ 结论、局限和建议。

四、城市固体废弃物生命周期评价的工具

随着生命周期分析方法在环境管理中运用的不断增加，基于生命周期思想开发的运用于固体废弃物管理的评价工具也不断增多。有的评价工具是基于生命周期影响清单模型开发的，如废弃物综合管理生命周期清单模型（IWM）、ISWM DST 模型；有的是基于完整的生命周期评价开发的，如 WISARD 模型、EASEWASTE 模型；还有的是综合了生命周期评价方法和物质流分析的思想开发的，如 ORWARE 模型。

① 2001 年英国发表的 IWM－2 是对 1995 年提出的 IWM－1 模型的改进。IWM 评价包括废弃物的收集、运输、废物回收资源化利用、堆肥及堆肥的利用、厌氧消化及消化气的利用、填埋处置等多个过程，其结果以电子表格的形式输出生命周期清单。其具有易于操作、使用方便的优点，但是不够灵活，例如，在废弃物填埋的模块中未对填埋阶段进行划分且渗滤液和填埋气的组分不能被改变。

② 美国国家环保局开发的 ISWM DST 模型，用于评估废弃物综合管理系统。该模型的生命周期清单分析结果包含环境影响、能源消耗和经济成本分析三方面的内容。可帮助管理者优化某个特定的废弃物管理系统，寻求环境效益和经济成本的最优的状态。

③ 加拿大 CSR/EPIC 模型最初建立是为了帮助市政府建立完善、可持续发展的废弃物管理系统。综合考虑了环境、经济、社会及政治因素，可用于评价已存在或将要设计的固体废弃物管理系统的各个环节的环境影响，为管理者提供决策依据。

④ 英国环保局开发的 WISARD 模型综合了环境影响分析及成本和效益分析，用于城市固体废弃物的不同管理方法及不同处理方法的评价或对比，为决策者提供支持。该模型的优点是灵活性较强，用户可以根据需要修改输入的废弃物的性质（该模型把输入的固体废弃物以 41 种物质表示，如餐厨垃圾、纸张）、选择和修改模型中包含的所有处理处置方法。但是该模型对系统的边界的定义不明确、结果不透明、结果解释的难度比较大。

⑤ 瑞典 ORWARE 模型综合运用了生命周期评价和物质流分析的思想，对固体废弃物处理处置系统的环境影响进行预测评价。该模型设计时针对的是机废物的处理处置系统的评价，但是后来其评价的对象不断扩充，也包括其他类型的废物组分。

⑥ 丹麦 EASEWASTE 模型，既可以为管理者选择某种具体的固体废物处理

处置工艺提供辅助决策，也可对某个地区或整个国家固体废物管理进行环境影响分析。使用其进行分析，在得到各类环境影响潜质的同时，可以追溯到造成影响最大的物质或过程，更好地帮助决策者选择或改进固体废物处理处置方式。系统的数据库提供了多种城市固体废弃物的性质（以 48 种物质表示）、多种城市固体废弃物的处理处置工艺供用户选择，用户不仅可以根据需要建立完整的固体废弃物管理系统，还可更改相应的参数，使之更符合实际情况。其比 ORWARE 模型更具灵活性。如在填埋阶段，EASEWASTE 把填埋分为 4 个阶段，各个阶段中填埋气、渗滤液的性质不同，且用户可以进行修改，同时，渗滤液是过程性的污染物，受气候、填埋场性质等多种因素影响，不仅仅与输入的废弃物性质相关。而 ORWARE 模型的填埋气与渗滤液的性质都是直接跟输入的废弃物性质相关。

五、城市固体废弃物生命周期评价案例

本章节选取的是清华大学赵燕（Zhao et al.，2009）用 EASEWASTE 分析杭州市固体废弃物管理的环境影响的案例，对城市固体废弃物的生命周期评价的目标和范围的确定、清单分析及影响评价阶段进行简单的说明。

1. 分析的对象

本案 LCA 分析的对象是杭州市已有的城市生活垃圾的管理系统及两种假设的优化后的系统，见表 1-4。

表 1-4　杭州市城市固体废弃物管理模式比较

单位：吨

	情景一（已有的）	情景二（假设的）	情景三（假设的）
单独收集量（总计）	271427	271427	271427
塑料	7112	7112	7112
纸张	106674	106674	106674
硬纸板	37929	37929	37929
钢材	21355	21355	21355
铝制品	10667	10667	10667

续表

	情景一(已有的)	情景二(假设的)	情景三(假设的)
玻璃	66375	66375	66375
其他残余物(填埋)	21335	21335	21335
集中收集量(总计)	913842	913842	913842
塑料	3023	3023	4800
硬纸板	1896	1896	1896
钢材	7453	7453	7453
铝制品	593	593	593
玻璃	5689	5689	5689
焚烧厂一	32945	54741	53545
焚烧厂二	210907	292005	285629
焚烧厂三	122638	164265	160678
填埋	528698	384177	375780
总共处理处置量	1185269	1185269	1167490

情景一是杭州市目前城市固体废弃物管理模式;情景二与情景一的不同之处是依据就近原则将环卫系统集中收集的垃圾运往焚烧厂处理,超过焚烧厂处理负荷的垃圾运往垃圾填埋场处置;情景三是根据限塑令的要求减少塑料袋使用量的同时,增加垃圾中塑料的回收效率。情景二和情景三都是假设的优化模式。

2. 分析的目的与目标

本例分析的目的是识别与确定杭州市城市固体废弃物管理的三种模式运行中可能涉及的关键环境问题,其分析结果可以为杭州市城市固体废物的管理模式的优化提供决策支持。

软件中 LCA 的影响分析以 100 年为影响评价的时间跨度。分析其中关键的数据,如垃圾的性质、可回收物质的源分离效率、垃圾运输的能耗、填埋气的收集效率及使用效率、甲烷在填埋场中的自然降解率等使用的是杭州市或中国地区的数据。其他的相关数据使用的是软件数据库提供的数据(丹麦的数据)。

3. LCA 清单分析

杭州市城市固体废弃物管理的基本技术流程如图 1-4 所示。

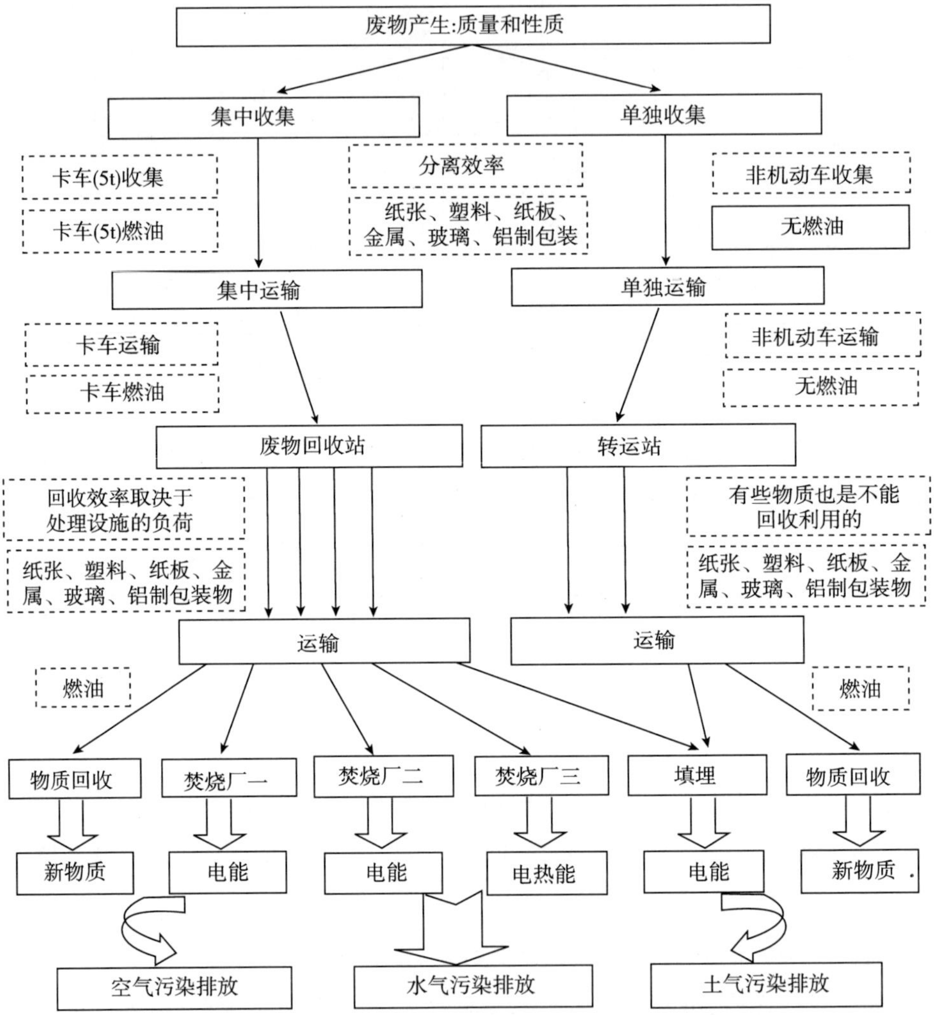

图 1-4　杭州市城市固体废弃物管理技术流程

研究系统的主要功能均为城市固体废弃物，可设定 LCA 分析的基本功能单位为 1kg 固体废物的处理。分析中设定的废弃物的性质见表 1-5。

表 1-5　中国城市生活垃圾的典型成分

单位：%

成分	湿基百分比	干固体百分含量	元素分析(%干固体)				
			C	H	O	N	S
蔬菜类厨余垃圾	45	28	48.0	6.4	37.6	2.6	0.4
纸类	15	85	43.5	6.0	44.0	0.3	0.2
庭院垃圾	12	55	47.8	6.0	38.0	3.4	0.3
玻璃	8	95	0.0	0.0	0.0	0.0	0.0
纸板	4	75	44.0	5.9	44.6	0.3	0.2
飞灰	4	90	26.3	3.0	2.0	0.5	0.3
塑料	3	92	60.0	7.2	22.8	0.0	0.0
铝制包装物	1	95	0.0	0.0	0.0	0.0	0.0
木材	2	70	49.5	6.0	42.7	0.2	0.1
纤维	2	90	55.0	6.6	31.2	4.6	0.15
其他金属	3	95	0.0	0.0	0.0	0.0	0.0
橡胶	0.5	90	78.0	10.0	0.0	3.0	0.0
鞋子、羽毛等	0.5	90	60.0	8.0	11.6	10.0	0.4
总计	100	56.8	41.25	5.41	32.16	1.81	0.27

输入相应的数据后，建立废弃物管理系统模型。运用 EASEWASTE 软件进行清单分析。

4. 影响评价

EASEWASTE 软件影响分析选用的是 EDIP 97 影响评价体系。三个情景标准化后的环境影响负荷见表 1-6 和表 1-7。

表 1-6　情景一和情景二标准化后的环境影响负荷比较

影响类型	情景一	情景二	差值	评论
温室效应	−14338	−23116	−8778	情景二更优
酸雨	−56617	−57730	−1113	情景二稍好
富营养化	−13813	−13062	751	情景一更优
臭氧层破坏	−19	−25	−6	情景二更优

续表

影响类型	情景一	情景二	差值	评论
光化学臭氧形成	－2785	－40871	－38086	情景二更优

表 1-7　情景二和情景三各处理阶段的温室效应比较(标准化)

技术	情景二	情景三	差值	评论
收集和运输	1103	1084	－19	相差不大
中转站和废物回收站	5973	5856	－117	情景三更优
物质回收	－30277	－30413	－136	情景三更优
焚烧	－13216	－13729	－513	情景三更优
填埋	13301	13294	－7	相差不大
避免的塑料生产	0	－3781	－3781	情景三更优
总计	－23116	－27689	－4573	情景三更优

第二章

城市固体废物管理的法律法规体系、标准

第一节 我国城市固体废物管理法规体系

一、城市固体废物处理中采用法规手段的必要性

进入21世纪以来，我国经济持续稳定发展，人民的生活水平显著提高，人们在享受科技进步带来的变化的同时，城市中固体废物的产生量日益增多，为我国环境状况的改善增加了很大的阻力。尤其是在像北京、上海、广州这样的大城市，这种情况表现得尤为突出，固体废物的管理问题已经变成了一个令城市环境保护部门很头疼的问题。而法规化管理以其自身所特有的优势，毋庸置疑成为了中国政府管理城市固体废物的有力手段之一。

城市固体废物法规化管理就是指通过制定一系列的法律、法规、规章、国家标准等具有强制力的文件来对城市固体废物进行管理。具体来说，对城市固体废物实行法规化管理的意义主要体现在以下六点：

①满足了可持续发展观的要求；

②促进了国家相关环保政策的落实；

③有利于我国可持续发展目标的实现；

④加快生产工艺及相关技术设备的改进；

⑤提高了我国城市固体废物的管理水平；

⑥改善人们的生活习惯，提高环保意识。

由此可见，运用法规手段管理城市固体废物意义重大。我国应该加大立法与执法的力度，使城市固体废物管理步入法制轨道，坚决做到有法可依、有法必依、执法必严、违法必究。关于城市固体废物管理，我国也相继制定了《中华人民共和国环境保护法》、《中华人民共和国固体废物污染环境防治法》等一系列与城市固体废物管理相关的法律法规。目前而言，我国的法规体系与西方发达国家相比还相对滞后，因此，在面对西方国家在城市固体废物法规化管理中所积累的丰富经验，我们应进行理智的学习和借鉴，在充分考虑我国实际情况的前提下，逐步完善我国的城市固体废物法规体系，进而发挥法规化管理在城市固体废物管理中的作用，促进城市固体废物管理又好又快的发展。

二、我国城市固体废物管理法规体系概述

我国的城市固体废物管理法规体系由法律、法规、规章、国家标准、地方法规、国际公约六部分组成。我国的城市固体废物管理法规体系如图 2-1 所示，从图中可以看出，该体系由四个层次部分组成。根据体系中这种不同层级法律、法规的效力关系见表 2-1，在具体运用该法规体系时，应当首先执行层级较高的环境法律、法规，然后是环境规章，最后才是其他环境保护规范性文件。

城市固体废物管理法规体系是环境保护法规体系中不可缺少的组成部分，是一个子系统。因此在该子系统中，由固体废物污染防治及管理方面的专门性法律规范和其他有关的法律规范所成的有机的统一体，从图 2-1 中可以看出，我国的固体废物污染防治法规体系是由基干法律《中华人民共和国环境保护法》、《中华人民

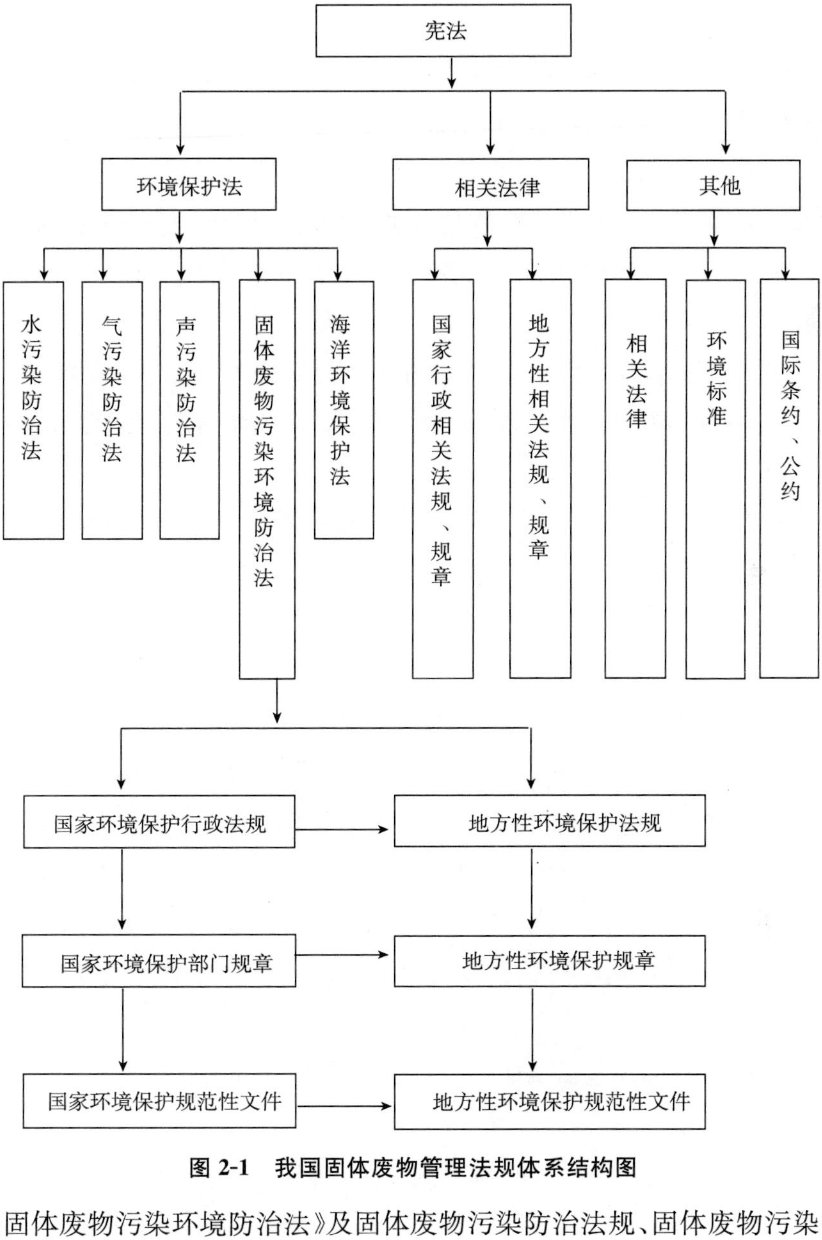

图 2-1　我国固体废物管理法规体系结构图

共和国固体废物污染环境防治法》及固体废物污染防治法规、固体废物污染防治行政规章等组成的具有四个层次的系统。

第一层次:《中华人民共和国环境保护法》中关于城市固体废物管理的有关条款。如:第四章防治环境污染和其他公害中的第二十四条、第二十五条、第三十三条都是与城市固体废物管理相关的。

第二层次:《中华人民共和国固体废物污染环境防治法》,这是一项包括固体废物管理指导思想、基本原则、制度和主要措施的综合性法律。在该层次中,还包括其他相关的法律、法规。如《中华人民共和国水污染防治法》、《中华人民共和国海洋环境保护法》等法律中有关城市固体废物管理的,以及刑法、刑事诉讼法、民法、民事诉讼法等,还有我国政府参加、签约的国际性环境保护公约、条约,如《巴塞尔公约》等。

第三层次:国务院颁布的有关城市固体废物管理的行政法规,其中包括综合性的法规和单项性法规,如城市垃圾管理办法、固体废物综合利用问题若干规定,海洋倾废管理条例等。

第四层次:国家环保总局及其他各部委颁布的关于城市固体废物管理的单项性行政规章,在该层次的法规中,主要包括以下几方面的内容:固体废物环境污染的防治规定,固体废物回收综合利用的规定,固体废物收集、运输等管理规定,固体废物污染源控制及监测技术的规定,固体废物监督管理办法,如《征收排污费暂行办法》、《中华人民共和国海洋石油勘探开发环境保护管理条例》、《中华人民共和国防止船舶污染海域管理条例》、《中华人民共和国海洋倾废管理条例》、《中华人民共和国防治陆源污染物污染损害海洋环境管理条例》、《中华人民共和国防治海岸工程建设项目污染损害海洋环境管理条例》、《建设项目环境保护管理办法》、《城市放射性废物管理办法》等。而《国家危险废物名录》、《危险废物鉴别标准》及其他一些相应的技术标准则为城市固体废物管理法规的实施提供了技术上的保障。

同时在该层次中,还包括了地方性的法规,即地方人大颁布的行政法规和地方政府颁发的行政规章。

国家环境法与地方环境法的权限规定为:国家环境法的权限高于地方性环境法的权限,法律高于行政法规,行政法规高于行政规章,即上一层次的权限高于下一层次的权限。我国参加和批准的国际环境法的效力高于国内环境法的效力,特别法的效力高于普通法的效力,新法的效力高于旧法的效力,其不同是:严于国家污染物排放标准的地方污染物排放标准的效力高于国家污染物排放标准。

表 2-1　各层级法律、法规对应颁布关系

层级		名称	制定和颁布权限	适用范围
根本大法		《宪法》中有关环境保护条款	全国人民代表大会	全国
基本法		《中华人民共和国环境保护法》	全国人大常委会	全国
单项法律		《水污染防治法》、《气污染防治法》、《声污染防治法》、《固体废物污染环境防治法》、《海洋环境保护法》	全国人大常委会	全国
行政法规		单项法:"实施细则"、《行政排污费暂行办法》、《建设项目管理条例》等	国务院	全国
部门规章		《饮用水源保护区污染防治管理条例》等	国务院行政主管部门(国家环保总局及相关部门)	全国
地方性法规		《上海市环境保护条例》、《上海市黄浦江上海水源保护条例》等	省、直辖区、自治区人大及其常委会	本辖区
地方政府规章		《上海市危险废物污染防治办法》等	省、直辖区、自治区人民政府	本辖区
其他	有关法律、法规规定	《刑法》、《民法通则》、《标准法》等	全国人大及其常委会	全国
	环境标准	环境质量标准、污染排放标准、环境基础标准、环境方法标准	国务院行政主管部门、地方人民政府	全国或本辖区
	国际条约或协定	《控制危险废物越境转移及其处置巴塞尔公约》、《防止倾倒废物及其物质污染海洋公约》等	我国参加或缔约	全国

三、上海市城市固体废物管理法规体系

在我国有关城市固体废物管理的法律、法规体系中，国家级的环境法对地方级的环境法起着指导和制约的作用，它制约地方性环境法的范围、限度，决定地方性环境法的发展方向，其目的是保证我国环境法基本原则和制度的统一。地方性环境法规必须以国家环境法为依据。同时，地方性环境法规又是国家环境法的补充、进一步完善国家环境法的某些规定，主要是突出了环境管理的区域性特征，结合本地区的实际情况而制定，增加了可操作性，为有效实施国家环境法铺平道路。

上海市作为我国大陆第一大城市，是四个中央直辖市之一，是我国大陆的经济、金融、贸易和航运中心。在城市固体废物管理方面也走在全国的前列，它的城市固体废物管理法规体系较为健全，为其他城市在这方面的发展提供了宝贵的借鉴作用。目前，上海环境部门也在不断向发达国家学习，进一步提高城市固体废物法规化管理的水平，为更好地实现经济、社会和环境的可持续发展不懈努力。

上海市不但将城市规划、调整工业布局和产业结构、促进经济增长方式的转变与城市固体废物管理相结合，坚持以可持续发展战略为主导，使上海的经济、社会与环境得到了协调发展。同时在固体废物的环境污染防治立法方面也在逐步完善、加强，近年来，市人大、市政府、市建委、市环保局、市卫生局等各部门相继制定、批准、颁发一系列有关固体废物污染防治方面的地方法规、规章及条例。

按照上海市行政组织机构的设置与职责分工，并依据《中华人民共和国固体废物污染环境防治法》中对工业固体废物（其中包括危险废物）与城市生活垃圾的划分，分属不同的管辖部门。上海市固体废物的分管部门及废物分类情况基本如下。

上海市环境保护局是上海市人民政府下属的对全市环境进行统一规划、协调、监督及指导的综合管理机构。下属污染物控制一处是直接负责全市工业固体废物的综合管理部门。环境保护局内设的危险废物处理中心受污控一处的委托，是具体负责全市危险废物管理部门；城市生活垃圾及建筑垃圾则是由上海市环境卫生局统一管理；在环境保护局与环境卫生局下属各设有一政策法规处，专门研究、建议及配合立法部门制定颁布一系列与固体废物相关的地方法规、政府规章和规范性文件，监督业务部门对固体废弃物的执法，受理公民、法人、其他不服对固体废弃物管理作出的具体行政行为的行政复议案件。

上海地方法规体系及部分有关固体废物管理的法规、规章与规范性文件名录如图 2-2 所示。

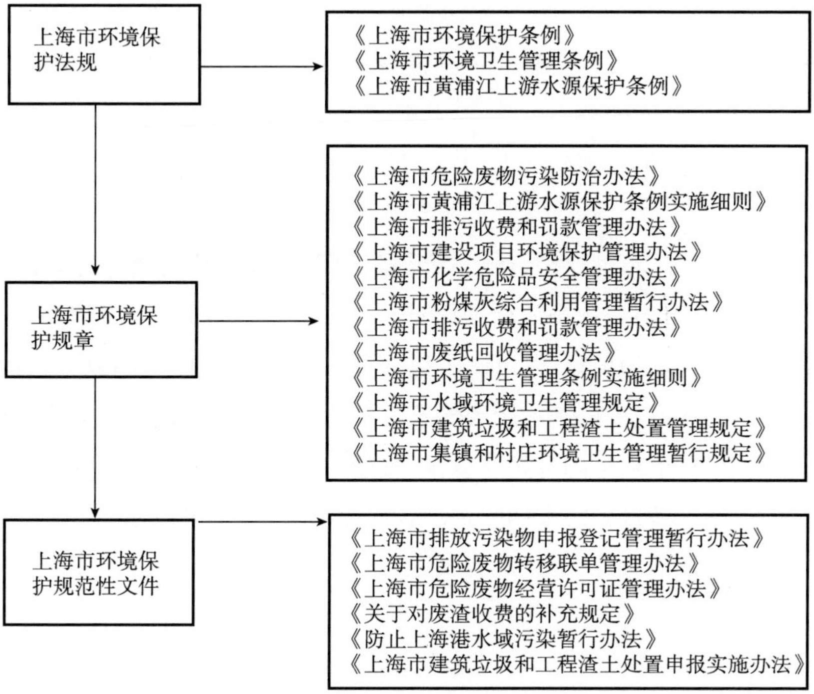

图 2-2 上海市部分有关固体废物管理的法规、规章、文件名录

四、我国重要城市固体废物管理法律法规示例

1.《中华人民共和国环境保护法》

1979 年 9 月 13 日，第五次全国人大常委会通过了我国第一部关于保护环境和自然资源、防治污染和其他公害的综合性法律——《中华人民共和国环境保护法(试行)》公布施行。在经过 10 年的应用之后，1989 年 12 月第七届全国人民代表大会常务委员会第十一次会议通过了修改后的《中华人民共和国环境保护法》，该法对我国的环境立法和实践工作来说，具有里程碑的意义。

《中华人民共和国环境保护法》指出：国家制定的环境保护规划必须纳入国民经济和社会发展计划，国家采取有利于环境保护的经济、技术政策和措施，使环境保护工作同经济建设和社会发展相协调。国家鼓励环境保护科学教育事业的发展，加强环境保护科学技术的研究和开发，提高环境保护科学技术水平，普及环境保护的科学知识。

现行《中华人民共和国环境保护法》中，与城市固体废物管理相关的规定摘录如下：

第十条："国务院环境保护行政主管部门根据国家环境质量标准和国家经济、技术条件，制定国家污染物排放标准。省、自治区、直辖市人民政府对国家污染物排放标准中未作规定的项目，可以制定地方污染物排放标准；对国家污染物排放标准中已作规定的项目，可以制定严于国家污染物排放标准的地方污染物排放标准。地方污染物排放标准须报国务院环境保护行政主管部门备案。凡是向已有地方污染物排放标准的区域排放污染物的，应当执行地方污染物排放标准。"

第十八条："在国务院、国务院有关主管部门和省、自治区、直辖市人民政府划定的风景名胜区、自然保护区和其他需要特别保护的区域内，不得建设污染环境的工业生产设施；建设其他设施，其污染物排放不得超过规定的排放标准。已经建成的设施，其污染物排放超过规定的排放标准的，限期治理。"

第二十一条："国务院和沿海地方各级人民政府应当加强对海洋环境的保护。向海洋排放污染物、倾倒废弃物，进行海岸工程建设和海洋石油勘探开发，必须依照法律的规定，防止对海洋环境的污染损害。"

第二十四条："产生环境污染和其他公害的单位，必须把环境保护工作纳入计划，建立环境保护责任制度；采取有效措施，防治在生产建设或者其他活动中产生的废气、废水、废渣、粉尘、恶臭气体、放射性物质以及噪声、振动、电磁波辐射等对环境的污染和危害。"

第二十五条："新建工业企业和现有工业企业的技术改造，应当采用资源利用率高、污染物排放量少的设备和工艺，采用经济合理的废弃物综合利用技术和污染物处理技术。"

2.《中华人民共和国固体废物污染环境防治法》

1995 年 10 月 30 日第八届全国人民代表大会常务委员会第十六次会议通过了

《中华人民共和国固体废物污染环境防治法》，该法是规范我国固体废物管理的一个全面而完整的文件。它的宗旨十分明确，就是要保障人体健康、维护生态安全、促进经济和社会的可持续发展。随着我国工业化和城市化的发展，在城市固体废物管理方面出现了新的情况和问题。因此，2004 年 9 月，全国人大环境与资源保护委员会向全国人民常务委员会提请审议《中华人民共和国固体废物污染环境防治法（修订草案）》。同年 12 月，第十届全国人大常务委员会第十三次会议通过了《中华人民共和国固体废物污染环境防治法（修订案）》，自 2005 年 4 月 1 日起实施。

《中华人民共和国固体废物污染环境防治法》明确指出，国家应采取有利于固体废物综合利用活动的经济、技术政策和措施，对固体废物污染环境防治产业的发展；鼓励、支持固体废物污染环境的科学研究、技术开发、推广先进的防治技术和普及固体废物污染环境防治的科学知识，倡导有利于环境保护的生产方式和生活方式；鼓励单位和个人购买再生产品和可重复利用产品。国家对固体废物污染环境的防治，实行减少固体废物的产生量和危害性、充分合理利用固体废物和无害化处置固体废物的原则，促进清洁生产和循环经济发展。

现行《中华人民共和国固体废物污染环境防治法》中，与城市固体废物管理直接相关的规定摘录如下：

第十七条："收集、贮存、运输、利用、处置固体废物的单位和个人，必须采取防扬散、防流失、防渗漏或者其他防止污染环境的措施；不得擅自倾倒、堆放、丢弃、遗撒固体废物。禁止任何单位或者个人向江河、湖泊、运河、渠道、水库及其最高水位线以下的滩地和岸坡等法律、法规规定禁止倾倒、堆放废弃物的地点倾倒、堆放固体废物。"

第十八条："产品和包装物的设计、制造，应当遵守国家有关清洁生产的规定。国务院标准化行政主管部门应当根据国家经济和技术条件、固体废物污染环境防治状况以及产品的技术要求，组织制定有关标准，防止过度包装造成环境污染。生产、销售、进口依法被列入强制回收目录的产品和包装物的企业，必须按照国家有关规定对该产品和包装物进行回收。"

第四十条："对城市生活垃圾应当按照环境卫生行政主管部门的规定，在指定的地点放置，不得随意倾倒、抛撒或者堆放。”

第四十一条：“清扫、收集、运输、处置城市生活垃圾，应当遵守国家有关环境保护和环境卫生管理的规定，防止污染环境。”

第四十二条：“对城市生活垃圾应当及时清运，逐步做到分类收集和运输，并积极开展合理利用和实施无害化处置。”

第四十五条：“从生活垃圾中回收的物质必须按照国家规定的用途或者标准使用，不得用于生产可能危害人体健康的产品。”

3.《城市生活垃圾管理办法》

2007 年 4 月 10 日，经建设部第 123 次常务会的讨论，通过了《城市生活垃圾管理办法》，自 2007 年 7 月 1 日起施行。该办法是根据《中华人民共和国附体废物污染环境防治法》、《城市市容和环境卫生管理条例》等法律、行政法规，以加强城市生活垃圾管理，改善城市市容和环境卫生而制定的。本办法规定城市生活垃圾的治理，实行减量化、资源化、无害化和谁产生、谁依法负责的原则。鼓励采取有利于城市生活垃圾综合利用的经济技术政策和措施，提高城市生活垃圾治理的科学技术水平，鼓励对城市生活垃圾实行充分回收和合理利用。

现行《城市生活垃圾管理办法》中，与城市固体废物管理直接相关的规定摘录如下：

第十六条：“单位和个人应当按照规定的地点、时间等要求，将生活垃圾投放到指定的垃圾容器或者收集场所。废旧家具等大件垃圾应当按规定时间投放在指定的收集场所。城市生活垃圾实行分类收集的地区，单位和个人应当按照规定的分类要求，将生活垃圾装入相应的垃圾袋内，投入指定的垃圾容器或者收集场所。宾馆、饭店、餐馆以及机关、院校等单位应按照规定单独收集、存放本单位产生的餐厨垃圾，并交符合本办法要求的城市生活垃圾收集、运输企业运至规定的城市生活垃圾处理场所。禁止随意倾倒、抛撒或者堆放城市生活垃圾。”

第二十一条：“从事城市生活垃圾经营性清扫、收集、运输的企业，禁止实施下列行为：任意倾倒、抛撒或者堆放城市生活垃圾；擅自停业、歇业；在运输过程中沿途丢弃、遗撒生活垃圾。”

第二十八条:“从事城市生活垃圾经营性处置的企业应当履行以下义务:严格按照国家有关规定和技术标准,处置城市生活垃圾;按照规定处理处置过程中产生的污水、废气、废渣、粉尘等,防止二次污染;按照所在地建设(环境卫生)主管部门规定的时间和要求接收生活垃圾;按照要求配备城市生活垃圾处置设备、设施,保证设施、设备运行良好;保证城市生活垃圾处置站、场(厂)环境整洁;按照要求配备合格的管理人员及操作人员;对每日收运、进出场站、处置的生活垃圾进行计量,按照要求将统计数据和报表报送所在地建设(环境卫生)主管部门;按照要求定期进行水、气、土壤等环境影响检测,对生活垃圾处理设施的性能和环保指标进行检测评价,向所在地建设(环境卫生)主管部门报告检测、评价结果。”

五、国外城市固体废物的法规化管理体系

1. 欧盟城市固体废物管理的法规体系

欧洲联盟简称欧盟,现有27个成员国,是一个在政治和经济领域高度一体化的区域性集团组织。随着欧盟环境政策和法规的不断改进和发展,城市固体废物管理相关的法规和政策一直备受人们的关注。城市固体废物管理一直都是欧盟各国政府极其重视的环境问题,因此,在欧盟国家中,城市固体废物的法规管理体系较为健全,在城市固体废物的预防、处理处置和回收利用过程中起到了很大的推动作用。

概括来讲,目前欧盟城市固体废物的法规化管理体系中的法律按照其管辖范围来分,主要包括4种类型:

①框架性法律,比如1995年颁布的关于城市固体废物管理的指令和1991年颁布的有关有害废物的指令;

②针对特定类型废物制定的法律,目前主要涉及废油、含危险废物的电池和蓄电池、二氧化钛行业废物、农用的污泥、包装及包装废物、PCBs(多氯联二苯)和PCTs(多氯三联苯)的处理、废旧车辆和在电子和电气设备上限制使用某些有害物质等;

③针对城市固体废物管理作业的法律，目前主要涉及废物填埋、废物焚烧、船舶产生的废物及货物残余物的港口接收装置等；

④关于报告和调查方面的法律，主要涉及城市固体废物管理法律实施过程中有关的统计、报告等事项。

当然，欧盟国家关于城市固体废物管理的相关法律建设并不是一蹴而就的，也经历了一个漫长的发展过程，其具体的发展过程都体现在欧盟的各个环境行动计划里，详细内容见下表 2-2。

由表 2-2 可知，欧盟的城市固体废物法规体系逐步在向循环经济发展的方向迈进。一方面要从源头上开始控制城市固体废物的产生量；另一方面将所产生的固体废物进行循环利用。从而做到节约资源，保护环境，做到真正的可持续发展。

表 2-2　欧盟环境行动计划的发展

名称	发布时间	有效期限	计划内容
第一个环境行动计划	1973 年	1976 年	环境保护的理念上并没有突破，但加强了欧盟环境统一行动
第二个环境行动计划	1977 年	1981 年	对防治水和大气污染的措施提供了一定的优先权，对噪声污染提出了更广泛更具体的措施；加强了共同体环境政策的预防性质，关注了对周围环境和自然资源的合理保护和管理
第三个环境行动计划	1982 年	1986 年	变革了原有的环境政策，综合了环境政策和欧盟的其他政策，强调了加强环境政策预防性特征的重要性，提出了综合污染控制的概念
第四个环境行动计划	1987 年	1992 年	继承和发展了第三个计划中的环境政策，强调了环境保护与其他政策综合以及全球合作的必要性；在控制污染的思路上有了新的突破，逐渐由末端控制转向源头削减
第五个环境行动计划	1993 年	1999 年	该计划以可持续发展为中心，对欧盟以往的环境政策做了重大调整，其目标是发展应是在不损害环境和不过度消耗自然资源的条件下追求适度的增长，这种增长不应破坏经济社会的发展和对环境资源需求之间的平衡；本计划还制定了三个标志性的制度，即综合污染控制制度、生态管理和审核法案制度、生态标签制度

续表

名称	发布时间	有效期限	计划内容
第六个环境行动计划	2002 年	2012 年	重视源头减排;在废物回收过程中,能够再循环利用的物质优先于能源回收,其余的进行无害化处理;提出了主题策略的概念;进一步改进了回收的一般参考标准,深入细化了欧盟的回收政策

2. 日本城市固体废物管理的法规体系

日本明治维新之后,工业得到大力发展,人民的生活水平显著提高。但享受着经济发展成果的同时,他们的环境却遭到了严重的破坏。到了 20 世纪 50—70 年代,日本发生了震惊世界的几次大的环境污染事故。例如,由于工业污染废物的排放,导致濑户内海里面大量海洋生物死亡,进而影响了人的健康生存;由于日本富山县的一些铅锌矿废物随意排放,造成了镉中毒的骨痛病事件;日本熊本县水俣镇出现了甲基汞中毒的水俣病事件;1968 年,由于吃了含有多氯联苯的米糠油,大量家禽和民众中毒事件,等等。也正是因为这些环境事故,日本政府和社会加大了对环境的保护力度,逐渐建立一整套较为完善的立法与执法机制,从而走上了环保大国的发展道路。

(1)日本城市固体废物法规管理体系的发展

日本关于城市固体废物管理的立法较早且完善,从环境省到地方都制定了较完善的城市固体废物管理法律法规。其发展历程可分为三个阶段。

第一阶段:20 世纪 60—80 年代

①1967 年,通过了《环境污染控制基本法》,该法做出了“环境保护与经济协调发展”的规定。

②1970 年,日本相关部门对《公害基本法》进行了修改,在修改中强调公害监督管理体制,加强污染惩罚措施,加大污染治理投入力度,开发推广先进的污染防治技术,提高污染物排放标准和环境质量标准,并将环境保护工作提高到重要位置。同时设立了由总理大臣直接领导的“日本环境厅”,在全国各地都、道、府、县也都相继设立了环境保护的组织机构,使环境管理工作得到加强。在一系列根除污染问题的政策和措施实施下,日本的环境状况有所改善。

第二阶段:20 世纪 80 年代至 21 世纪初

①80 年代，日本政府开始实施以开发新能源为中心的“新阳光计划”、以节能为目的的“月光计划”和“地球环境技术开发计划”。

②进入 90 年代，日本关于城市固体废物的管理观念发生了变革，从以前的经济优先转为经济与环境兼顾。日本政府相继颁布了《环境基本法》、《节能法》、《再循环法》，旨在推动日本的社会、经济和环境向可持续的方向发展。

③1994 年，日本出台了《21 世纪议程行动计划》，致力于在 21 世纪建立循环型社会系统。

第三阶段：21 世纪初至今

进入 21 世纪以来，日本着力发展城市固体废物循环经济法规体系且日趋成熟。2000 年被称为日本的“循环型社会元年”，日本相继推出了《食品再生利用法》、《绿色采购法》等。日本城市固体废物循环经济法规体系详如图 2-3 所示。

日本城市固体废物管理法规体系
- 基本法：《环境基本法》
- 综合性法律：如《废物处理法》、《资源有效利用促进法》
- 建设计划、规划类法律：如《劳动安全卫生法》
- 专项法律：如《容器包装再生利用法》、《建筑材料循环利用法》、《绿色采购法》
- 经济责任等其他相关法律：如《企业负担污染防治事业费法》

图 2-3　日本城市固体废物管理法规体系

(2)日本城市固体废物法规管理体系的特点

①立法完善。日本作为第二大经济强国，在城市固体废物法规化体系的完善中给予了足够的重视。该体系倡导循环型社会的发展模式，提倡对城市固体废物进行全过程的管理，从废物的减量、储存和转运、处理处置和回收利用各个环节下手，都制定了明确的法律，已达到循环型社会的发展目标。目前，日本的固体废物管理法规体系还在不断地发展前进，来面对不断涌现的新的问题和矛盾，这样一种动态的理念为日本继续保持环保大国的地位提供了有力的保障。

②立法与行政并重。要想有效的开展城市固体废物管理工作，离不开明确和完善的法规管理体系，但是仅如此是远远不够的，如果离开了相关环保部门的行政执法，这些立法也只能是一席空谈，无法在城市固体废物的管理中发挥应有的

作用。

日本根据经济的发展阶段和发展水平逐步提高法律规范的标准，加大了环境保护的执法力度，充分保障了规划体系发挥作用，促进了城市固体废物管理的效果和效率。

第二节 城市固体废物管理相关标准

一、我国城市固体废物管理标准体系制定原则

现代技术发展迅速，为提高垃圾处理水平、更新传统的处理工艺创造了条件。发达国家城市固体废物管理水平要领先我国10～20年，在不断吸收国外的先进技术和经验的基础上，结合我国的实际情况，修改制定城市固体废物管理技术标准对提高垃圾处理水平具有重要现实意义。例如，国外从20世纪80年代开始在垃圾填埋场防渗处理中使用人工合成衬层作为防渗材料，目前已成为一项成熟技术，得到广泛应用。近年来我国也已开始这方面的研究和使用，因此有必要制定人工防渗的相关规定及标准。

制定城市固体废物管理标准的目的是规范城市垃圾处理场建设、提高城市固体废物管理水平、减少和防止城市固体废物处置过程中对环境的污染。所有这些均离不开现有的经济能力和技术水平。因此，在制定我国城市固体废物管理标准方面以下4个因素值得借鉴：

地区性差异因素：我国由于幅员辽阔、地区性差异很大，因而对城市固体废物处理方式产生了较大影响，在制定垃圾处理标准时应考虑这些因素。

适度超前性原则：我国目前仍是发展中国家，我们的城市固体废物处理水平落后发达国家10～20年，因此如将处理标准定得过高，则形同虚设，此标准也就失去了存在意义，因为根本就达不了标。但如与现有处理水平相当，就无法促进现有垃

圾处理技术的研究、开发和使用推广。

均衡性因素：均衡性因素就是要求城市固体废物处理技术标准要与其他污染治理的技术水平相一致。如果把其他垃圾看做一个污染源来治理并按很高标准来治理，而其他污染源（如城市污水、工业污水等）的治理标准定得很低，则这样的垃圾处理是不经济的，也不能达到预期的目标。

完善和提高：应该根据固体废物处理与资源化技术的发展，制定、完善和修订相关标准。

分析以上 4 个因素，我国城市固体废物管理技术标准体系应首先完成以下几个任务：

①完善城市固体废物管理技术标准体系，明确城市固体废物无害化处理的准确定义和范围；

②由于我国经济发展的总体水平还比较低，特别是地区性差异比较大，对城市固体废物管理的技术标准的水平分出等级；

③建立定期的城市固体废物管理技术标准执行情况监督机制，确保城市固体废物处理设施按照规定的标准进行运行和管理。

二、固体废物污染环境及其控制标准体系

固体废物环境标准体系的建立是固体废物环境立法的一个组成部分，否则将无法对固体废物实行全面的、有效的管理。它一般包括以下内容：基础标准；方法标准（包括采样方法、特性试验方法和分析方法）；标准样品标准；鉴别分类指标标准；容器标准；贮存标准；适用于生产者标准；收集运输标准；综合利用标准，包括农用标准、建材标准、能源回收利用标准、资源利用标准；处理处置标准，包括有控堆放标准、卫生填埋标准、安全填埋标准、深地层处置标准、深海投弃标准、工业窑炉焚烧标准、专用炉焚烧标准、爆炸物露天焚烧标准、物化解毒标准、生化解毒标准。

我国现有的固体废物标准主要分为固体废物污染控制标准、固体废物综合利用标准、固体废物分类标准和固体废物监测标准 4 大类，尚不健全。

1. 固体废物污染控制标准

固体废物污染控制标准是我国行政执法机构进行环境影响评价、“三同时”、限期治理、排污收费等一系列管理制度的基础，是污染制造者进行污染排放的依据，是固体废物管理标准中最重要的标准，没有这些标准，行政部门将无执法依据，而其他标准也无制定和执行依据，成为一纸空文。

我国固体废物污染控制标准分为两大类，一大类是废物处置控制标准，即规定对某种特定废物的处理、处置标准要求。目前，这类标准有《含多氯联苯废物污染控制标准》(GB 13015—91)，规定了不同水平的含多氯联苯废物允许采用的处置方法；《城市垃圾产生源分类及垃圾排放》(CJ/T 3033—1996)，规定了关于城市垃圾排放的内容，以及环境保护总局和建设部制定并颁布的一些设备设施的行业技术标准，其他如《小型焚烧炉》(HJ/T 18—1996)、《垃圾分选机 垃圾滚筒筛》(CJ/T 5013.1—1995)、《锤式垃圾粉碎机》(CJ/T 3051—1995)等也应属于这一类。

另一大类是处置设施控制标准，如《生活垃圾填埋污染控制标准》(GB 16889—1997/2008)、《一般工业固体废物贮存、处置场污染控制标准》、《城镇生活垃圾焚烧污染控制标准》、《危险废物贮存污染控制标准》和目前国家环保总局公布的《危险废物焚烧污染控制标准》。这些规定中都规定了各种处置设施的选址、设计和施工、入场、运行、封场的技术要求和释放物的排放标准以及监测要求。这些标准在制定完成并颁布后将成为固体废物管理的最基本的强制性标准。在这之后建成的处置设施如果达不到这些要求将被要求限期整改，并收取排污费。如在《危险废物焚烧污染控制标准》中规定了集中式危险废物焚烧厂不得建在自然保护区、风景名胜区，要避开人口密集区、商业区和文化区。焚烧厂不允许建在居民区的上风向区。同时，焚烧炉排气筒周围 200 米内有建筑物时，其高度必须高出最高建筑物 5 米以上。对于焚烧过程中产生二恶英类等有毒气体的排放浓度值做了限制，并首先在北京、上海、广州三个城市执行。

我国有关固体废物污染控制标准见表 2-3。

表 2-3　固体废物污染控制标准

标准名称	标准编号	实施时间
生活垃圾填埋场污染控制标准	GB 16889—2008	2008-7-1
进口可用作原料的固体废物环境保护控制标准—骨废料	GB 16487.1—2005	2006-2-1
进口可用作原料的固体废物环境保护控制标准—冶炼渣	GB 16487.2—2005	2006-2-1
进口可用作原料的固体废物环境保护控制标准—木、木制品废料	GB 16487.3—2005	2006-2-1
进口可用作原料的固体废物环境保护控制标准—废纸或纸板	GB 16487.4—2005	2006-2-1
进口可用作原料的固体废物环境保护控制标准—废纤维	GB 16487.5—2005	2006-2-1
进口可用作原料的固体废物环境保护控制标准—废钢铁	GB 16487.6—2005	2006-2-1
进口可用作原料的固体废物环境保护控制标准—废有色金属	GB 16487.7—2005	2006-2-1
进口可用作原料的固体废物环境保护控制标准—废电机	GB 16487.8—2005	2006-2-1
进口可用作原料的固体废物环境保护控制标准—废电线电缆	GB 16487.9—2005	2006-2-1
进口可用作原料的固体废物环境保护控制标准—废五金电器	GB 16487.10—2005	2006-2-1
进口可用作原料的固体废物环境保护控制标准—供拆卸的船舶及其他浮动结构体	GB 16487.11—2005	2006-2-1
进口可用作原料的固体废物环境保护控制标准—废塑料	GB 16487.12—2005	2006-2-1
进口可用作原料的固体废物环境保护控制标准—废汽车压件	GB 16487.13—2005	2006-2-1
医疗废物集中处置技术规范(试行)	环发[2003]206号	2003-12-26
医疗废物转运车技术要求(试行)	GB 19217—2003	2003-6-30
医疗废物焚烧炉技术要求(试行)	GB 19218—2003	2003-6-30
危险废物焚烧污染控制标准	GB 18484—2001	2002-1-1
生活垃圾焚烧污染控制标准	GB 18485—2001	2002-1-1
危险废物贮存污染控制标准	GB 18597—2001	2002-7-1
危险废物填埋污染控制标准	GB 18598—2001	2002-7-1
一般工业固体废物贮存、处置场污染控制标准	GB 18599—2001	2002-7-1
含多氯联苯废物污染控制标准	GB 13015—91	1992-3-1

续表

标准名称	标准编号	实施时间
城镇垃圾农用控制标准	GB 8172—87	1988-2-1
农用粉煤灰中污染物控制标准	GB 8173—87	1988-2-1
农用污泥中污染物控制标准	GB 4284—84	1985-3-1

2. 固体废物综合利用标准

固体废物综合利用标准是国家对我国垃圾处理处置技术进行总体规划和指导的总纲。它在一定程度上指导着处理处置技术的发展方向。根据《固废法》的“三化”原则，固体废物的资源化将是固体废物处理今后的主要发展方向。为大力推行固体废物的综合利用技术并避免在综合利用过程中产生二次污染，环境保护部今后将制定一系列有关固体废物综合利用的规范、标准。首批将要制定的综合利用标准包括有关电镀污泥、含铬废渣、磷石膏等废物综合利用的规范和技术规定。以后，还将根据技术的成熟程度陆续制定有关各种废物综合利用的标准。

3. 固体废物分类标准

这类标准主要有：《危险废物鉴别标准》(GB 5085.1～3—1996)、《国家危险废物名录》、《城市垃圾产生源分类及垃圾排放》(C/T 3033—1996)中关于城市垃圾产生源分类部分和《进口废物环境保护控制标准(试行)》(GB 16487.1～12—1996)。

《危险废物鉴别标准》(GB 5085.1～3—1996)规定了腐蚀性鉴别、急性毒性初筛和浸出毒性鉴别三大类的标准、方法和要求，其中浸出毒性鉴别以无机重金属为主，而有机物的浸出毒性鉴别目前还没有制定。

《国家危险废物名录》共涉及 47 类废物，其中编号为 HW01～HW18 的废物名称具有行业来源特征，是以来源命名的；编号为 HW19～HW47 的废物名称具有成分特征，是以危害成分命名的，但在《名录》中未限定危害成分的含量，需要其他的标准鉴别其危害程度。《国家危险废物名录》是我国的第一批《名录》。随着我国经济和社会的发展，《国家危险废物名录》必将不定期的修补。我国规定凡是列入《名录》中的废物均为危险废物，必须纳入危险废物管理体系进行统一管理。

表2-4列出我国危险废物的鉴别标准。

表2-4 危险废物鉴别标准

标准名称	标准编号	实施时间
危险废物鉴别标准　腐蚀性鉴别	GB 5085.1—2007	2007-10-1
危险废物鉴别标准　急性毒性初筛	GB 5085.2—2007	2007-10-1
危险废物鉴别标准　浸出毒性鉴别	GB 5085.3—2007	2007-10-1
危险废物鉴别标准　易燃性鉴别	GB 5085.4—2007	2007-10-1
危险废物鉴别标准　反应性鉴别	GB 5085.5—2007	2007-10-1
危险废物鉴别标准　毒性物质含量鉴别	GB 5085.6—2007	2007-10-1
危险废物鉴别标准　通则	GB 5085.7—2007	2007-10-1
危险废物鉴别技术规范	HJ/T 298—2007	2007-7-1

《城市垃圾产生源分类及垃圾排放》(C/T 3033—1996)规定了城市垃圾的分类原则和产生源的分类，即居民垃圾产生场所、清扫垃圾产生场所、商业单位、行政事业单位、医疗卫生单位、交通运输垃圾产生场所、建筑装修场所、工业企业单位和其他垃圾产生场所共9类。

《进口废物环境保护控制标准(试行)》(GB 16487.1～12—1996)是根据《固体法》和《废物进口环境保护管理暂行规定》的要求以及为遏止"洋垃圾"入境而紧急制定的。这在国际上尚属首次，有鲜明的中国特色。这一标准根据《国家限制进口的可用做原料的废物名录》分为12个分标准，即骨废料、冶炼渣、木及木制品废料、废纸或纸板、纺织品废物、废钢铁、废有色金属、废电池、废电线电缆、废五金电器、供拆卸的船舶及其他浮动结构体、废塑料。根据《废物进口环境保护管理暂行规定》，国家商检部门依据这一标准对进口的可用作原料的废物进行商检，海关根据国家环保总局出具的进口废物审批证书和国家商检部门出具的检验合格证书放行，彻底堵住了"洋垃圾"的入境通道。

4. 固体废物监测标准

这类标准作用是给出污染物具体的统一的测定标准，达到标准化目的，为行政执行和约束提供依据，主要包括：《固体废物浸出毒性测定方法》（GB/T 15555.1～11—1995）、《工业固体废物采样制样技术规范》（HJ/T—1998）、《固体废物 浸出毒性浸出方法》（GB 5086—1997），以及正在制定中的《固体废物监测技术规范》和《生活垃圾分拣技术规范》。另外建设部制定的《城市生活垃圾采样和物理分析方法》（CJ/T 3039—95）、《生活垃圾填场环境监测技术标准》（CJ/T 3037—1997）也属于此类。这类标准主要包括固体废物的样品采制、样品处理，以及样品分析方法的标准。目前还未制定出有关固体废物成分分析的标准方法。

《固体废物 浸出毒性测定方法》（GB/T 15555.1～11—1995）规定了固体废物浸出液中总汞、铜、锌、铅、镉、砷、六价铬、总铬、氟化物以及浸出液腐蚀性的测定方法。《危险废物鉴别标准 急性毒性初筛》（GB 5085.2—1992）中的附录 A《危险废物急性毒性初筛试验方法》规定了危险废物急性毒性初筛的样品制备、试验方法；《工业固体废物采样制样技术规范》（HJ/T—1998）规定了工业固体废物采样制样方案设计、采样技术、制样技术；样品保存和质量控制；《城市生活垃圾采样和物理分析方法》（CJ/T 3039—95）规定了城市生活垃圾样品的采集、制备和物理成分、物理性质的分析方法；《生活垃圾填埋场环境技术标准》（CJ/T 3037—1995）规定了生活垃圾填埋场在填埋前和填埋后的水、气和土壤的监测内容和监测方法。

固体废弃物还可通过渗滤液和散发气体对环境进行二次污染，因此，对于这些释放物的监测还应该遵循相关的废水和废气的监测方法标准。

表 2-5 列举了我国部分固体废物检测方法的标准。

表 2-5　固体废物监测方法标准

标准名称	标准编号	实施时间
固体废物　浸出毒性浸出方法　水平振荡法	HJ 557—2010	2010-5-1
固体废物　二恶英类的测定　同位素稀释高分辨气相色谱-高分辨质谱法	HJ 77.3-2008	2009-4-1
固体废物　浸出毒性浸出方法　硫酸硝酸法	HJ/T 299—2007	2007-5-1
固体废物　浸出毒性浸出方法　醋酸缓冲溶液法	HJ/T 300—2007	2007-5-1

续表

标准名称	标准编号	实施时间
危险废物(含医疗废物)焚烧处置设施二恶英排放监测技术规范	HJ/T 365—2007	2008-1-1
固体废物　浸出毒性浸出方法　翻转法	GB 5086.1—1997	1998-7-1
固体废物　总汞的测定　冷原子吸收分光光度法	GB/T 15555.1—1995	1996-1-1
固体废物　铜、锌、铅、镉的测定　原子吸收分光光度法	GB/T 15555.2—1995	1996-1-1
固体废物　砷的测定　二乙基二硫代氨基甲酸银分光光度法	GB/T 15555.3—1995	1996-1-1
固体废物　六价铬的测定　二苯碳酰二肼分光光度法	GB/T 15555.4—1995	1996-1-1
固体废物　总铬的测定　二苯碳酰二肼分光光度法	GB/T 15555.5—1995	1996-1-1
固体废物　总铬的测定　直接吸入火焰原子吸收分光光度法	GB/T 15555.6—1995	1996-1-1
固体废物　六价铬的测定　硫酸亚铁铵滴定法	GB/T 15555.7—1995	1996-1-1
固体废物　总铬的测定　硫酸亚铁铵滴定法	GB/T 15555.8—1995	1996-1-1
固体废物　镍的测定　直接吸入火焰原子吸收分光光度法	GB/T 15555.9—1995	1996-1-1
固体废物　镍的测定　丁二酮肟分光光度法	GB/T 15555.10—1995	1996-1-1
固体废物　氟化物的测定　离子选择性电极法	GB/T 15555.11—1995	1996-1-1
固体废物　腐蚀性测定　玻璃电极法	GB/T 15555.12—1995	1996-1-1

5. 我国固体废物的相关环境标准和已被替代的标准

我国固体废物的相关标准体系是一个逐步完善的体系，其内容随着我国经济的发展不断地得到更新和完善。进入21世纪之后，为了贯彻我国可持续发展的目标，国家相关部门对环境保护问题给予了足够的重视，因此建立更健全的环境标准体系是首要面临的问题，国家相关部门在参考国际上不同发达国家的环境标准体系优点的基础上，根据我们国家的实际情况，为现行的标准升级，将过时的标准废止，逐步实现我国环境标准体系的完善，为达到国家的环境目标提供更好的保障。其他相关标准和已被替代的标准详见表2-6和表2-7。

表2-6　其他相关标准

标准名称	标准编号	实施时间
危险废物(含医疗废物)焚烧处置设施性能测试技术规范	HJ 561—2010	2010-6-1
地震灾区活动板房拆解处置环境保护技术指南	公告2009年第52号	2009-10-12

续表

标准名称	标准编号	实施时间
新化学物质申报类名编制导则	HJ/T 420—2008	2008-4-1
医疗废物专用包装袋、容器和警示标志标准	HJ 421—2008	2008-4-1
铬渣污染治理环境保护技术规范(暂行)	HJ/T 301—2007	2007-5-1
报废机动车拆解环境保护技术规范	HJ 348—2007	2007-4-9
废塑料回收与再生利用污染控制技术规范(试行)	HJ/T 364—2007	2007-12-1
固体废物鉴别导则(试行)	公告 2006 年第 11 号	2006-4-1
长江三峡水库库底固体废物清理技术规范	HJ/T 85—2005	2005-6-13
危险废物集中焚烧处置工程建设技术规范	HJ/T 176—2005	2005-5-24
医疗废物集中焚烧处置工程技术规范	HJ/T 177—2005	2005-5-24
废弃机电产品集中拆解利用处置区环境保护技术规范(试行)	HJ/T 181—2005	2005-9-1
化学品测试导则	HJ/T 153—2004	2004-6-1
新化学物质危害评估导则	HJ/T 154—2004	2004-6-1
化学品测试合格实验室导则	HJ/T 155—2004	2004-6-1
环境镉污染健康危害区判定标准	GB/T 17221—1998	1998-10-1
工业固体废物采样制样技术规范	HJ/T 20—1998	1998-7-1
船舶散装运输液体化学品危害性评价规范水生生物急性毒性试验方法	GB/T 16310.1—1996	1996-12-1
船舶散装运输液体化学品危害性评价规范水生生物积累性试验方法	GB/T 16310.2—1996	1996-12-1
船舶散装运输液体化学品危害性评价规范水生生物沾染试验方法	GB/T 16310.3—1996	1996-12-1
船舶散装运输液体化学品危害性评价规范哺乳动物毒性试验方法	GB/T 16310.4—1996	1996-12-1
船舶散装运输液体化学品危害性评价规范危害性评价程序与污染分类方法	GB/T 16310.5—1996	1996-12-1
环境保护图形标志—固体废物贮存(处置)场	GB 15562.2—1995	1996-7-1
农药安全使用标准	GB 4285-89	1990-2-1

表 2-7　已被替代的标准

标准名称	标准编号
有色金属工业固体废物污染控制标准	GB 5085—85
有色金属工业固体废物腐蚀性试验方法标准	GB 5087—85
含氰废物污染控制标准	GB 12502—90
危险废物鉴别标准—腐蚀性鉴别	GB 5085.1—1996
危险废物鉴别标准—急性毒性初筛	GB 5085.2—1996
危险废物鉴别标准—浸出毒性鉴别	GB 5085.3—1996
进口废物环境保护控制标准—骨废料(试行)	GB 16487.1—1996
进口废物环境保护控制标准—冶炼渣(试行)	GB 16487.2—1996
进口废物环境保护控制标准—木、木制品废料(试行)	GB 16487.3—1996
进口废物环境保护控制标准—废纸或纸板(试行)	GB 16487.4—1996
进口废物环境保护控制标准—纺织品废物(试行)	GB 16487.5—1996
进口废物环境保护控制标准—废钢铁(试行)	GB 16487.6—1996
进口废物环境保护控制标准—废有色金属(试行)	GB 16487.7—1996
进口废物环境保护控制标准—废电机(试行)	GB 16487.8—1996
进口废物环境保护控制标准—废电线电缆(试行)	GB 16487.9—1996
进口废物环境保护控制标准—废五金电器(试行)	GB 16487.10—1996
进口废物环境保护控制标准—供拆卸的船舶及其他浮动结构体(试行)	GB 16487.11—1996
进口废物环境保护控制标准—废塑料(试行)	GB 16487.12—1996
固体废物浸出毒性浸出方法水平振荡法	GB 5086.2—1997
生活垃圾填埋污染控制标准	GB 16889—1997
危险废物焚烧污染控制标准	GWKB 2—1999
生活垃圾焚烧污染控制标准	GWKB 3—2000
长江三峡水库库底固体废物清理技术规范(试行)	HJ/T 85—2002
医疗废物专用包装物、容器标准和警示标识规定	环发[2003]188 号

第三章

固体废物管理规划

随着工业社会的到来，社会生产力迅速提高，工业化和城市化进程加快，人口向城市不断集中，工业固体废物和城市生活垃圾生产量剧增，固体废物特别是城市垃圾已成为破坏城市景观和污染环境的重要污染物。因此，搞好城市固体废物管理规划，对于减少固体废物对环境和人体健康的影响和危害有着非常重要的作用。本章主要介绍了城市固体废物管理规划的基本概念，城市固体废物的现状调查与评价及预测方法，目标和指标体系的设置，收运系统和处理处置系统规划方案的制定，最优方案的选择等。

第一节　城市固体废物管理规划概述

城市固体废物管理规划是指以资源利用最大化、处置费用最小化为目标，对固体废物管理系统中的各个环节、层次进行整合调节和优化设计，进而筛选出切实可行的规划方案，使整个固体废物管理系统处于良性的运转状态。

从来源看，城市固体废物的来源涉及农业、工业、第三产业等三大产业，以及居民生活、社会活动的许多方面。因此，城市固体废物的管理规划也相应涉及以上领域的各个方面。这决定了固体废物管理规划工作亦是一个较为复杂的过程，既有对大量数据的调查和分析，周密、细致的实地考察与调研，又有众多规划方法的运用和模型的构建，当规划方案产生后，还要对其进行对比分析，以求得最优化的结果。

从内容看，固体废物的产生、收集和运输（收运）、处理（置）是固体废物全过程管理的三个关键环节，与之对应，固体废物管理规划的内容也将包括源头、收运与处理处置及资源化管理三项核心内容，以及为这三个方面的管理规划提供市场、政策与技术支撑的固体废物产业发展规划、处理处置技术发展规划（如图 3-1 所示）。

固体废物管理规划具体包括环境调查评价、趋势预测、目标和指标设置、规划方案形成与优化、规划方案确定、方案实施及后续管理等步骤，技术路线如图 3-2 所示。

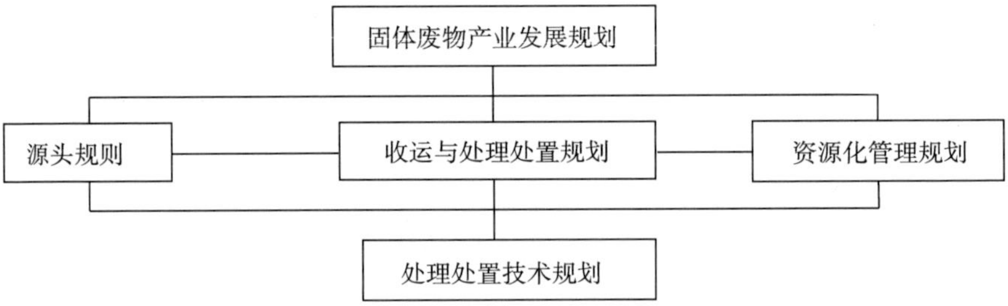

图 3-1　固体废物管理相关规划体系

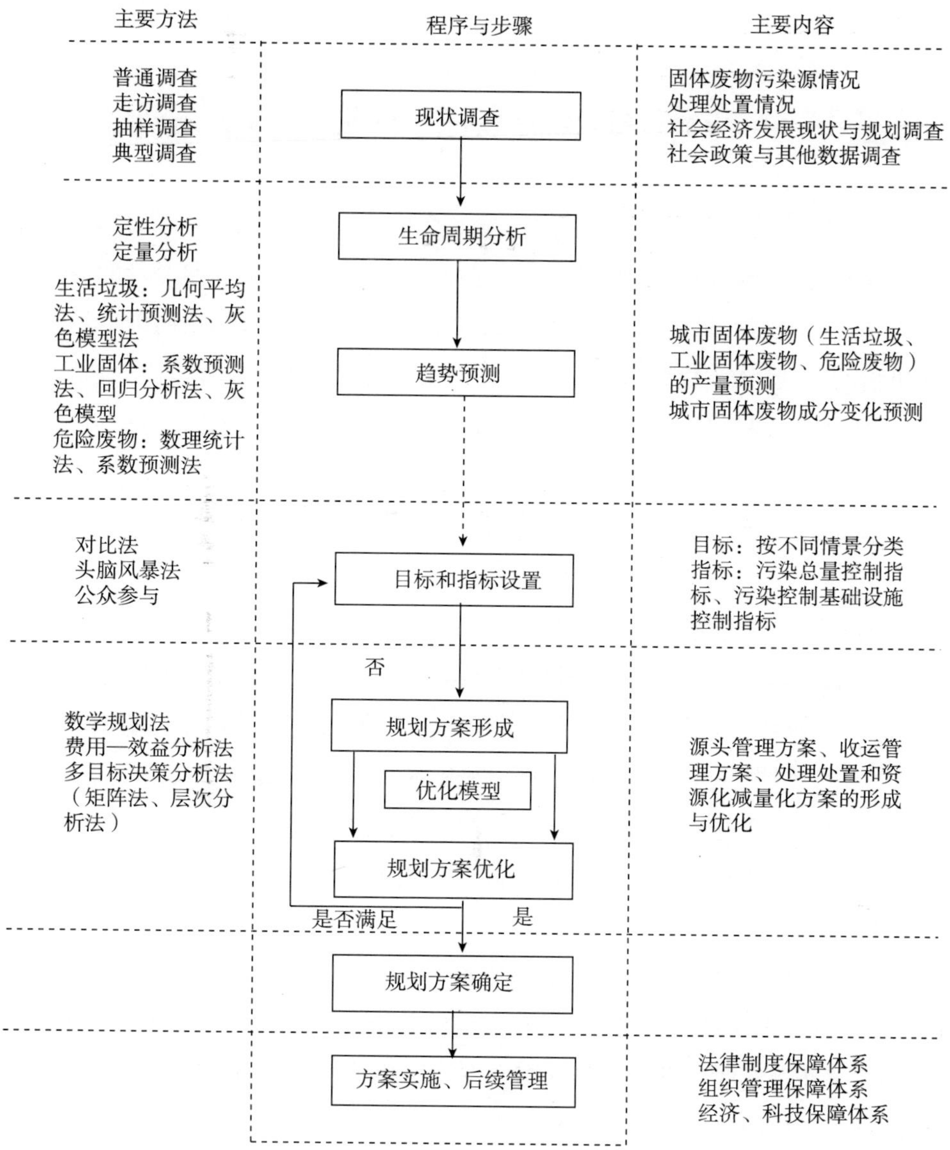

图 3-2　固体废物管理规划的技术路线

第二节　城市固体废物的现状调查与评价

调查评价是编制固体废物管理规划的基础性工作。现状调查和评价的目的是为了掌握和了解规划区域内固体废物现状，发现和识别主要问题，从而确定污染来源和污染情况，为固体废物管理规划的制订与实施创造条件。调查研究所获得的基础资料，为固体废物管理规划进行定量、定性分析提供了主要依据。

一、现状调查与评价的基本过程

工作的开展主要分为以下三个阶段：

第一阶段是调查过程。基本任务是在明确调查范围和对象后，根据规划的任务，按照确定的统计要求和指标，对社会做系统调查，取得各种以数字资料为主的统计资料。调查必须达到准确性、权威性、计算单位统一规范、统计口径前后一致的要求。

第二阶段是整理过程。基本任务是对调查得到的统计资料进行条理化、系统化的分组、汇总和综合，把大量原始的资料汇总成可以供分析的综合资料，绘制各种图表，建立数据库。

第三阶段是分析过程。基本任务是在统计基础上，根据统计的目的要求，运用各种分析方法，采用定性和定量分析相结合，对各个现象的本质和规律作出说明，反映这些现象在一定时空条件下的状况和发展变化趋势，全面深刻了解这些现象，为后续的预测工作奠定基础。

二、现状调查与评价的内容

现状调查与评价的具体内容包括：

①固体废物污染源数据调查，分类查询固体废物的主要来源、产生量、组成、生

产工艺及环节，区分危险废物和一般固体废物，并将危险废物作为调查重点。

②固体废物处理处置现状数据调查，确定规划区内各类固体废物的收集、存放、运输路线、固体处理方式现状、填埋场位置和规模、固体废物对环境的影响数据，以及有用固废回收利用情况等，看它是否符合相关技术规范和标准要求，危险固体废物的处理处置方式应作为调查重点。

③社会经济数据调查，收集并分析相关的经济结构、产业结构、工业结构及布局现状，以及社会与经济发展远景规划目标数据。

④社会政策调查，查阅现有的管理体制、法规以及管理技术设施。

⑤其他数据调查，包括相关的环境质量、水文、气象、土地利用、交通和地形地貌数据等。

三、现状调查与评价的方法

1. 现状调查的方法

目前常用的调查方式有以下四种：普通调查、走访调查、抽样调查、典型调查。

(1)普通调查

普通调查就是为了了解调查对象的总体情况而对其进行全面研究的调查。优点是收集的信息比较全面、系统、准确可靠，缺点是工作量大、调查时间长，需要大量的人力、物力，组织工作较为繁重。

(2)走访调查

走访调查指通过到政府的相关部门直接得到汇总后的数据信息。优点是获得速度快，且信息量大。缺点是走访获得的数据对于规划来说过于粗略，需要和其他方式配合。

(3)抽样调查

抽样调查指从调查总体的全部单位中，按照随机原则，抽取一部分单位进行调研分析，以推算总体情况。优点是工作量小，迅速，调查质量高，省人力、财力、物力;虽然是非全面的调查,但是却可以取得反映总体情况的信息资料,可起到全面调查的作用,缺点是不可单独使用。

(4)典型调查

典型调查指从众多的调查研究对象中,有意识地选择若干个具有代表性的典型单位进行深入、周密、系统地调查研究。优点在于灵活机动,具体深入,节省人力、财力、物力;缺点是在实际操作中选择典型单位比较困难,而且典型调查的结果一般情况下不宜用以推算全面数字。

对于城市固体废物调查而言,因为城市固体废物涉及面广,因此可以根据各自的特点采取不同的调查方法或是方法组合。城市固体废物的产生情况具有明显的地域性和稳定性,受区域地理条件、经济发展等影响,具有一定的规律性,采用普查需要大量财力和人力,且时间周期长,因此不常采用此法。走访调查和抽样调查着眼于普遍性,而典型调查着眼于数据的深入性,因此三者的结合可使得资料既具有普适性又深入,做到点面结合,提高调查的效率和科学性。

2. 现状评价的方法

根据资料的内容和信息的数量化特征,分析方法可以分为两种形式:定性分析和定量分析。定性分析主要依靠人的经验判断,描述现状的特征、内容。定量分析可以通过列表清单法、矩阵法、网络法、图形叠置法、质量指标法、地理信息系统等途径分析,能给出明确的数据结果,便于使用数学技术和计算机技术,也便于揭示一些难以表达的关系,更有利于高效识别现状,为预测工作奠定基础。

很多问题,往往既有部分可数量化描述的问题,也有许多难以定量化的成分。因此合理地采取定性与定量分析并有机地结合,全面对材料有效地分析评价。

城市固体废物的产生量和成分,是开展城市建设和管理的宝贵基础资料,是建设城市固体废物处理工程的重要依据。例如,目前对生活垃圾产生量共有三种不同的统计方法:①车吨位:指按生活垃圾运输车辆的额定装载重量进行统计的生活垃圾产生量;②船吨位:指按生活垃圾运输船舶的额定装载重量进行统计的生活垃圾产生量;③实吨位:指通过标准计量装置实际称重或通过统计数据与车吨位或船吨位换算得出的生活垃圾产生量。因此，在固体废物产生的现状评价中要明确统计方法。

第三节　城市固体废物预测

对城市固体废物进行科学的预测，掌握固体废物产生量和组成成分的变化趋势，能为固体废物处理处置工作的规划及处理处置方法的研究提供最主要的参数，对城市规划、基础设施的设置和管理有着一定的指导意义。固体废物预测的目的是为固体废物的环境规划、总量控制和决策提供必要的未来信息。预测的特点表现在两方面：

①使规划具有前瞻性，预测的管理对象能给规划提供编制依据；

②使规划具有优化性，预测管理效果能给评价和决策提供重要的信息。

一、城市固体废物的产生量预测的方法

影响城市固体废物的质和量的因素很多，主要的有三类。

一是影响城市固体废物质和量变化的内在因素，主要是指直接导致固体质和量变化的因素。影响因素有人口数量、居民生活水平、城市建设水平等。例如人口增加，在其他因素不变的情况下垃圾产量必然增加；同样，由于经济的发展，居民生活水平的提高，居民消费品数量与类别增加，相应垃圾产量也会增加；建成区范围增大，保洁区面积增大，垃圾产生量也增大。影响生活垃圾性质变化的因素有居民生活水平、能源结构、生活的地域差异以及消费方式等。在以燃煤为主的地区，以及北方采暖期，生活垃圾中无机灰渣的含量较高；生活水平提高，丢弃的厨余及废品量则有较大幅度上升。此外，以一次性塑料制品及过度包装为消费时尚的当今社会，塑料在垃圾中的含量近几年有很大幅度的上升。

二是影响城市固体废物质和量变化的社会因素，主要是指社会行为准则、社会道德规范、法律规章制度等，这是一种外部的、间接的因素。它实际上是人类对固体废物产生系统的干预。如国外推行垃圾减量、回收和再利用措施，可以大幅度减

少垃圾最终处理量；垃圾分类收集则是从源头改善垃圾的质，减少后续垃圾的处理难度，而且利于垃圾回收而减少垃圾最终处理量。

三是影响城市固体废物质和量变化的个体因素。主要是指固体废物产生的主体——人类本身个体的行为习惯和受教育程度等。

对固体废物的质和量进行预测，需综合以上三种因素，通过这些因素的变化情况，分析固体废物质和量的变化趋势，从而得出预测值。但是，以上三种因素并不是孤立的，它们之间存在极其复杂的联系。例如，经济增长通过消费导致垃圾产量增加，另外则通过对社会因素的影响以及个体因素的配合，导致垃圾减量、回收与再利用措施的加强，使垃圾产量减少。在进行固体废物预测模型建立工作之前必须规定垃圾量化标准，使之有统一比较基准。

1. 城市生活垃圾产生量的预测

生活垃圾的产量预测可以根据具体情况和需要或不同理论依据建立不同城市垃圾产生量的预测模型，如数理统计模型、物流平衡模型、灰色模型等。

(1)几何平均预测法

$$A_k = A_0 \times G^k \times (1 \pm W) \tag{3-1}$$

$$W = \frac{\dfrac{\sum\limits_{i=1}^{n-1} |G_i - G_i'|}{n-1}}{\dfrac{\sum\limits_{i=1}^{n-1} G_i}{n-1}} = \frac{\sum |G_i - G_i'|}{\sum G_i} \tag{3-2}$$

$$G = \sqrt[n]{\frac{a_1}{a_0} \times \frac{a_2}{a_1} \times \frac{a_3}{a_2} \times \cdots \times \frac{a_n}{a_{n-1}}} \tag{3-3}$$

其中：G_i 为各期实际定基发展速度，无量纲；

G_i' 为各期理论定基发展速度，无量纲；

W 为平均差波动系数，无量纲；

G 为平均发展速度，无量纲；

A_0为起点年的实际值，万 t；

a_n为第 n 年的垃圾实际产量，万 t；

A_k为对今后第 k 年的预测值，万 t。

由计算公式(3－3)可以看出它所利用的资料和计算方法实际上只是最后一期水平对最初水平之比，中间各期水平被忽略了，如果中间各期发展水平的升降起伏幅度很大，那么此公式计算出来的平均发展水平就不能如实反映客观情况，因此需要利用公式(3－2)计算平均差波动系数加以补充和修正。平均差波动系数是用各期水平对固定基期(通常都用最初一期)水平对比定基发展水平速度，与按平均发展速度推算出来的各期的理论定基之差计算出来的。它的作用是反映各期实际速度对理论速度的波动速度。

举例如下：2002 年到 2007 年某城市固体生活废弃物清运量(单位：万 t)依次为：3125，3452，3758，4477，5011，5398。

表 3-1　几何平均法预测该城市生活垃圾清运量

年份	实际定基发展速度 $G_i = a_i/a_0$	理论定基发展速度 $G_i' = G_0 \cdot G$	$\lvert G_i - G_i' \rvert$
2002	1.000	1.000	0.000
2003	1.104	1.146	0.032
2004	1.202	1.313	0.111
2005	1.432	1.505	0.073
2006	1.603	1.725	0.122
2007	1.730	1.977	0.247
合　计	5.341	0.585	

其中平均定基发展速度：

$$G = \sqrt[5]{\frac{3452}{3125} \times \frac{3758}{3452} \times \frac{4477}{3758} \times \frac{5011}{4477} \times \frac{5398}{5011}} = 1.146$$

$$W = \frac{0.585}{5.341} = 0.110$$

基于以上数据，预测 2010 年固体废物清运量数据可达到的水平为：

$$A_3 = A_0 \times G^3 = 5398 \times (1.146)^3 = 8124$$

考虑平均差波动系数则 2010 年城市固体生活废弃物清运量可达到的水平为：

$$A_3 = A_0 \times G^3 = 5398 \times (1.146)^3 \times (1 \pm 0.110) = (7230, 9018)$$

即预测 2010 年，该城市废物清运量约为 7230 万～9018 万 t。

(2)统计预测法

如上面所述影响城市垃圾产量的变化因素很多,如人口密度、能源结构、地理位置、季节变化、生活习俗(如食品结构)、经济状况、废品回收习惯和回收率等,很明显垃圾产生量的预测中所建立的模型方程应有如下形式:

$W=f$(人口密度、能源结构、地理位置、季节变化、生活习俗、经济状况、废品回收习惯和回收率等)

而几何平均预测法只是对前几年的垃圾产生量数据进行简单收集,并以垃圾产生量呈几何平均增长这一假设为前提得出的,因而当垃圾增长不符合这一假设或预测年限很长时就不能使用或结果误差很大,只能作为一种粗略计算的方法。要想精确估计必须进行更为细致的调查和研究,找出以前垃圾产生量增长的规律,分析将来垃圾增长的规律,建立模型进行预测。

统计预测要遵守以下两条原则:

①连贯性原则:是指所研究对象的发生和发展按照一定规律进行,这个规律在其发生和发展过程中贯穿始终,事物未来发展与过去、现在的发展无根本不同。

②类推的原则:是指事物必须有某种结构,而这种结构及其变化要有一定的模型,可以根据所测定的模型,类比过去和现在,预测未来。

因此统计测定的稳定结构是应用统计预测的必要条件,必须对已占有的大量统计数据进行认真研究之后再决定采用预测的方法。

举例:由于影响城市垃圾产生量的因素较多,本例认为影响垃圾产量的主要是人口、人均消费和总产值这三个因素,并建立模型预测。根据以往资料初步建立垃圾产量与人口、产量与人均消费、产量与总产值之间的单项线性关系:

用 X_1 表示人口数量,单位:万人;X_2 表示人均消费水平,单位:元;X_3 表示总产值,单位:亿元。

垃圾产量与人口的关系: Y_1(万 t) $=-4182.057+0.734X_1$, $R_1=0.937$

产量与人均消费的关系: Y_2(万 t) $=919.541+4.672X_2$, $R_2=0.996$

产量与总产值的关系: Y_3(万 t) $=-25542.631+352.988X_3$, $R_3=0.947$

其中 R 为相关系数,三个线性关系相关系数均较高,因此,可认为垃圾产量可采用三元线性回归法预测，应用最小二乘法，设预测一般式为：

$$Y = a + bX_1 + cX_2 + dX_3 \tag{3-4}$$

$$\sum Y = na + b\sum X_1 + c\sum X_2 + d\sum X_3$$

$$\sum X_1 Y = a\sum X_1 + b\sum X_1^2 + c\sum X_1 X_2 + d\sum X_2 X_3$$

$$\sum X_3 Y = a\sum X_3 + b\sum X_1 X_3 + c\sum X_2 X_3 + d\sum X_3^2 \tag{3-5}$$

取 $y = Y - \bar{Y}$　　　$\bar{Y} = \dfrac{\sum Y}{n}$

$x_1 = X_1 - \bar{X}_1$　　　$\bar{X}_1 = \dfrac{\sum X_1}{n}$

$x_2 = X_2 - \bar{X}_2$　　　$\bar{X}_2 = \dfrac{\sum X_2}{n}$

$x_3 = X_3 - \bar{X}_3$　　　$\bar{X}_3 = \dfrac{\sum X_3}{n}$

令 $\sum y = 0, \sum x_1 = 0, \sum x_2 = 0, \sum x_3 = 0$，有下式成立：

$$\sum x_1 y = b\sum x_1^2 + c\sum x_1 x_2 + d\sum x_1 x_3$$

$$\sum x_2 y = b\sum x_1 x_2 + c\sum x_2^2 + d\sum x_2 x_3$$

$$\sum x_3 y = b\sum x_1 x_3 + c\sum x_2 x_3 + d\sum x_3^2$$

$$a = \bar{Y} - b\bar{X}_1 - c\bar{X}_2 - d\bar{X}_3$$

将数据(参见表 3-2,表 3-3 和表 3-4)代入计算：得：

$$6966159.625 = 9478851.878b + 1456197.6260c + 40552519.37d$$

$$1237710.878 = 1456197.626b + 264966.878c + 7162693.12d$$

$$33515083.12 = 40552519.37b + 7162693.12c + 195601999.2d$$

解得 $b = 0.1702, c = 5.721, d = -0.0736, a = -621.499$

所以建立预测方程为：

$$Y = -621.499 + 0.170X_1 + 5.721X_2 - 0.0736X_3$$

所以当 2000 年 $X_1 = 16000$ 万人，$X_2 = 2000$ 元 / 人，$X_3 = 33000$ 亿元时

计算得：　　$Y = 11115.3$ 万 t

误差分析：$R=\sqrt{\dfrac{b\sum x_1y+c\sum x_2y+d\sum x_3y}{\sum y^2}}=\sqrt{\dfrac{5800175.243}{5827074.658}}=0.997689189$

因此回归曲线的重相关系数　$R = 0.997689189$

单项相关系数 $r_1 = 0.937086495$

$r_2 = 0.995835314$

$r_3 = 0.962737995$

从其相关系数看结果可信度高。本法建立了垃圾总量与人口、人均消费、国民经济总产值三个因素的线性关系，比几何平均数法要精确，但是它的精确度又直接取决于人口、人均消费、国民经济总产值这三个参数的准确度，所以需要收集大量可靠数据，进行正确、有效的分析。本例子中只取了三个参数，还可以根据具体情况，选择主要影响参数，忽略次要影响参数，建立预测方程进行预测。

表 3-2　统计预测法参数选值

序号 / 年份	1	2	3	4
	垃圾量(吨/年)	人口(万人)	消费水平(元)	社会总产值(亿元)
	Y	X_1	X_2	X_3
1980	3132	9448	468	8496
1981	3130	9829	487	9049
1982	3125	10136	500	9894
1983	3425	10752	523	11052
1984	3758	11461	592	13166
1985	4477	11971	745	16588
1986	5010	12258	865	19066
1987	5398	12471	979	23083
合计 $n=8$	$\sum Y$	$\sum X_1$	$\sum X_2$	$\sum X_3$
	31455	88325	5159	110393
平　均	$\bar{Y}$	$\bar{X}_1$	$\bar{X}_2$	$\bar{X}_3$
	3931.875	11040.625	644.875	13799.125

表 3-3 统计预测法计算过程 Ⅰ

y	x_1	x_2	x_3	x_1y	x_2y	x_3y
-799.875	-1592.625	-176.875	-5303.125	1273900.922	141477.891	4241837.11
-801.875	-1212.625	-157.875	-4751.125	972373.672	126596.016	3809808.359
-806.875	-904.625	-144.875	-3905.125	729919.297	116896.016	3150947.734
-506.875	-288.625	-121.875	-2747.125	146296.797	61775.391	132448.984
-173.875	420.375	-52.875	-633.125	-73092.703	9193.641	110284.609
545.125	930.375	100.125	2788.875	507170.672	54580.641	1520285.484
1078.125	1217.375	220.125	5266.875	1312482.422	237322.266	5678349.609
1466.125	1430.375	334.125	9283.875	2097108.547	489869.016	13611321.23
$\sum y$	$\sum x_1$	$\sum x_2$	$\sum x_3$	$\sum x_1y$	$\sum x_2y$	$\sum x_3y$
0	0	0	0	6966159.625	1237710.878	33515083.12

表 3-4 统计预测法计算过程 Ⅱ

x_1x_2	x_2x_3	x_1x_3	y^2	x_1^2	x_2^2	x_3^2
281695.547	937090.234	8445889.452	639800.156	2536454.391	31284.766	28123134.77
191443.172	750083.859	5761332.953	640035.156	1470459.391	24924.516	22573188.77
131057.547	505754.984	3532673.703	651047.266	818346.391	20988.766	15250001.27
35176.172	334805.859	792888.953	256922.266	83304.391	14853.516	7546695.766
-222270.328	33476.484	-266149.922	30232.516	176715.141	2795.766	400847.266
93153.797	279236.109	2594699.578	297161.266	865597.641	10025.016	7777823.766
267974.672	1159370.859	6411761.953	1162353.516	1482001.891	48455.016	27739972.27
477924.047	3101974.734	13279422.7	2149522.516	2045972.641	111639.516	86190335.02
$\sum x_1x_2$	$\sum x_2x_3$	$\sum x_1x_3$	$\sum y^2$	$\sum x_1^2$	$\sum x_2^2$	$\sum x_3^2$
1456197.626	7162693.122	40552519.37	5827074.658	9478851.878	264966.878	195601999.2

(3)灰色模型——以福州为例

要建立一个包含上述三类因素的模型对垃圾产量进行预测，实际上存在极大困难。特别是个体因素，无法使用定量化方法，而且有很大的偶发性。因此，虽然个体因素对垃圾的产量存在影响，在建模时一般不予考虑，而社会因素与内在因素可能存在矛盾冲突，因此先不考虑社会因素，通过分析影响垃圾产量变化的内在因素，预测福州市的垃圾产量变化情况。然后再考虑社会因素的影响，即根据相关政策法规，在由内在因素分析预测基础上进行调整。

1)因素分析

影响垃圾产量变化的内在因素中，主要有人口数量、居民生活水平、城市建设发展水平等。人口数量是一个简单明了的数量指标，但是经济水平与城市建设水平却可以通过诸多指标来反映，通过对这些因素的分析，以及福州市历年统计资料情况，在此可初步选择反映居民生活水平的指标为：职工工资；生活费收入；消费性支出。反映城市发展水平的指标为：城市气化率；GNP；建成区面积；人均公共绿地。

这样初步得到了影响城市生活垃圾产量变化的 8 个指标，它们是：人口；职工工资；生活费收入；消费性支出；城市气化率；GNP；建成区面积；人均公共绿地。福州市 1989—1999 年历年垃圾产量与影响因素列于表 3-5。在该表列出的影响垃圾产量变化因素中，并不是每一个影响因素的作用都是相等的。每个因素的作用大小，也就是每个因素的变化引起垃圾产量变化的显著程度，需要进一步分析，即分析垃圾产量变化与各因素变化的关联程度。关联度分析有面积关联分析法、相对变化率关联度分析法、斜率关联度分析法等。其中斜率关联度分析法具有如下优点：计算简便，原始数据不需标准化和选择参考点，便于计算机处理；原始数列中含有零或负值时不受影响；当两个相互比较的变量，相对变化率差别较大时，两序列均起作用；关联度的分辨率较高，因此本例采用斜率关联度分析法进行分析。

表 3-5　1999 年福州市转运站建成及转运车辆情况

项目 / 区名	土地面积（平方公里）	人　口（万人）	日产垃圾量（吨）	转运站建成量（座）	转运车（辆）	平均里程（公里）
鼓楼	35.7	42.3	450.65	11(0,9,0,2)*	38	13
台江	22.2	29.25	332.4	9(0,9,0,0)	35	15
仓山	142	35.16	174.6	10(0,10,0,0)	24	20
晋安	576.4	23.39	356.6	10(0,8,2,0)	33	13
马尾	276	15.28	49.9	2(0,2,0,0)	10	30
合计	1052.3	145.4	1314.15	42(0,38,2,2)	140	-

*(a,b,c,d)，其中 a,b,c,d 分别表示一、二、三、四箱站的个数。

设 $X(t)$，$Y(t)$ 为自然数列函数，则两数列在各时刻的关联系数：

$$\xi(t)=\frac{1}{1+\left|\frac{\Delta x(t)}{\sigma_x}-\frac{\Delta y(t)}{\sigma_y}\right|}$$

式中：$\Delta x(t)=x(t+1)-x(t)\qquad \Delta y(t)=y(t+1)-y(t)$

$$\sigma_x=\sqrt{\frac{1}{N}\sum_{k=1}^{N}(x_k-\bar{x})^2}$$

$$\sigma_y=\sqrt{\frac{1}{N}\sum_{k=1}^{N}(y_k-\bar{y})^2}$$

则关联度：　$r=\frac{1}{N-1}\sum_{t=1}^{N-1}\xi(t)$

用斜率关系度分析法对表 3-6 数列进行关联系数计算，得关联系数见表 3-7。然后进一步计算关联度，结果见表 3-8，于是可得：

$R_{02}>R_{05}>R_{01}>R_{04}>R_{07}>R_{06}>R_{08}>R_{03}$

由此可见，对垃圾产量影响较大的主要是反映城市建设水平的建成区面积，反映居民生活水平的职工年均工资及反映人口数量的人口指标，现拟取这 3 个变量作为垃圾产量变化的影响变量来研究垃圾产量这个动态系统的变化趋势。

2）预测方法

灰色系统理论建立的模型，简称 GM(Grey Model) 模型。根据变量的多少及阶数的高低，一般有 $GM(1,n)$ 模型和 $GM(n,1)$ 模型，其中 $GM(1,n)$ 模型为多变量模型，$GM(n,1)$ 模型为高阶数模型。阶数过高，计算复杂，精度也不一定高。在这里，我们将使用一阶模型，即 $GM(1,n)$ 模型。

$GM(1,n)$ 模型适于研究各个环节的变化对整个系统的影响，不适合直接对趋势作出预测。$GM(1,1)$ 模型是 $GM(1,n)$ 的一维模型，它能建立时间响应函数从而适合于进行未来趋势的预测。因此我们可以用 $GM(1,1)$ 模型对各影响因素进行预测基础上再通过 $GM(1,n)$ 模型研究各因素对整个系统的影响。

$GM(1,n)$ 模型变化形式的微分方程为：

$$\frac{dx_1^{(1)}}{dt}+ax_1^{(1)}=b_1x_2^{(1)}+b_2x_3^{(1)}+\cdots+b_{n-1}x_n^{(1)}$$

GM(1,1)的微分方程为：$\frac{dx}{dt}+ax=u$

下面以 $GM(1,1)$ 模型为例，简单介绍 GM 建模步骤。

设 $x^0=(x^{(0)}(1),\ x^{(0)}(2),\cdots\ x^{(0)}(n))$ 为一列原始数据，作一次累加生成

$$[I-AGO]:x^{(1)}_{(K)}=\sum_{m=1}^{k}x^0(m)$$

$$x^{(1)}=(x^{(1)}(1),x^{(1)}(2),\cdots,x^{(1)}(n))$$

$$=(x^{(0)}(1),x^{(0)}(1)+x^{(0)}(2),\cdots,x^{(0)}(1)+x^{(0)}(2)+\cdots+x^{(0)}(n))$$

$X^{(1)}$ 可建立下述变化形式的微分方程：

$$\frac{dx}{dt}+ax=u$$

参数 a,u 按最小二乘法求解：$\begin{bmatrix}a\\u\end{bmatrix}=(B^TB)^{-1}B^TY_N$

$$\text{其中：}\quad B=\begin{bmatrix}-\frac{1}{2}(x^{(1)}(1)+x^{(1)}(2)) & 1\\ -\frac{1}{2}(x^{(1)}(2)+x^{(1)}(3)) & 1\\ \cdots & \cdots\\ -\frac{1}{2}(x^{(1)}(n-1)+x^{(1)}(n)) & 1\end{bmatrix}$$

$$Y_N=[x^{(0)}(2),x^{(0)}(3),\ldots,x^{(0)}(n)]^T$$

上述变化形式的微分方程解(即时间响应函数)为：

$$x^{(1)}(k+1)=\left(x^{(0)}(1)-\frac{u}{a}\right)e^{-aK}+\frac{u}{a}$$

由此式求得的预测值 $X^{(1)}(K+1)$，作一阶累减运算，即得到原始数据的预测值。

建立了预测模型，可以得出预测值，但预测结果是否可用，还需要检验。

GM 模型的误差检验可按以下步骤进行：

$X^0(K)$为原始数据列，$\hat{x}^{(0)}(K)$为模型的拟合值($K=1,2,\cdots,n$)，C 为后验差比值，P 为小误差频率：

$$q(K)=x^{(0)}(k)-\hat{x}^{(0)}(K)$$

$$e=\frac{x^{(0)}(k)-\hat{x}^{(0)}(K)}{x^{(0)}(k)}*100\%$$

$$c=\frac{S_2}{S_1}$$

$$S_2{}^2 = \frac{1}{n}\sum_{K=1}^{n}(q(K) - \bar{q})^2$$

$$S_1{}^2 = \frac{1}{n}\sum_{K=1}^{n}(x^{(0)}(K) - \bar{x})^2$$

$$\bar{q} = \frac{1}{n}\sum_{K=1}^{n}q(K)$$

$$\bar{x} = \frac{1}{n}\sum_{K=1}^{n}x^{(0)}(K)$$

$$P = P_{\{}\,|q(K) - \bar{q}| < 0.6745S_1\,{}_{\}}$$

当后验差比值 C＜0.45，小误差频率 P≥0.95 时，认为模型满足一级精度。

GM(1，n)模型的建模过程与此类似。

表 3-6　影响垃圾产量变化的因素

项目 年份	产　量 (万 t) X_0	人口 (万人) X_1	建成区面积(KM^2)) X_2	非气化率(%) X_3	GNP 万元 X_4	职工年均工资(元) X_5	生活费收入(元) X_6	消费性支出(元) X_7	人均公共绿地(m^2/人) X_8
1989	28.40	126.91	48.8	81.60	472239	2017	1479	1483	2.20
1990	29.70	129.24	49.8	74.40	483690	2245	1706	1654	3.70
1991	30.24	130.79	50.8	68.80	568085	2493	1819	1816	4.60
1992	32.05	132.38	54.8	48.30	715143	2845	2339	2171	4.50
1993	35.37	133.75	56.8	45.10	1051293	4605	2846	2699	4.50
1994	36.14	135.48	64.7	39.50	1991902	5018	4605	3859	4.50
1995	36.84	137.52	67.7	34.70	2490082	6030	5484	4513	5.00
1996	38.65	139.66	70.5	27.60	3125959	6600	5946	4974	5.09
1997	40.67	141.68	75.0	18.20	3779659	7853	7082	5983	5.60
1998	45.14	143.69	80.0	13.90	4361061	9181	7362	6258	6.40
1999	51.23	145.40	91.3	9.49	4614275	10389	7414	5733	7.04

注：有关资料来自《福州市统计年鉴》；为了与垃圾产量成正相关，引入“非气化率”指标，“非气化率”＝1－“气化率”。

表 3-7　影响垃圾产量变化的各因素与垃圾产量的关联系数

ζ_{01}	ζ_{02}	ζ_{03}	ζ_{04}	ζ_{05}	ζ_{06}	ζ_{07}	ζ_{08}
0.829	0.893	0.666	0.842	0.898	0.912	0.910	0.494
0.843	0.994	0.758	0.974	0.992	0.969	0.990	0.606

续表

ζ_{01}	ζ_{02}	ζ_{03}	ζ_{04}	ζ_{05}	ζ_{06}	ζ_{07}	ζ_{08}
0.998	0.971	0.466	0.850	0.873	0.956	0.934	0.739
0.791	0.742	0.611	0.780	0.880	0.782	0.833	0.667
0.846	0.675	0.738	0.669	0.968	0.605	0.648	0.896
0.802	0.891	0.763	0.821	0.793	0.782	0.790	0.768
0.912	0.943	0.635	0.877	0.938	0.934	0.989	0.834
0.957	0.965	0.587	0.892	0.871	0.839	0.788	0.900
0.754	0.773	0.539	0.772	0.838	0.645	0.659	0.978
0.617	0.942	0.475	0.571	0.676	0.528	0.452	0.716

注：ζ_{01}为垃圾产量与人口的关联系数；ζ_{02}为垃圾产量与建成区面积的关联系数，依次类推。

表 3-8　影响垃圾产量变化的各因素与垃圾产量的关联度

R_{01}	R_{02}	R_{03}	R_{04}	R_{05}	R_{06}	R_{07}	R_{08}
0.835	0.879	0.624	0.805	0.873	0.795	0.799	0.760

表 3-9　影响垃圾产量变化的主要因素

项目 年份	产　量 （万 t）X_0	人　口 （万人）X_1	建成区面积 （km^2）X_2	职工年均工资 （元）X_3
1989	28.4	126.91	48.8	2017
1990	29.7	129.24	49.8	2245
1991	30.24	130.79	50.8	2493
1992	32.05	132.38	54.8	2845
1993	35.37	133.75	56.8	4605
1994	36.14	135.48	64.7	5018
1995	36.84	137.52	67.7	6030
1996	38.65	139.66	70.5	6600
1997	40.67	141.68	75	7853
1998	45.14	143.69	80	9181
1999	51.23	145.4	91.3	10389

3）年产量预测模型的建立和预测值的取舍

①用 GM(1,n)模型预测：通过上述分析，选择影响福州市城市生活垃圾产量变化的 3 个主要因素，运用灰色建模方法，建立预测模型。

首先将变量重新编号，得如表 3-9 所示的原始数据列。然后用 GM(1,1)分别预测影响垃圾产量变化的 3 个因素的未来数值（2000—2010 年）。最后用 GM(1,n)模型，分别得到 2000 年至 2010 年垃圾年产量的预测值（见表 3-10，表 3-11）

②用 GM(1,1)模型预测:事实上,福州市城市生活垃圾年产量本身的样本数已足够用 GM(1,1)模型对未来 11 年做出预测,而且该模型预测精度满足一级(见表 3-12)。

③预测值的比较:虽然用 GM(1,1)模型直接对垃圾年产量进行预测方法较为简便,而且预测精度也满足一级。但是我们看到,该模型中后验差比值 C 较人口、职工年均工资及建成区面积的预测模型中的 C 值大,说明同样用 GM(1,1)模型,垃圾年产量的预测,不如其他三因素的预测值可靠。同时,根据对人均垃圾日产量数值的分析,也认为用 GM(1,n)对垃圾年产量的预测也较 GM(1,1)的预测值更为合理:前者人均日产垃圾量 2005 年为 1.14 kg/(人·d),2010 年为 1.38 kg/(人·d);后者人均日产垃圾量 2005 年为 1.19 kg/(人·d),2010 年为 1.49 kg/(人·d)。后者预测值较前者偏大。

4)垃圾年产量的社会因素修正

影响城市生活垃圾年产量的社会因素主要是生活垃圾总量控制及减量化的措施。

表 3-10　影响垃圾产量变化的各主要因素的 GM(1,1)预测值

项目 \ 因素		人口(万人)X_1	建成区面积(km^2)X_2	职工年均工资(元)X_3
预测值	2000	147.3106	93.9673	12718.7092
	2001	149.2957	100.5236	14984.0292
	2002	151.3075	107.5374	17568.1104
	2003	153.3464	115.0405	20647.4379
	2004	155.4128	123.0671	24266.5079
	2005	157.507	131.6538	28519.9263
	2006	159.6294	140.8395	33518.8813
	2007	161.7805	150.6662	39394.0499
	2008	163.9605	161.1785	46299.0144
	2009	166.1699	172.4243	54414.2768
	2010	168.4091	184.4547	63951.9774

续表

项目＼因素		人　口 （万人）X_1	建成区面积 （km^2）X_2	职工年均工资 （元）X_3
模型	后验差比值	0.0463	0.1367	0.1284
	小误差频率	1	1	1
	精　度	一级	一级	一级

①垃圾分类收集及废品回收：前已估算得，目前福州市废品回收率约占垃圾总量的10%；随着废品含量的增多，废品回收率会进一步上升，近期估计可达12%；特别是随着垃圾分类收集的推行，废品回收利用率会更高，中期估计可达18%。

②垃圾排放按量收费制度：国外实行按垃圾排放量收费制度后，垃圾削减率达20%～40%。福州市近期垃圾处理收费只可能按户收缴，因此2005年之前，垃圾量并不会因为征收垃圾处理费而减少。但中期推行按量收费，根据类比分析，再考虑到该政策推行可能有一定困难，实施率初期不太高，估计福州市按垃圾排放量收费后，居民住户平均每人每天可减少10%。

③净菜进城：有关资料显示，蔬菜丢弃率约25%。净菜进城后，蔬菜丢弃率可控制在10%以下。若净菜进城率为α，蔬菜购买量为X，则因“净菜进城”而削减的人均垃圾量为：

$$Y=25\% \cdot X-[\alpha \cdot X \cdot 10\%+(1-\alpha) \cdot X \cdot 25\%]=0.15\alpha X$$

福州市人均日购买蔬菜量在1987—1999年期间均在0.26～0.29kg/(人·d)间波动，且略呈上升趋势(见图3-3)。估计未来年份蔬菜每天购买量为0.30kg/(人·d)，则人均日产垃圾削减量为0.045α(单位：kg/(人·d))，人均年产垃圾削减量为16.425α(单位：kg/(人·d))

综上所述，采用垃圾减量化措施后，垃圾产量会有一定幅度的削减。垃圾减量效果见表3-13。

表 3-11 福州市全市垃圾产量 GM(1,3)预测值

项目 \ 因素		全市垃圾产量(万 t) X_0	人口(万人) X_1	建成区面积(km^2) X_2	职工年均工资(元) X_3
预测值	2000	50.0487	147.3106	93.9673	12718.7092
	2001	52.8578	149.2957	100.5236	14984.0292
	2002	55.8339	151.3075	107.5374	17568.1104
	2003	58.9491	153.3464	115.0405	20647.4379
	2004	62.2111	155.4128	123.0671	24266.5079
	2005	65.6189	157.507	131.6538	28519.9263
	2006	69.16889	159.6294	140.8395	33518.8813
	2007	72.8554	161.7805	150.6662	39394.0499
	2008	76.6693	163.9605	161.1785	46299.0144
	2009	80.5978	166.1699	172.4243	54414.2768
	2010	84.6230	168.4091	184.4547	63951.9774
预测模型方程式		$X(t+1)=[28.4-0.0481x_1(t+1)+0.0002x_2(t+1)-0.4842x_3(t+1)]e^{-1.8597t}+0.0481x_1(t+1)-0.0002x_2(t+1)+0.4842x_3(t+1)$			

表 3-12 福州市全市垃圾产量 GM(1,1)预测值

项目 \ 因素		全市垃圾产量(万 t)
预测值	2000	51.0334
	2001	54.0965
	2002	57.3434
	2003	60.7852
	2004	64.4336
	2005	68.301
	2006	72.4005
	2007	76.746
	2008	81.3524
	2009	86.2352
	2010	91.4112
预测模型	模型方程式	$X(t+1)=474.68768e^{0.05829t}-446.28768$
	后验差比值	0.2267
	小误差频率	1
	模型精度	一级

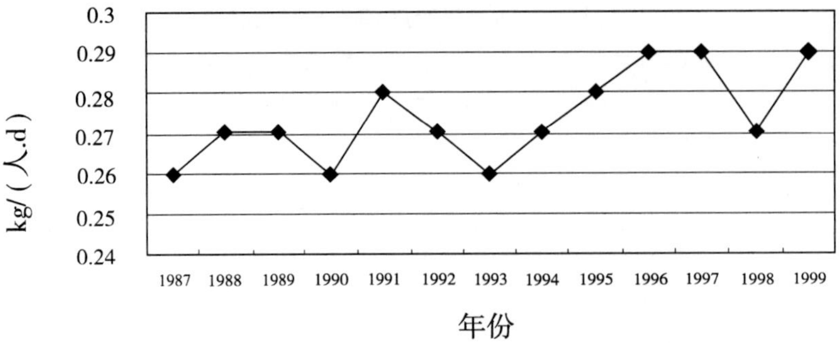

图 3-3 福州市历年人均购买蔬菜量变化图

表 3-13 实施垃圾减量化后福州市区垃圾产量

单位:万 t/a

年份	原垃圾量	净菜进城后垃圾削减量			实施按垃圾收费后垃圾削减量	垃圾总削减量	垃圾净产量	废品回收量	需无害化处理的垃圾量
		进城率%	人口(万人)	削减量					
2005	65.6	40	157.51	1.03	-	1.03	64.57	7.75	56.82
2010	84.63	80	168.41	2.27	8.46	10.73	73.90	13.30	60.60

2. 工业废物产量预测

工业固体废物有不同的种类,应分别对其进行预测。常用的预测方法有如下三种。

(1)系数预测法

$W = PS$

式中:W——预测固体废物排放量,万 t/a;

P——固体废物排放系数,t/t 产品;

S——预测的年产品产量,万 t/a。

(2)回归分析法

根据固体废物产生量与产品产量或工业产值的关系,可建立一元回归模型,即有

$y = a + bx$

若是固体废物产生量受多种因素影响,还可以建立多元回归模型进行预测,比

如建立固体废物排放总量与工业总产值、原煤总产值、工业用煤总产值三个因素的多元回归模型，数学表达式为：

$$y = b_0 + b_1x_1 + b_2x_2 + b_3x_3$$

若是考虑技术进步因素可采用的预测模型为：

$$V_i = V_0 (1-K)^{\Delta t} E_i$$

式中：V_i——预测年废渣排放量，万 t/年；

V_0——基准年废渣排放，万 t/年；

E_i——预测年工业总产值，万元/年；

K——递减率，%；

Δt——基准年至预测年的时段。

(3)灰色模型预测法

固体废物产生量预测是根据历年固体废物产生量序列来建立灰色预测模型。其基本方法可见城市生活垃圾产生量预测的相关内容。

3. 危险废物产量预测

危险废物预测常用的方法包括应用数理统计建立线性或者非线性回归方程，或采用单位产品产污(危险废物)系数或万元产值系数进行预测等。

二、城市固体废物成分变化趋势预测

工业废物、危险废物随时间的推移，其成分变化不明显，但是生活垃圾的成分和特性变化却是显著的，此处重点讲述城市生活垃圾成分变化趋势的预测。目前的预测方法依照使用数据的不同，可分为依据历史数据的直接预测法和借鉴相似城市的类比法。

直接预测法选取影响生活垃圾产生量和成分的社会经济因素，利用影响因素和历年生活垃圾产生量数据构建数理统计模型，通过预测影响因素的变化而得到预测结果。许多区域的统计数据缺失，在现实预测中往往使用类比法。类比法以影响城市生活垃圾产生的因素为类比指标，确定可类比的城市，借鉴可类比城市的数据作为预测基础数据。直接预测法和类比法都是以生活垃圾的影响因素为基础的，因此影响因素的选取是预测方法的关键。

城市生活垃圾按物理组分一般分为易腐有机物、塑料、纸、布、玻璃、金属、竹木、灰土砖瓦等，城市生活垃圾各组分的来源及其影响因素见表 3-14。

表 3-14　我国部分城市生活垃圾组分来源及主要影响因素

	易腐有机物	塑料	纸类	玻璃	金属	布类	竹木	灰土
主要来源	家庭、餐饮业	包装材料、团体办公用品				废旧衣物	废旧家具、城市绿化垃圾	煤灰、街道清扫灰土
主要影响因素	人口、居民食品消费习惯、净菜进城、气候	人口、居民食品消费习惯、废品回收				人口、居民衣物消费习惯	人口、居民家具消耗、城市绿化面积	气化率、集中供热面积、街道清扫面积、气候

由表可见，影响生活垃圾因素可以分为直接影响因素和间接影响因素。直接影响因素指直接导致生活垃圾成分变化的因素，包括人口、居民生活水平和城市发展建设状况。间接影响因素是指通过居民行为的影响而间接改变生活垃圾成分的因素，主要包括自然因素（规划区的气候等），个人因素（个人行为习惯、生活方式、受教育程度等），以及社会因素（社会行为准则、社会道德规范、法律规章制度等）。

由于间接影响因素很难选取指标进行定量分析，在实际预测应用中仅用于定性分析，而在定量预测城市生活垃圾组分的研究中，选取直接影响因素指标构建数理统计模型，通常选取人口、居民生活水平和城市建设发展状况三类指标。

①人口指标。我国以城市环卫部门的清运垃圾量代替城市生活垃圾产生量作为管理城市生活垃圾的依据，因此，人口应该指的是服务人口。常使用的指标为非农业人口、常住人口（非农业人口加暂住人口）数据。

②居民生活水平指标。居民生活水平决定了居民的消费能力、消费模式。常选用的居民生活水平指标有人均国内生产总值（GDP）、居民人均可支配收入、居民人均消费支出。

③城市建设发展状况指标。主要指由城市市政公共部门建设的，与垃圾产生有密切联系的因素指标，如燃气普及率、集中供暖率、街道清扫面积等。

第四节　规划目标与指标体系的设置

一、城市固体废物管理规划目标的设置

固体废弃物管理规划的目标是指对城市固体废物在未来某一阶段内的环境质量状况的发展方向和发展水平所作的规定。它是环境战略的具体体现，是进行固体废物处理处置基础设施建设和管理的基本出发点，一般通过指标体系表征。从长远来看，固体废物管理规划目标的制定不仅要与规划区域经济发展的战略部署相协调，而且要与城市的性质相适应，是规划实施要求的总体概括。从现状来看，要与目前的固体废物产生、处理状况和经济实力相适应，看到目前存在的问题和症结，将新形势、新环境对固体废物管理工作的要求融入制定的体系中。将科学的求实精神和积极开拓的设想相结合，积极发挥固体废物管理规划目标对人们的引导作用。

城市固体废物管理规划的目标不仅需要体现发展的前瞻性，而且还要保证其客观性、可行性、先进性、与经济发展目标的协调性。设置应以可持续发展为指导思想，遵循减量化、资源化、无害化的三个原则，无害化是所有城市固体废物处理结果的基本目标，不仅是结果是对人类无害的，而且处理过程不会产生新的危害，在此前提下，尽可能地将之变为资源或是减少占据的空间，真正的实现循环经济。

1. 目标类型

固体废物管理规划目标主要可以分为以下几个类别，见表 3-15。根据规划区域内的实际情况和规划的具体要求，可以将不同层次的目标融合在一起，在设置中尽量使目标量化，对于不能量化的目标，用概要的语言进行描述，从而对城市固体

废物进行全方位的管理规划。

表 3-15　固体废物管理规划目标

层次	项目	内容
按时间分	短期目标(年度)	目标一定要准确、定量、具体,体现出很强的可操作性,是中、长期目标的基础
	中期目标(5～10 年)	包含具体的定量目标,也包含定性目标
	长期目标(10 年以上)	主要是有战略意义的宏观要求
按管理层次分	宏观目标	对规划区在规划内达到的环境目标总体上的规定
	详细目标	按照环境要素、功能区划对规划区在规划期内目标的具体规定
按内容分	质量目标	依不同的地域或功能区而不同,由一系列表征环境质量的指标体系来体现
	污染总量控制目标	主要由工业或行业污染控制目标和城市环境综合整治目标构成
按目的分	环境污染控制目标	固体废物控制目标指控制区域内各产业部门的固体废物和生活垃圾的产生量和排放总量、占地面积;提出固体废物的综合利用率和生活垃圾处理率等目标
	生态保护目标	在固体废物管理规划中要有土地资源、水资源等生态资源的规划目标
	环境管理目标	固体废物规划中要包括组织、协调、监督等管理目标,还要有实施固体废物规划,执行各项法规以及环境保护的宣传、教育等管理目标
按空间范围分	分为国家、省区、县市各级对固体废物管理的目标,上一级环境目标是下一级环境目标的依据,而下一级则是上一级的基础	

2. 规划目标的设定原则

(1)以规划区环境特征、废物性质和区域功能为基础

固体废物管理规划的目标的设置要基于相应规划区的固体废物性质、区域特征,而不能采用“一刀切”的方法。

(2)以经济、社会发展的战略思想为依据

我国经济、社会发展的战略思想就是社会、经济、科学技术相结合,人口、资源、环境相结合的协调发展。

(3)固体废物管理规划目标应当满足人们生存发展对环境质量的基本要求

(4)固体废物管理规划目标应当满足现有技术经济条件

固体废物管理规划总是在一定的条件支持下才能实现的,确定目标应考虑现有的管理、防治技术和人才结构问题,要分析现有经济水平能够提供多少资金用于废物污染控制,这一点至关重要。

正确的做法是把规划目标和经济目标协调起来进行综合平衡,以保证资金投入。

(5)固体废物管理规划目标要求能做时空分解、定量化

无论定性目标,还是定量目标,都要把目标具体化,在时间上和空间上能进行分解细化目标,使目标具体、详细、具有可实施性,这样,便于固体废物管理规划方案的管理、监督、检查和执行。

3. 目标设置的可行性研究

经过调查、分析、预测确定出固体废物管理规划目标后,还要对规划目标进行可达性分析并及时对目标进行修改完善,以使目标准确可行。

(1)环境保护投资分析

固体废物管理规划的目标一旦确定,污染控制指标和环境工程设备建设指标就相应确定。逐项计算完成各项指标所需资金,在留有余地的前提下得出一个总投资预算。同时,考虑投资占同期国民总值的比例,计算出国家和地方准备投入的资金,两相比较并得出结论。过高、过低或持平都须反馈回来,对目标重新修正,保证在投资范围内进行环境保护。目前,我国环保投资占同期国民生产总值比例呈上升趋势,随着投资比例的加大,固体废物管理目标便越易实现。

(2)技术力量分析

①管理技术:管理技术的加强使废物管理逐渐走向科学化、现代化。现有的废物管理已由单一的定性管理转向定性、定量综合,并最终走向定量管理。同时,由点源控制已转向集中控制,由末端控制转向生产全过程控制。管理技术的提高为固体废物管理规划目标的实施提供了强有力的技术支持。分析管理技术水平来确定固体废物管理规划目标是否具有可行性,以确保目标的准确性,保证规划的有效性。

②污染防治技术：迅速发展的科学技术推动污染防治技术的进步。特别是清洁生产工艺的发展正是从根本上抓住污染防治，从原材料的处理、生产加工、产品涉及废物回收利用都要采用新技术。所以，现有的污染防治技术也是污染控制目标得以实现的重要条件。

③技术人才与技术推广：在确定的目标可达性分析中，要认清固体废物管理领域的技术人才形式，评估其技术力量大小和可能的力度，最终为顺利实施管理目标提供支持。

(3)污染负荷削减能力分析

削减能力由两部分组成：一是现有的削减能力，通过调查和评价，统计出规划区域内污染削减的平均水平，估算出其已有削减力。二是潜在的削减能力，在现有削减力的基础上，可以预测。推演其削减潜力，并分析挖掘潜力的可能性，从而概算出今后一定时期规划区域内可能增加的污染负荷削减能力。得出规划区的污染负荷削减能力，便可与实现目标所要求的削减能力进行比较，据此得出最终的可行性分析结果。

(4)其他分析

在固体废物管理规划目标可达性分析中，还涉及公民素质分析。经济落后、生产方式传统、旧观念作祟加之教育上不去的现实，决定有些区域公民素质不高，环保意识淡薄，直接影响污染控制目标落实。在较开放、经济文化发展较高的地区，相对而言，目标更易实现。

此外其他一些影响措施、控制对策、法规执行程度等因素也应当加以分析，在执行有利与不利中，有执法管理部门的原因，也有群众的原因，有政治也有经济的原因。因此要综合分析目标的可行性。

二、固体废物管理规划指标体系的设置

1. 指标体系设置原则

(1)政策相关性原则

指标必须反映出国家及政府对固体废物管理规划的政策要求，能够说明环境

质量变化趋势或改善程度及资源利用情况，应反映规划的内容与目标。

(2)科学性及可操作性原则

每一个指标的名称、定义、解释、计算方法、分类等要讲究科学性、真实性、规范性。利用已有的信息资源，尽可能选择计算简单、参数易得的指标和有统计资料可查的指标，选择主要的、基本的、有代表性的综合指标作为量化的计算指标，以减少主观臆断的误差。指标在数量上要考虑少而精，并兼顾要指标的量化以及数据取得的难易程度和可靠性。

(3)综合性和层次性原则

指标应具有高度综合性，把一些范围较广的相关信息集合成为一个或若干个指标。指标体系应有层次性，包含自上而下的各个层次，每个层次中的各项指标也应有主次。

(4)定性与定量结合原则

任何事物都具有质的规定性和量的规定性，但对于一些在目前认识水平下难以量化且意义重大的目标，可以用定性指标来描述。

(5)导向性原则

既要有反映目前的指标，也要有反映变化的动态指标。应充分考虑系统的动态变化，以便进行预测与管理，起导向作用。

(6)其他应遵循原则

指标应能清晰地识别出因果链，具有相对独立性、可比性、可追溯性。

2. 指标体系的来源、筛选以及赋值

指标体系主要有 3 类来源：

①根据有关法规、标准确定的指标，这类指标一般都比较明确且定量化程度高。依据包括规划环境影响评价导则(试行)HJ/T130—2003，行业类生态工业园区标准(试行)HJ/T273—2006，综合类生态工业区标准 HJ/T274—2009 等。

②通过科学判断确定的指标，尚无可借鉴的情况下，通过评价者的专业判断来确定或者参考国内外相似的固体废物管理规划中的指标体系，特别关注使用频率

较高的指标。

③通过公众参与发现的指标，通常是公众所关注的环境问题，引入固体废物管理规划指标体系中。

对初步的指标体系进行筛选，指标设置与构建思路时考虑指标体系三方面的功能：

①引导功能。体现当地经济发展要求，确保既定规划目的的实现，贯彻可持续性的内涵；

②环境影响识别功能。建立的指标体系对规划区域内的环境产生具有宏观性、区域性和特征性的影响因子；

③制约因素的约束功能。反映规划范围内目前发展现状存在的资源及环境制约因素，作为固体废物管理规划的限制性指标。指标系统构建流程如图 3-4 所示。

指标体系将按照总体层、系统层、状态层和指标层依次说明，在指标层上确定指标，并说明功能属性、期望标准（定性与定量相结合），利用层次分析法确定指标的权重。

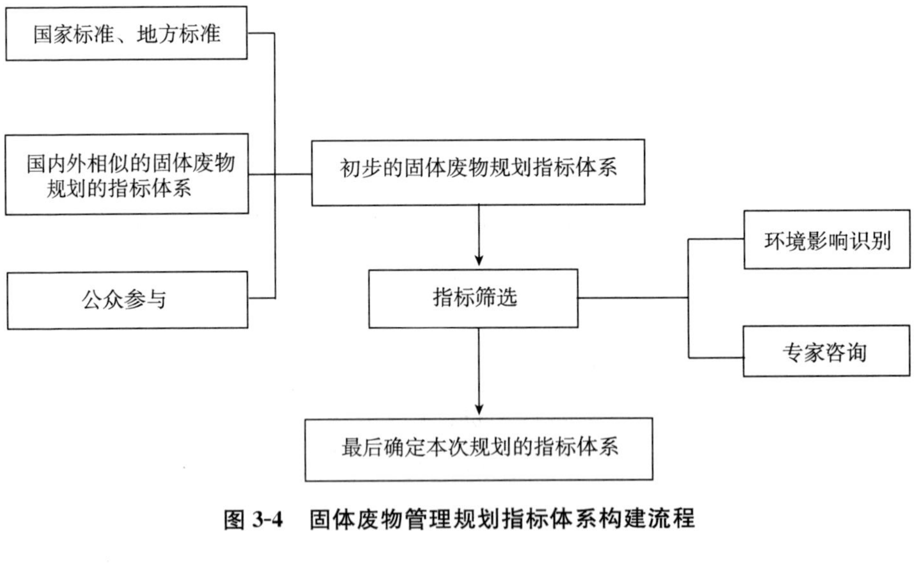

图 3-4　固体废物管理规划指标体系构建流程

3. 指标体系的内容

城市固体废物管理规划指标体系按污染总量控制指标、污染控制基础设施控制指标、相关指标进行分类，具体内容见表 3-16。

表 3-16　城市固体废物管理规划指标

指标类别	内容
污染总量控制指标	工业固体废物宏观控制：工业固体废物（冶炼渣、粉煤灰、炉渣、煤矸石、化工渣、尾矿和其他）产生量、处置量和处置率；堆存量，累计占地面积，占耕地面积；综合利用量、综合利用率；产品利用量、产值、利润；非产品利用量
	城市生活垃圾宏观控制：生活垃圾无害化处理率，回收和综合利用率，生活垃圾分类收集率，有毒有害垃圾无害化处理率，城市粪便逐步纳入产生污水处理系统处理率，粪便无害化处理率
	危险废物宏观控制：危险废物产生量，危险废物处置量、处置率等
污染控制基础设施控制指标	工业固体废物：处理能力、处理量、处理设施数量
	城市生活垃圾：机械化清运量、清运率；生活垃圾、粪便的运输作业机械化、半机械化程度，城市重点道路清扫机械化程度等
	危险废物：专门处理厂数、处理能力
相关指标	经济：国民生产总值、人均生产总值、工业密度等
	社会：城市人口、人口总量与自然增长率、分布

第五节　城市固体废物减量化

随着对固体废物认识的深化，人们除了认识固体废物的污染属性之外，更清晰地认识到了它的资源属性，化害为利、变废为宝的理念提升到重要位置。这个理念的确立，引领了固体废物综合治理优先顺序的变化，形成了避免、减量、回收、再循环到处理处置的体系架构。从世界各国的总态势分析，先产生了垃圾废物治理理念上的 3R（Reduce 减量、Reuse 再利用和 Recycle 再循环），后又发展到 5R（Reduce 减量，Reuse 再利用，Recycle 再循环，Recover 回收和 Residual 残余物处理)。这个理念的变迁进一步导引了固体废物管理和综合治理的方向。在新的理念中,减量是排第一位的。固体废物经减量后,收集、转运、处理和处置的费用都会相应降低,设施处理能力也将提高,建设费用可降低,城市固体废物的成分和质量将发生变化,对后续的预处理工艺也将产生有利的影响。

固体废物的减量化任务主要是通过适宜的手段减少和减小固体废物的数量和容积。这一任务的实现,需从两方面入手:一是减少固体废物的产生,二是对固体废物进行处理和利用。

减少固体废物的产生,是从源头开始改进或采用新的生产工艺,尽量减少或不排废物,需从资源的综合开发和生产过程中的物质资料的综合利用着手。同时有必要通过政府颁布法律、法规以推广 3R 思想(Reduce 减量,Reuse 再利用,Recycle 再循环),从量和质方面对生产、流通、消费等环节加以限制,减少固体废物的排放量。如可通过税收优惠,使再生包装材料的价格低于其他材料;或通过征收废物处置费,提高非再生包装材料的成本,从而提高再生包装的环保意识。

对固体废物进行处理和利用属于生产过程的末端,主要是通过各种手段使固体废物减少容积或重量,如:生活垃圾采用焚烧法处理后,体积可减少 80%～90%,灰烬便于运输和处置。同样压实、破碎可达到减量化目的。

城市固体废物管理规划减量化的主要措施:

①生产领域:合理使用自然资源,实施清洁生产;限制一次性产品的生产和产品的过度包装,减少原材料的消耗;尽可能选用能够回收再利用的材料,做到增产不增固体废弃物排放量;优化包装。

②流通领域:积极推广“净菜上市”,扩大超市成品和半成品配菜出售;提倡商品绿色包装,重复利用;建立废旧物资回收网络和“二手货”交易市场,延长耐用消费品的使用寿命。

③消费领域:鼓励理性消费,倡导绿色消费,形成良好的消费习惯,如购买使用寿命长的商品以及标示了包装可回收的商品,并进行有计划地购买,可直接回用商品使用后返还(生产者再生)。

④处置领域:鼓励有机垃圾就地生化处理,无机垃圾进行分拣、回收利用,减少最终处置量。

⑤管理领域:运用经济手段促进源头减量,全面推行生活垃圾分类收集;征收处置费,实行单位生活垃圾申报和有偿收运、处置制度;按对环境影响大小征收包装废弃物回收处置费;依靠科技创新和政策扶持,促进对环境友好产品的开发和应用。

第六节　生活垃圾收运系统规划

城市每天产生的垃圾量是非常大的,如果这些垃圾不能有效及时地清运,将会给居民生活及城市市容带来非常恶劣的影响,因此,城市垃圾收运是城市垃圾处理系统中相当重要的一个环节,其耗资最大,操作过程也最复杂。据统计,垃圾收运费要占整个处理系统费用的60%～80%,可见其重要地位。城市垃圾收运的原则是:首先应满足环境卫生要求,其次应考虑在达到各项卫生目标的同时,费用最低,并有助于降低后续处理阶段的费用。因此,科学地制订合理的收运计划以此来提高收运效率是非常必要与关键的。

城市垃圾收运并非单一阶段操作过程,通常需包括三个阶段。第一阶段是从垃圾发生源到垃圾桶的过程,即搬运与贮存(简称运贮)。第二阶段是垃圾的清除(简称清运),通常指垃圾的近距离运输。一般用清运车辆沿一定路线收集清除容器或其他贮存设施中的垃圾,并运至垃圾中转站的操作,有时也可就近直接送至垃圾处理厂或处置场。第三阶段为转运,特指垃圾的远途运输,即在中转站将垃圾转载至大容量运输工具上,运往远处的处理处置场。后两个阶段需应用最优化技术,将垃圾源分配到不同处置场,以使成本降到最低。

一、城市固体废物收集方式

城市固体废物收集是废物收运系统的重要组成部分,它的组织和实施对城市固废的收运系统具有极大影响。如果收集工作开展不力,那后续的一系列工作将受到非常大的阻碍。

现行的城市固废收集方式主要分为混合收集和分类收集两种类型，其中混合收集应用广泛，历史悠久。

混合收集指收集未经任何处理的原生固体废物的收集方式，它的优点是比较简单易行，收集费用低，但是在混合收集过程中，各种废物相互混杂、黏结，降低了废物中有用物质的纯度和再利用价值，同时增加了各类处理工艺的难度，提高了处理费用。要实现废物资源化，使各类废物都得到有针对性的治理利用，需要在各类废物处理工艺流程中配备破碎、压缩和分选装置，因为一种分选装置只能分选一种特定的物质，所以废物处理工艺的预处理机械组合一般都比较复杂。

分类收集是指按废物组分收集的方法，这种方法可以提高回收物料的纯度和数量，减少需处理的垃圾量，因而有利于废物的进一步处理和再利用，并能够较大幅度地降低废物的运输及处理费用。在现阶段，各国采用的废物分类收集方法主要是将可直接回收的有用物质和其他废物分类存放（产生源分类收集法），分类回收的废金属、废纸、废塑料、废玻璃等可以直接出售给有关厂家作为二次利用的原料，然后再把其他有机垃圾和无机垃圾分类收集，使其经过不同的工艺处理后得到综合利用。

分类收集优点很多，它是降低废物处理成本，简化处理工艺，实现综合治理的前提。然而各城市废物收集的实践证明，真正实现分类收集相当困难，尤其是分类收集的组织工作非常复杂，而且需要依靠宣传教育、立法并附以相应的垃圾分类收集条件，提高城市居民主动分类存放、集中出售有用物质的积极性。在一个城市推行分类收集，首先要依靠严密的组织，并采取有效措施，使分类收集的推广实施能够持续发展下去。

混合收集和分类收集方式都需要通过不同的收集方法来实现。选择何种收集方法并制定何种制度，一般应考虑下列因素：废物的产生方式；废物的种类；公共卫生设施和设备的完善程度；地方条件和建筑性质；卫生要求程度；处理处置方式等。

一些工业发达国家为了实现废物资源化，积极提倡城市固体废物的分类收集。许多发达国家在废电器、废玻璃、废纸、废塑料的分类收集和回收利用上有很成功的经验，并且获得了较好的经济效益。城市街道旁配备专门收集废纸、废玻璃等的专用容器，容器上标明收集物的品名；目前国内有些城市也开始采取类似的措施来进行垃圾分类收集。有的城市将特制塑料袋、塑料容器等免费提供给居民，以利于住宅内的分类收集。除分类收集有用废物之外，还要单独收集电池、废药品、废漆、染料等特殊废物，严禁这类废物进入混合收集过程，以避免造成污染，增加处理工艺的难度。

发展中国家城市固体废物中有用物质含量偏低，加之城市居民生活水平不高，居民一般将废纸、玻璃瓶、纤维物等可再利用的物质在住宅内分类存放，集中出售给收购者，在有用废物再利用上开展得比较好。

我国过去在城市废物的回收利用上有良好传统，曾得到各国的好评。分类收集为废品回收利用奠定了基础。全国从上到下有比较完整的回收系统，各城市都设有若干废品回收门市部，统归废品回收公司领导。城市居民在日常生活中，随时把废纸、废金属和玻璃瓶等各类有用物质分类存放，集中出售给废品门市部。回收的废品发挥了很好的经济效益。

经过分类收集后，抛弃在排放点的城市固体废物中，可再利用物质的含量相当低。为适应废物处理和综合利用的需要，尽量降低分选费用，提高回收的各类有用成分的纯度，我国已把城市固体废物的分类收集作为城市垃圾收运的技术政策。一些城市已开始尝试在实行有用物质分类存放、回收和利用的基础上，进一步研究和推行有效的分类收集方法。

二、城市垃圾的搬运

在城市垃圾收集运输前，垃圾的制造者通常必须将各自所产生的城市垃圾进行短距离搬运和暂时贮存，这是整个垃圾收运管理系统的第一步。从改善垃圾收运管理系统的整体效益考虑，有必要对垃圾搬运和贮存进行科学的管理，不仅有利于居民的健康，还能改善城市环境卫生及城市容貌，也为后续阶段操作打下好的基础。

1. 居民住宅区垃圾搬运

低层居民住宅区垃圾一般有两种搬运方式：

①由居民自行负责将产生的城市垃圾自备容器搬运至公共贮存容器、垃圾集装点或垃圾收集车内。前者对居民较为方便,可随时进行,但若管理不善或收集不及时会影响公共卫生。后两者有利于环境卫生与市容管理,但常有时间限制,对居民不便。

②由收集工人负责从家门口或后院搬运垃圾至集装点或收集车。这种方法对于居民来说显然是极为方便的,居民只需支付一定的费用即可将家中的垃圾清运出去,但环卫部门却要耗费大量的人力和作业时间。

一些老式中层公寓或无垃圾通道的公寓楼房的垃圾搬运方式类似于低层住宅区,对于居民来说搬运垃圾很是不便。多数中高层公寓都设有垃圾通道,住户只需将垃圾搬运至通道投入口内,垃圾靠重力落入通道底层的垃圾间。粗大垃圾需由居民自行送入底层垃圾间或附近的垃圾集装点。这种方式需要注意避免垃圾通道内发生起拱、堵塞现象。

2. 商业区与企业单位垃圾搬运

商业区与单位垃圾一般由产生者自行负责搬运,环境卫生管理部门进行监督管理。当委托环卫部门收运时,各垃圾产生单位使用的搬运容器应与环卫部门的收运车辆相配套,搬运地点和时间也应和环卫部门协商而定。表 3-17 所示为不同垃圾的收集方法。

表 3-17　不同垃圾收集方法

垃圾产生方式种类	收集方法
家庭、单位、行人产生的垃圾	容器收集
抛弃在路面的垃圾	清扫收集
低层建筑居民区产生的垃圾	小型收集车收集或容器收集
中、高层建筑产生的垃圾	垃圾通道收集或容器收集
水面漂浮垃圾	打捞收集
建筑垃圾、粗大垃圾、危险垃圾	单独容器或车辆收集
家庭厨房垃圾和可裂解垃圾	水送系统收集或容器收集

这些废物收集方法是根据城市固体废物的产生方式和种类制定的。它们既可以单独使用,又可以串联或并联使用,有的收集方法需与特定的清运和处理方法配备使用。

三、垃圾的贮存容器

由于城市垃圾产生量的不均性及随意性，以及对环境部门收集清除的适应性，需要配备城市垃圾贮存容器。垃圾产生者或收集者应根据垃圾的数量、特性及环卫主管部门要求，确定贮存方式，选择合适的垃圾贮存容器，规划容器的放置地点和足够的数目。贮存方式大致可分为家庭贮存、街道贮存、单位贮存和公共贮存。

1. 分类

废物贮存容器是盛装各类城市垃圾的专用器具。由于受经济条件和生活习惯等各方面条件的制约，各国使用的城市垃圾贮存容器类型繁多，形状不一，容器材质也有很大区别。国外许多城市都制定有当地容器类型的标准化和使用要求。

按用途分类，废物贮存容器主要包括垃圾桶（箱、袋）和废物箱两种类型。垃圾箱和桶是盛装居民生活垃圾和商店、机关、学校抛弃的生活垃圾的容器。垃圾箱和桶一般设置在固定地点，由专用车辆进行收集。垃圾箱和桶类型很多，可以按不同特点进行分类。

按容积划分，垃圾箱和桶可分为大、中、小三种类型。容积大于 1.1 立方米的垃圾箱和桶称为大型垃圾箱容器；容积为 0.1～1.1 立方米的垃圾箱和桶称为中型垃圾容器；容积低于 0.1 立方米的垃圾桶和箱被称为小型垃圾容器。

按材质区分，垃圾桶（箱）分为钢制、塑制两种类型。这两种材质各有优缺点。塑制垃圾桶（箱）重量轻、比较经济但不耐热，而且使用寿命短。在塑制垃圾桶（箱）上一般都印有不准倒热灰的标记。与塑制容器相比，钢制容器重量较重，不耐腐蚀，但有耐热的优点。为了防腐，钢制容器内部都进行镀锌、装衬里和涂防腐漆等防腐处理。

收集过往行人丢弃废物的容器称为废物箱或果皮箱。这种收集容器一般设置在马路旁、公园、广场、车站等公共场所。为方便行人或候车人抛弃废物，废物箱悬挂高度一般与行人高度相应。在公共车站等公共场所配备废物箱一般也是落地式的。废物箱有金属冲压成型，也有塑料压制成型。

表 3-18　垃圾容器的几种尺寸范围

容器类型	材质	容积(立方米)		尺寸(米)
		变化范围	额定值	
小型筒式容器	塑料,镀锌铁皮纸板,防水纸,普通纸塑料膜	0.07～0.15	0.11	径 0.5,高 0.65
小型袋式容器		0.07～0.20	0.11	宽 0.4,厚 0.3,高 1.0
中型容器		0.8～8.0	3.0	宽 1.8,厚 1.1,高 1.6
大型开口容器		9.0～38	27	宽 2.5,高 1.8,长 6.0
带有压缩机械的大型密容器		15～30	20	宽 2.5,高 1.8,长 6.0
容器拖车		15～40	27	宽 2.3,高 3.6,长 6.8

2. 一般要求

废物贮存对容器的基本要求是:容积适度。既要满足日常能收集附近用户垃圾的需要,又不要超过 1～3 日的贮留期,以防止垃圾发酵、腐败、滋生蚊蝇、散发臭味;密封性好。要能防蝇防鼠、防恶臭和防风雪,既要配备带盖容器,又要加强宣传,使城市居民在倾倒垃圾后及时盖上收集容器,而且要防止收集过程中容器的满溢;垃圾收集容器应易于保洁、便于倒空,内部应光滑易于冲刷、不残留黏附物质;由于垃圾中经常会含有一些腐蚀性的物质,因此垃圾桶应该耐腐;而且很多情况下贮存容器都设在公共场合,故而垃圾桶材料选择时要考虑到不能让其轻易燃烧。此外,容器还应操作方便、坚固耐用、外形美观、造价便宜、便于机械化清运。

目前国内各城市使用的容器规格不一。对于家庭贮存,有些使用一次性塑料袋,或者家庭自备旧桶、箩筐、簸箕等随意性容器;对于公共贮存常见的有固定式砖砌垃圾箱、活动式带车轮的垃圾桶、铁制活底卫生箱、车厢式集装箱等;对于街道贮存,除使用公共贮存容器外,还配置大量供行人丢弃废纸、果壳、烟蒂等物的各种类型的废物箱;对于单位贮存,则由产生者根据垃圾量及收集者的要求选择容器类型。

住宅区贮存家庭垃圾的垃圾箱或大型容器应设置在固定位置,该处应靠近住宅、方便居民,又要靠近马路,便于分类收集和机械化装车。

废物贮存容器有两种不同用途,一种是把容器置在一定地点,用于收集一个地段的垃圾。这种容器在确定放置位置时应注意以下几点：比较靠近住宅；比较靠近清运车经过的收集路线；不妨碍主要交通路线；不影响市容观瞻。另一种是住宅内配置的小型容器，其使用方法是：居民住宅内使用一种小型容器，随时把垃圾运往固定收集点（大、中型收集容器），将垃圾倾倒后，再将容器收回，反复使用。大、中型容器由城市环卫部门收集清运；由环卫工人每天在一定时间内挨户收集。收集垃圾时，居民将各自容器中的垃圾倒入垃圾车内，然后送到垃圾集运站，再由环卫部门转运；由环卫部门无偿提供垃圾收集容器，居民定时将收集容器送到固定地点，再换回另一空容器，转换使用。垃圾车将盛满垃圾的容器收集换走。

3. 容器设置数量

容器设置数量对费用影响甚大，应事先进行规划和估算。某地段需配置多少容器，主要应考虑的因素为服务范围内居民人数、垃圾人均产量、垃圾容重、容器大小和收集次数等。

我国规定容器设置数量按以下方法计算。首先按下式求出容器服务范围内的垃圾日产生量：

$$W = RCA_1A_2 \tag{3-6}$$

式中，W 为垃圾日产生量，t/d；R 为服务范围内居住人口数，人；C 为实测的垃圾单位产生量，t/(人·d)；A_1为垃圾日产生量不均匀系数，取 1.1～1.15；A_2为居住人口变动系数，取 1.02～1.05。

然后按式(3－7)和式(3－8)折合垃圾日产生体积：

$$V_{ave} = W/(A_3D_{ave}) \tag{3-7}$$

$$V_{max} = KV_{ave} \tag{3-8}$$

式中，V_{ave}为垃圾平均日产生体积，m^3/d；A_3为垃圾容重变动系数，取 0.7～0.9；D_{ave}为垃圾平均容重，t/m^3；K 为垃圾产生高峰时体积的变动系数，取 1.5～1.8；V_{max}为垃圾高峰时日产生最大体积，m^3/d。

最后以式(3－9)和式(3－10)求出收集点所需设置的垃圾容器数量：

$$N_{ave} = A_4V_{ave}/(EF) \tag{3-9}$$

$$N_{max} = A_4V_{max}/(EF) \tag{3-10}$$

式中，N_{ave}为平时所需设置的垃圾容器数量，个；E 为单个垃圾容器的容积，m^3/个；F 为垃圾容器填充系数，取 0.75～0.9；A_4为垃圾收集周期，d/次，当每日收集 1 次时，$A_4=1$，每日收集 2 次时，$A_4=0.5$，每两日收集 1 次时，$A_4=2$，依次类推；N_{max}为垃圾高峰时所需设置的垃圾容器数量。

当已知 N_{max}时即可确定服务地段应设置垃圾贮存容器的数量，然后再适当地配置在各服务地点。容器最好集中于收集点，收集点的服务半径一般不应超过 70m。在规划建造新住宅区时，未设垃圾通道的多层公寓一般每 4 幢应设置一个容器收集点，并建造垃圾容器间，以利于安置垃圾容器。

四、分类贮存

分类贮存是指根据对城市垃圾回收利用或处理工艺的要求，由垃圾产生者自行将垃圾分为不同种类进行贮存，即就地分类贮存。城市垃圾的分类贮存与收集很复杂，在国外有不同的分类方式：

①分两类，按可燃垃圾（主要是纸类）和不可燃垃圾分开贮存。其中塑料通常作为不可燃垃圾，有时也作为可燃垃圾贮存。

②分三类，按塑料除外的可燃物；塑料；玻璃、陶瓷、金属等不燃物三类分开贮存。

③分四类，按塑料除外的可燃物；金属类；玻璃类、塑料、陶瓷及其他不燃物四类分开贮存。金属类和玻璃类作为有用物质分别加以回收利用。

④分五类，在上述四类外，再挑出含重金属的干电池、日光灯管、水银温度计等危险废物作为第五类单独贮存收集。

开展城市废物的就地分类，不仅能减少投资，而且还能提高回收物料的纯度。城市垃圾中的纸、玻璃、铁、有色金属、塑料、纤维材料等成分适合于分类贮存收集。

我国在过去就有传统的废品回收公司（下设各废品收购站）来回收城市垃圾的有用物质，实践证明这种做法对垃圾分类收集与贮存是非常行之有效的。国外很重视城市垃圾的分类贮存与回收利用。有的城市强调纸类的单独分离回收，大多数城市则是与玻璃等有用物质一起合并回收。纸类贮存收集形式可用袋、容器或直接用绳捆绑成“捆”。收集到的旧纸主要送去造纸厂，但也有的将旧纸团成小球，作为发电厂辅助燃料使用。部分国家城市则重视玻璃的分类贮存与回收利用，主要强调可重复使用的玻璃容器的回收利用，对其他玻璃还细分为透明玻璃和有色玻璃分开收集。

要做到就地分类贮存，需设置（或配给）不同容器（如不同颜色的纸袋、塑料袋或塑胶容器）以便存放不同废物。在美国大多数城市已规定住户必须放置两个垃圾容器，一个贮存厨房垃圾，一个贮存其他废物。相应的垃圾收集车辆也有两分类或三分类车（即同一收集车上将槽分为两格或三格，分别收集废纸、塑料及堆积空瓶）。

但就地分类贮存的推广工作是长期和艰巨的系统工程，因为它牵涉到技术、社会以及居民意识等多方面的因素，这三者皆不可偏废。因此，在重视技术的同时，更需要统一思想，大力开展宣传，提高全民意识。另外，环卫主管部门先行制定规章及其他社会性强制手段也是不可缺少的，并需要相应的切实可行的技术措施，这样才能使工程得到顺利发展。

除了上述分类贮存中所提到的各种垃圾以外，对于集贸市场废物和医院垃圾等特种垃圾，通常都不进行分类，前者可直接送到堆肥厂进行堆肥化，后者则必须立即送焚烧炉焚化。

五、城市垃圾的收集与清除

垃圾清除阶段的操作，不仅是指对各产生源贮存的垃圾集中和集装，还包括收集清除车辆至终点往返运输过程和在终点的卸料等全过程。因此这一阶段是收运管理系统中最复杂的，耗资也最大。清运效率和费用之高低，主要取决于下列因素：

①清运操作方式；

②收集清运车辆数量、装卸量及机械化装卸程度；

③清运次数、时间及劳动定员；

④清运路线。

六、清运操作方法

清运操作方法可分为移动式和固定式两种。

1. 移动容器操作方法

移动容器操作方法是指将某集装点装满的垃圾连容器一起运往中转站或处理处置场,卸空后再将空容器送回原处或下一个集装点,其中前者称为一般操作法,后一种将空容器送到下一个集装点的方法称为修改工作法。

收集成本的高低,主要取决于收集时间长短,因此对收集操作过程的不同单元时间进行分析,可以建立设计数据和关系式,求出某区域垃圾收集耗费的人力和物力,从而计算收集成本。可以将收集操作过程分为 4 个基本用时,即集装时间、运输时间、卸车时间和非收集时间(其他用时)。

(1)集装时间

对常规法,每次行程集装时间包括容器点之间行驶时间,满容器装车时间和卸空容器放回原处时间三部分。用公式表示为:

$$P_{hcs} = t_{pc} + t_{uc} + t_{dbc} \tag{3-11}$$

式中,P_{hcs} 为每次行程集装时间,h/次;t_{pc} 为满容器装车时间,h/次;t_{uc} 为空容器放回原处时间,h/次;t_{dbc} 为容器点之间行驶时间,h/次。

如果容器点之间行驶时间已知,可用下面的运输时间公式(3-12)估算。

(2)运输时间

运输时间指收集车从集装点行驶至终点所需时间,加上离开终点驶回原处或下一个集装点的时间,不包括停在终点的时间。当装车和卸车时间相对恒定时,则运输时间取决于运输距离和速度。从大量的不同收集车的运输数据分析,发现运输时间可以用下式近似表示:

$$h = a + bx \tag{3-12}$$

式中,h 为运输时间,小时/次;a 为经验常数,小时/次;b 为经验常数,小时/

公里；x 为往返运输距离，km/次。

(3)卸车时间

专指垃圾收集车在终点(转运站或处理处置场)逗留时间，包括卸车及等待卸车时间。每一行程卸车时间用符号 S(h/次)表示。

(4)非收集时间

非收集时间指在收集操作全过程中非生产性活动所花费的时间。常用符号 ω(%)表示非收集时间占总时间百分数。

因此，一次收集清运操作行程所需时间(T_{hcs})可用下式表示：

$$T_{hcs} = (P_{hcs} + S + h)/(1-\omega) \tag{3-13}$$

也可用下式表示：

$$T_{hcs} = (P_{hcs} - S + a + bx)/(1-\omega) \tag{3-14}$$

当求出 T_{hcs} 后，则每日每辆收集车的行程次数用下式求出：

$$N_d = H/T_{hcs} \tag{3-15}$$

式中，N_d 为每天行程次数，次/d；H 为每天工作时数，h/d；其余符号同前。

每周所需收集的行程次数，即行程数可根据收集范围的垃圾清除量和容器平均容量，用下式求出：

$$N_w = V_w/(cf) \tag{3-16}$$

式中，N_w 为每周收集次数，即行程数，次/周(若计算值带小数时，需进值到整数值)；V_w 为每周清运垃圾产量，m^3/周；c 为容器平均容量，m^3/次；f 为容器平均充填系数。由此，每周所需作业时间 D_w(d/周)为：

$$D_w = t_w P_{hcs} \tag{3-17}$$

应用上述公式，即可计算出移动容器收集操作条件下的工作时间和收集次数，并合理编制作业计划。

2. 固定容器收集操作法

固定容器收集操作法是指用垃圾车到各容器集装点装载垃圾，容器倒空后固定在原地不动，车装满后运往转运站或处理处置场。固定容器收集法的一次行程中，装车时间是关键因素。因为装车有机械操作和人工操作之分，故计算方法也略有不同。

(1)机械装车

每一收集行程时间用下式表示：

$$T_{scs}=(P_{scs}+S+a+bx)/(1-\omega) \qquad (3-18)$$

式中，T_{scs}为固定容器收集法每一行程时间，h/次；P_{scs}为每次行程集装时间，h/次；其余符号同前。

此处，集装时间为：

$$P_{scs}=c_t(t_{uc})+(N_p-1)(t_{dbc}) \qquad (3-19)$$

式中，c_t为每次行程倒空的容器数，个/次；t_{uc}为卸空一个容器的平均时间，h/个；N_p为每一行程经历的集装点数；t_{dbc}为每一行程各集装点之间平均行驶时间。如果集装点平均行驶时间未知，也可用公式(3－12)进行估算，但以集装点间距离代替往返运输距离 x(km/次)。

每一行程能倒空的容器数直接与收集车容积与压缩比以及容器体积有关，其关系式：

$$c_t=Vr/(cf) \qquad (3-20)$$

式中，V 为收集车容积，m^3/次；r 为收集车压缩比；其余符号同前。

每周需要的行程次数可用下式求出：

$$N_w=V_w/(V_r) \qquad (3-21)$$

式中，N_w为每周行程次数，次/周；其余符号同前。

由此每周需要的收集时间为：

$$D_w=[N_wP_{scs}+t_w(S+a+bx)]/[(1-\omega)\mathrm{H}] \qquad (3-22)$$

式中，D_w为每周收集时间，d/周；t_w为N_w值进到大整数值；其余符号同前。

(2)人工装车

使用人工装车，每天进行的收集行程数为已知值或保持不变。在这种情况下日工作时间为：

$$P_{scs}=(1-\omega)H/N_d-(S+a+bx) \qquad (3-23)$$

符号同前。

每一行程能够收集垃圾的集装点可以由下式估算：

$$N_r = 60 P_{scs} n / t_P \qquad (3-24)$$

式中，n 为收集工人数，人；t_P为每个集装点需要的集装时间；人·min/点；其余符号同前。

每次行程的集装点数确定后，即可用下式估算收集车的合适车型尺寸(载重量)：

$$V = V_p N_p / r \qquad (3-25)$$

式中，V_p为每一集装点收集的垃圾平均量，m^3/次；其余符号同前。每周的行程数，即收集次数：

$$N_w = T_p F / N_p \qquad (3-26)$$

式中，T_p为集装点总数，点；F 为每周容器收集频率，次/周；其余符号同前。

七、收集车辆

1. 收集车类型

不同地域各城市可根据当地的经济、交通、垃圾组成特点、垃圾收运系统的构成等实际情况，开发使用与其相适应的垃圾收集车。国外垃圾收集清运车类型很多，许多国家和地区都有自己的收集车分类方法和型号规格。尽管各类收集车构造形式有所不同(主要是装车装置)，但它们的工作原理有共同点，即规定一律配置专用设备，以实现不同情况下城市垃圾装卸车的机械化和自动化。一般应根据整个收集区内不同建筑密度、交通便利程度和经济实力选择最佳车辆规格。按装车形式大致可分为前装式、侧装式、后装式、顶装式、集装箱直接上车等。车身大小按载重量分，额定量约 10～30t，装载垃圾有效容积为 6～25m^3(有效载重量约 4～15t)。

我国目前尚未形成垃圾收集车的分类体系，型号规格和技术参数也无统一标准。近年来环卫部门引进配置了不少国外机械化自动化程度较高的收集车，并开发研制了一些适合国内具体情况的专用垃圾收集车。为了清运狭小里弄小巷内的垃圾，许多城市还有数量甚多的人力手推车、人力三轮车和小型机动车作为清运工具。

在美国，用于居民的和商业部门的废物收集卡车都装有叫做装填器的压紧装置，这种卡车在大小和设计上各不相同，常规的装载量为 $12m^3$ 和 $15m^3$。当废物是预先装在纸袋中时，也常用其他类型的卡车。然而，多数城市使用某种类型的装填器。这些卡车装有液压压紧机，可把松散的废物由容重 $35kg/m^3$ 压实到 200～240 kg/m^3。后部装载的卡车有一个低的上料台，便于倾倒垃圾桶。这些卡车可将废物压实到很高的密度，使总装载量等于允许的轴向承载。

下面简要介绍几种国内常使用的垃圾收集车。

(1)简易自卸式收集车

这是国内最常用的收集车，一般是在解放牌或东风牌货车底盘上加装液压倾卸机构和垃圾车以改装而成(载重量约 3～5t)。常见的有两种形式。一是罩盖式自卸收集车，为了防止运输途中垃圾飞散，在原敞口的货车上加装防水帆布盖或框架式玻璃钢罩盖，后者可通过液压装置在装入垃圾前启动罩盖，要求密封程度较高；二是密封式自卸车，即车厢为带盖的整体容器，顶部开有数个垃圾投入口。简易自卸式垃圾车一般配以叉车或铲车，便于在车厢上方机械装车，适宜于固定容器收集法作业。

(2)活动斗式收集车

这种收集车的车厢作为活动敞开式贮存容器，平时放置在垃圾收集点。因车厢贴地且容量大，适宜贮存装载大件垃圾，故亦称为多功能车，用于移动容器收集法作业。

(3)侧装式密封收集车

这种车型为车辆内侧装有液压驱动提升机构，提升配套圆形垃圾桶，可将地面上垃圾桶提升至车厢顶部，由倒入口倾翻，空桶复位至地面。倒入口有顶盖，随桶倾倒动作而启闭。国外这类车的机械化程度高，改进形式很多，一个垃圾桶的卸料周期不超过 10 秒钟，保证较高的工作效率。另外提升架悬臂长、旋转角度大，可以在相当大的作业区内抓取垃圾桶，故车辆不必对准垃圾桶停放。

(4)后装式压缩收集车

这种车是在车厢后部开设投入口，装配有压缩推板装置。通常投入口高度较低，能适应居民中老年人和小孩倒垃圾，同时由于有压缩推板，适应体积大、密度小的垃圾收集。这种车与手推车收集垃圾相比，工效提高 6 倍以上，大大减轻了环卫工人的劳动强度，缩短了工作时间，另外还减少了二次污染，方便了群众。

2. 收集车数量配备

收集车数量配备是否得当，关系到费用及收集效率。某收集服务区需配备各类收集车辆数量多少可参照下列公式计算：

简易自卸车数＝该车收集垃圾日平均产生量/车额定吨位×日单班收集次数定额×完好率

式中，垃圾日平均产生量按式(3－6)计算；日单班收集次数定额按各省、自治区环卫定额计算；完好率按85%计。

多功能车数＝收集垃圾日平均产生量/车厢额定容量×
箱容积利用率×日单班收集次数定额×完好率

式中，箱容积利用率按50%～70%计；完好率按80%计；其余同前。

侧装密封车数＝该车收集垃圾日平均产生量/桶额定容量×桶容积利用率×
日单班装桶数定额×日单班收集次数定额×完好率

式中，日单班装桶数定额按各省、自治区环卫定额计算；完好率按80%计；桶容积利用率按50%～70%计；其余同前。

3. 收集车劳力配备

每辆收集车配备之收集工人，需按车辆之型号与大小、机械化作业程度、垃圾容器放置地点与容器类型等情形而定，最终需从工作经验的逐渐改善而确定劳力。一般情况，除司机外，人力装车的3t简易自卸车配2人；人力装车的5t简易自卸车配3～4人；多功能车配1人；侧装密封车配2人。

4. 收集次数与作业时间

垃圾收集次数，在我国各城市住宅区、商业区基本上要求及时收集，即日产日清。在欧美各国则划分较细，一般情形，对于住宅区厨房垃圾，冬季每周两三次，夏季至少三次；对旅馆酒家、食品工厂、商业区等，不论夏冬每日至少收集一次；煤灰夏季每月收集两次，冬季改为每周一次；如厨房垃圾与一般垃圾混合收集，其收集次数可采取二者之折中或酌情而定。国外对废旧家用电器、家具等庞大垃圾则定为一月两次，对分类贮存的废纸、玻璃等亦有规定的收集周期，以利于居民的配合。垃圾收集时间，大致可分昼间、晚间及黎明三种。住宅区最好在昼间收集，晚间可能骚扰住户；商业区则宜在晚间收集，此时车辆行人稀少，可增快收集速度；黎明收集，可兼有白昼及晚间之利，但集装操作不便。总之，收集次数与时间，应视当地实际情况，如气候、垃圾产量与性质、收集方法、道路交通、居民生活习俗等而确定，不能一成不变，其原则是希望能在卫生、迅速、低价的情形下达到垃圾收集目的。

八、城市生活垃圾的运输

城市生活垃圾运输是废物收运系统的主要环节，也是在整个系统中研究最多的一个方面。它涉及的范围很广，例如：生活垃圾的运输方式，收运路线的规划设计，废物运输使用的专用收运机具、废物运输机具，集运点管理等。世界各国对生活垃圾收运环节都比较重视，一方面努力提高垃圾收运的机械化、卫生化水平，另一方面在稳步实现垃圾运输管理的科学化。废物运输的主要目的是把城市内的生活垃圾及时清运出去以免其影响到市容卫生环境。

在城市生活垃圾的收运管理上，每个城市都根据本市的实际情况制订了城市垃圾收集、运输和管理方案，同时也投入大量资金购置专用垃圾运输车辆和辅助机具以及用于城市垃圾运输的日常消费。据统计，城市生活垃圾收集和运输费用一般占整个收运处理费用的70%左右。由于城市垃圾的产量、质量不断变化，综合治理日益困难，同时，城市居民对城市环境质量要求日益提高，为确保城市居民清洁、优美的生活和劳动环境，各城市都把城市生活垃圾的卫生收运视为急需解决的共同课题。

现行的城市生活垃圾收运方法主要有车辆收运法和管道输送法两种类型，其中车辆收运法应用非常普通，车辆收运法是指使用各种类型的专用垃圾收集车与容器配合，从居民住宅点或街道把废物和垃圾运到垃圾中转站或处理场的方法。采取这种收运方法，必须配备适用的运输工具和停车场。

综合分析目前世界各国城市固体废物收运现状和发展趋势，车辆收运法在相当长的时间内，仍然是废物运输的主要方法。因此，努力改进废物收运的组织、技术和管理体系，提高专用收集车辆和辅助机具的性能和效率是很有意义的。

管道输送法是指应用于多层和高层建筑中的垃圾排放管道。排放管道有两种类型：

①气动垃圾输送管道，它是结构复杂的输送系统，可以把垃圾直接输送到处理场。

②普遍排放通道。严格讲，这种管道排放法只是废物收运的前一部分。垃圾由通道口倾入后集中在垃圾通道底部的储存间内，需要由清洁工人掏运堆放在集中堆放点，再由垃圾车清运出去。

工业发达国家城市废物机械化收运水平较高，管理体系也比较完善。使用的运输机具是各种不同规格的密闭式垃圾车。各国的城市环境卫生由城市清扫局和私人经营的废物收运公司负责。在收运管理方面，各城市根据本市的城市布局和废物收运的实际需要，制定了垃圾收运和道路清扫路线。清洁工人只需按图进行垃圾收运和道路清扫作业，初步实现了废物运输管理的科学化。

发展中国家各城市废物收运机械化水平不高，机具比较简单，目前主要依靠普通卡车和其他运输工具进行收运作业。城市道路清扫也主要依靠人工清扫作业。只是一些主干线进行机械清扫或喷洒作业。随着发展中国家的工业飞速发展，发展中国家城市废物收运的机械化水平在稳步提高。

我国城市固体废物收运的机械化水平在近十几年提高很快，废物收运体系已经具有一定规模。密闭式废物收运机具在许多城市得到应用，虽然普及率还不广，但使用量在稳步扩大，除侧装式、后装式和密闭式垃圾车之外，占很大比例的垃圾车是车厢敞开式的自卸垃圾车。即在标准底盘上加装液压千斤顶倾斜车厢内垃圾的简易垃圾车。部分城市将普通垃圾车与叉车匹配进行城市垃圾收集作业，为避免垃圾飞扬，散发臭味，污染环境，一般在垃圾收运作业时，采取加盖的方法。但是，许多中小城市在垃圾收运方面还没有完全放下铁锹，收运机具比较简陋，卫生条件也较差，有待于逐步改善。

从城市建筑结构讲，我国很多城市为旧式居民区，建筑密度大，在城市布局上大街小巷占了很大比例，这也必然导致了垃圾收运状况不理想，但随着城市建设的不断发展，老城区的改造和新区的开发建设迅速展开，给实施废物机械化收运创造了条件，我国城市废物清运总趋势是逐步向机械化、卫生化迈进。

选择收集和运输城市生活垃圾方法时，必须综合考虑城市建筑的性质和层数、城市的基本构成、城市公用设施的完善程度，采取的废物无害化处理和综合利用方法以及该收运方法应用于该城市条件下的经济性。一切收运方式都需要具备相应的物质基础(设备、各种建筑和运输工具等)。

九、城市垃圾的收运路线

在城市垃圾收集操作方法、收集车辆类型、收集劳力、收集次数和作业时间确定以后,就可着手设计收运路线,以便有效使用车辆和劳力。在城市生活垃圾收运系统中,研究最多的就是卡车由住户到住户的运动路线问题。收集清运工作安排的科学性、经济性关键就是合理的收运路线,因为路线的选择可以极大地影响收集效率。对于一个居民区,路线的改变可能会节约相当数量的费用。国外对此十分重视。为了提高垃圾收运水平,不少国家都制定了垃圾车收运线路图。例如德国的城市垃圾收运系统比较完备,各清扫局都有垃圾车收集运输路线图和道路清扫图,收运路线图和清扫图把全市分成若干个收集区,明确规定扫路机的清扫路线以及这个地区的垃圾收集日、收集容器的数量及其车辆行驶路线等,收集地区的容器数量和安放位置等在路线图上都有明确标记,司机只需按照路线图的标志,在规定的收集日按收运路线去收集垃圾或进行清扫作业。一般地,收集线路的设计需要进行反复试算过程,没有能应用于所有情况的固定规则。

一条完整的收集清运路线大致由"实际路线"和"区域路线"组成。前者指垃圾收集车在指定的收集内所行驶经过的实际收集路线,又可称为微观路线;后者指装满垃圾后,收集车为运往转运站(或处理处置场)需走过的地区或街区。

1. 实际路线的设计

收运路线设计的主要问题是卡车如何通过一系列的单行线或双行线街道行驶,以使得整个行驶距离最小。换句话说,其目的就是使空载行程最小,这样整个收集过程就最有效、最经济。如果能制定出一条空载行程最小的路线,那么这条路线就是最有效的收集路线。

消除空载行程的设计问题,实际上国外早在1736年便着手了。经过多年的研究工作及多名数学家的归纳总结,提出了一整套用于确定实际路线的法则,其中有

些是普通的见解,有些则是确定整个网络策略的指南:

①行驶路线不应重叠,而应紧凑和不零散。

②起点应尽可能靠近汽车库。

③交通量大的街道应避开高峰时间。

④在一条线上不能横穿的单行街道应在街道的上端连成回路。

⑤一头不通的街道在街道右侧时应予以收集。

⑥小山上废物应在下坡时收集,便于卡车下滑。

⑦环绕街区尽可能采用顺时针方向。

⑧长而笔直的路应在形成顺时针回路之前确定为行驶路线。

⑨绝不要用一条双行街道作为节点唯一的进出通路,这样可以避免180°的大转弯。

根据如上所述的这些法则,在研究探索较合理的实际路线时,需考虑以下几点:每个作业日每条路线限制在一个地区,尽可能紧凑,没有断续或重复的线路;平衡工作量,使每个作业、每条路线的收集和运输时间都合理地大致相等;收集路线的出发点从车库开始,要考虑交通繁忙和单行街道的因素;在交通拥挤时间,避免在繁忙的街道上收集垃圾。

2. 区域路线的设计

对于一个小型的独立的居民区,确定区域路线的问题就是去寻找一条从路线的终端到处置地点之间最直接的道路。而对于区域较大的城区,通常可以使用分配模型来拟制区域路线,从而获得最佳的处置与运输方案。所谓的分配模型,其基本概念是在一定的约束条件下,使目标函数达到最小。在区域路线设计工作中使用该模型可以将其优点极大地发挥出来。该技术中使用最多的是线性规划。

最简单的分配问题是对于有多个处置地点的固体废物的分配最优化。显然最常用的办法是将最近处的废物源首先分配,然后是下一个最靠近的,依次类推。而对于较复杂的系统,有必要应用最优化技术。运输规则系统是最适宜的最优化方案,它是一种线性规划。

假定有一个简单的系统,如图3-5所示。将4个废物源地区产生的垃圾(用收集区的矩心表示)分配到两个处置场所。目标是达到成本最低。

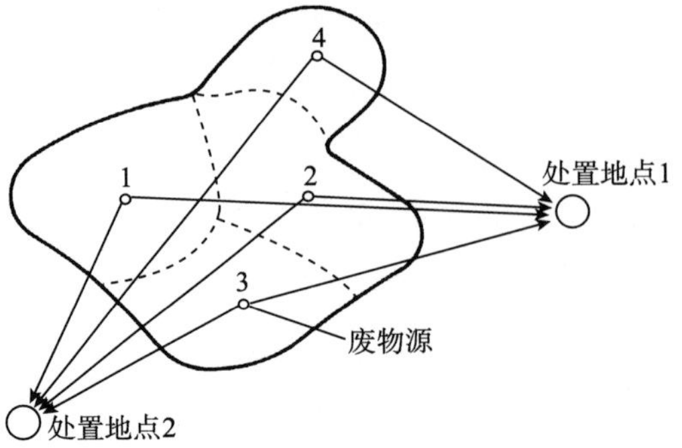

图 3-5　废物分配方案

同时，必须满足几项要求（最优化模型中的约束条件）：

①每一个处置场所（例如填埋场）的能力是有限的。

②处置废物的数量必须等于废物的产生量。

③收集路线矩心不能充当处置地点，从每个收集区运来的废物总数量必须≥0。采用下述符号：

X_{ik}——单位时间内从废物源 i 运到处置地点 k 的废物数量；

C_{ik}——单位数量废物从废物源 i 运到处置地点 k 的费用；

F_k——在处置地点 k 按单位数量废物计算的处置费用（包括投资和工作费用）；

B_k——处置地点 k 的处置能力，用单位时间内处置的废物量表示；

W_i——在废物源 i 处，单位时间内产生的废物总数量。

N_i——废物源 i 的数量；

k——废物处置场所 k 的数量。

此问题归结起来是使以下目标函数值为最小：

根据上述要求此约束条件为：

$$\sum_{i=1}^{N}\sum_{k=1}^{K}X_{ik}C_{ik}+\sum_{k=1}^{N}\left(F_k\sum_{I=1}^{N}X_{ik}\right)$$

约束条件 1（对于所有的 k）：

$$\sum_{i=1}^{N}X_{ik}\leqslant B_k$$

约束条件 2（对于所有的 i）：

$$\sum_{k=1}^{K} X_{ik} = W_i$$

约束条件 3(对于所有的 i、k)：

$$X_{ik} \geqslant 0$$

在目标函数中，第一项是运输费用，第二项是处置费用。

3. 设计收运路线的一般步骤

设计收集路线的一般步骤包括：准备适当比例的地域地形图，图上标明垃圾清运区域边界、道口、车库和通往各个垃圾集装点的位置、容器数、收集次数等，如果使用固定容器收集法，应标注各集装点垃圾量；资料分析，将资料数据概要列为表格；初步收集路线设计；对初步收集路线进行比较，通过反复试算进一步均衡收集路线，使每周各个工作日收集的垃圾量、行驶路程、收集时间等大致相等，最后将确定的收集路线画在收集区域图上。

例：收集路线的设计。

如图 3-6 所示为某收集服务区域。试设计拖曳容器系统与固定容器系统的收集路线(第一步已在图上完成)。两种收集操作方法若在每日 8h 中必须完成收集任务，试确定处置场距 B 点的最远距离可以是多少。

已知有关数据和要求如下：

1)收集次数为每周两次的集装点，收集的时间要求在星期二、五两天；

2)收集次数为每周 3 次的集装点，收集的时间要求在星期一、三、五三天；

3)各集装点容器可以位于十字路口任何一侧集装；

4)收集车辆在 A 点，从 A 点早出晚归；

5)拖曳系统按交换模式；

6)拖曳系统操作从星期一至星期五每天进行收集；

7)拖曳系统操作数据：

①容器集装与放回时间均为 0.033h/次；

②卸车时间为 0.053h/次。

8)固定容器收集系统每周只安排 4 天(星期一、二、三、五)，每天行程一次；

9)固定容器收集系统的收集车选用35m³的后装式压缩车，压缩比为2；

10)固定容器系统操作数据：

①容器卸空时间为0.050h/个；

②卸车时间为0.10h/次；

③集装点平均行驶时间估算常数a=0.060h/次，b=0.067h/km。

11)确定两种收集操作的运输时间。运输时间常数为a=0.080h/次，b=0.025h/km；

12)非收集时间系数均为0.15。

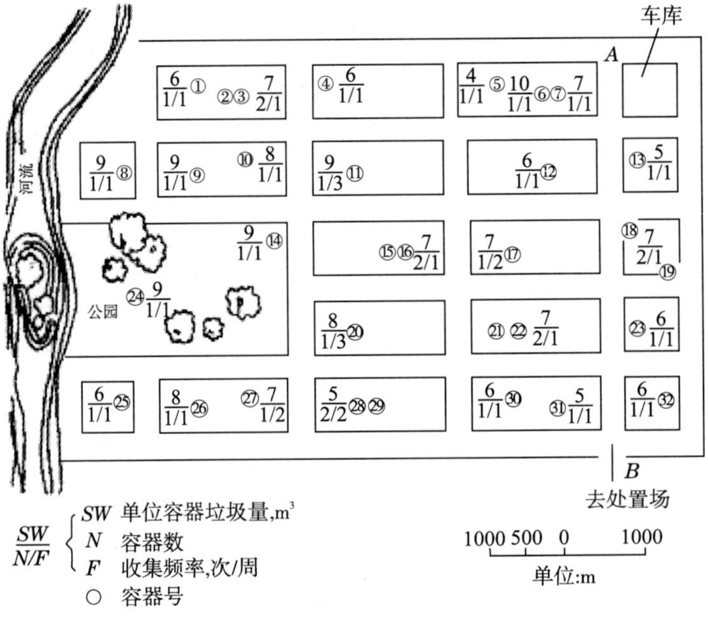

图3-6 某住宅区地形图

解：

(1)拖曳容器系统的路线设计

1)路线设计的第二步：根据图3-6提供的资料进行分析、列表。

收集区域共有集装点32个，其中收集次数每周3次的有11和20两个点，每周共收集6次行程，时间要求在星期一、三、五；收集次数两次的有17、27、28、29四个点，每周共收集一次，共收集8次行程，时间要求在星期二、五；其余26个点，每周收集一次，共收集 26 次行程，时间要求在星期一至星期五。合理的安排是使每周各个工作日集装的容器数大致相等以及每天的行驶距离相当。3 种收集次数的集装点，每周共需行程 40 次，因此平均安排每天收集 8 次，分配办法列成见表 3-19。

表 3-19　容器收集安排

收集次数/周	集装点数	行程数/周	每日倒空的容器数				
			星期一	星期二	星期三	星期四	星期五
1	26	26	6	4	6	8	2
2	4	8		4			4
3	2	6	2		2		2
共计	32	40	8	8	8	8	8

2)通过反复试算，设计均衡的收集路线(第三、四步)

在满足表 3-19 规定的次数要求的条件下，找到一种收集路线方案，使每天的行程大致相等。每周收集路线设计与距离计算结果表见 3-20。

表 3-20　拖曳容器系统每周收集路线设计与距离计算结果

收集顺序	星期一		星期二		星期三		星期四		星期五	
	收集路线	距离(km)	收集路线	距离(km)	收集路线	距离(km)	收集路线	距离(km)	收集路线	距离(km)
	$A\to1$	6	$A\to7$	1	$A\to3$	2	$A\to2$	4	$A\to13$	2
1	$1\to B$	11	$7\to B$	4	$3\to B$	7	$2\to B$	9	$13\to B$	5
2	$B\to9\to B$	18	$B\to10\to B$	16	$B\to8\to B$	20	$B\to6\to B$	12	$B\to5\to B$	16
3	$B\to11\to B$	14	$B\to14\to B$	14	$B\to4\to B$	16	$B\to18\to B$	6	$B\to11\to B$	14
4	$B\to20\to B$	10	$B\to17\to B$	8	$B\to11\to B$	14	$B\to15\to B$	8	$B\to17\to B$	8
5	$B\to22\to B$	4	$B\to26\to B$	12	$B\to12\to B$	8	$B\to16\to B$	8	$B\to20\to B$	10
6	$B\to30\to B$	6	$B\to27\to B$	10	$B\to20\to B$	10	$B\to24\to B$	16	$B\to27\to B$	10
7	$B\to19\to B$	6	$B\to28\to B$	8	$B\to21\to B$	4	$B\to25\to B$	16	$B\to28\to B$	8
8	$B\to23\to B$	4	$B\to29\to B$	8	$B\to31\to B$	0	$B\to32\to B$	2	$B\to29\to B$	8
	$B\to A$	5	$B\to A$	5	$B\to A$	5	$B\to A$	5	$B\to A$	5
共计		84		86		86		86		86

3)确定 B 点到处置场的最远距离

①求出每次行程的集装时间：

由于是交换模式，故每次行程时间不包括容器间行驶时间，根据式(2－6)求得

$$P_{hcs}=t_{pc}+t_{uc}=0.033+0.033=0.066(\text{h/次})$$

②利用式(2-10)可求得往返运输距离：

$N_d=(1-\omega)\times H/(P_{hcs}+S+a+bx)$

$8=(1-0.15)\times 8/(0.066+0.053+0.080+0.025x)$

得出 x=26(*km*/次)

③确定从 *B* 点到处置场距离：

因为运输距离 x 包括收集距离在内，将其扣除后除以往返双程，便可得从 *B* 点到处置场最远单程距离：

(26-86/8)/2=7.63(*km*)

(2)固定容器系统的路线设计

1)用相同的方法求得每天需收集的垃圾量，见表 3-21。

表 3-21　每日垃圾收集量安排

收集次数(周)	总垃圾量(m^3)	每日收集的垃圾量(m^3)			
		星期一	星期二	星期三	星期五
1	1×178	51	45	53	29
2	2×24		24		24
3	3×17	17		17	17
共计	277	68	69	70	70

2)根据所收集的垃圾量，经反复试算制定均衡的收集路线，A 点和 B 点间的每日行驶距离见表 3-22，每日收集路线见表 3-23。

表 3-22　固定容器收集操作法 A 点和 B 点间的每日行驶距离

星　期	一	二	三	五
行驶距离(km)	26	28	26	22

表 3-23　固定容器收集操作法收集路线的集装次序

星期一		星期二		星期三		星期五	
收集顺序	垃圾量(m^3)	收集顺序	垃圾量(m^3)	收集顺序	垃圾量(m^3)	收集顺序	垃圾量(m^3)
13	5	2	7	18	7	3	7
7	7	1	6	12	6	10	8
6	10	8	9	11	9	11	9
4	6	9	9	20	8	14	9

续表

星期一		星期二		星期三		星期五	
收集顺序	垃圾量(m^3)	收集顺序	垃圾量(m^3)	收集顺序	垃圾量(m^3)	收集顺序	垃圾量(m^3)
5	4	15	7	24	9	17	7
11	9	16	7	25	4	20	8
20	8	17	7	26	8	27	7
19	7	27	7	30	5	28	5
23	6	28	5	21	7	29	5
32	6	29	5	22	7	31	5
总计	68	总计	69	总计	70	总计	70

3)从表 3-23 中可以看出，每天行程收集的容器为 10 个，故容器间的平均行驶的距离为：

(26＋28＋26＋22)/(4×10)＝2.55(km)

利用式(2－14)可以求出每次行程的集装时间：

$$P_{scs}=c_t(t_{uc})+(N_p-1)(t_{dbc})$$

＝10(0.05＋0.06＋0.067×2.55)

＝2.81(h/次)

4)利用式(2－18)可求得 B 点到处置场的往返运距：

$P_{scs}=(1-\omega)H/N_d-(S+a+bx)$

2.81＝(1－0.15)×8/1－(0.10＋0.08＋0.025x)

x＝152.5(km)

5)确定从 B 点至处置场的最远距离：

152.5/2＝76.2(km)

十、城市生活垃圾收运模式的设计要求

城市生活垃圾从收集、运输、中转到处理，构成了生活垃圾的处置系统。各个环节的合理配置、协调配合可获得最大的环境、社会和经济效益，相反则会造成环境的污染、劳动条件的恶化和费用支出的增加。前面已经介绍过，城市生活垃圾收运系统是由处置系统中的收集、运输及中转 3 个环节组成，其硬件主要有各种收集和运输车辆(机械)、输送设备、转运设备和辅助设备(如收集容器等)，而相应的操

作规程、管理制度和作业方式等为该系统的支持软件。

城市生活垃圾收运模式的设计是在以下条件下进行的：

①已按照可持续发展要求确定了生活垃圾处理的方针、政策；

②对生活垃圾的产量及成分作了预测；

③已经确定了生活垃圾处理方法及选定了处理地点。

十一、垃圾收运模式的衡量标准

衡量一个垃圾收运系统的优劣应从以下几个方面进行：

(1)与系统前后环节的配合

合理的收运系统应有利于垃圾由产生源向系统的转移，而且具有卫生、方便、省力的优点。收运系统与垃圾处理之间应协调，其中包括工艺协调、接合点协调。

工艺协调指的是收集系统必须与所在城市所采用的垃圾处理工艺的协调，必须根据具体的处理工艺来确定收集的方式等。而接合点的协调是指收运系统与垃圾处理厂(场)接合点的协调，通常为垃圾运输(或中转)车辆与处理厂(场)卸料点的配合。

(2)对环境的影响

垃圾收运系统对环境的影响有对外部环境的影响和内部环境的影响之分。应严格避免系统对外部环境的影响，包括垃圾的二次污染、嗅觉污染、噪声污染和视觉污染等，对系统内部环境的影响是指作业环境的不良。

(3)劳动条件的改善

一个合理的收运系统应最大限度地解放劳动力，降低操作工人的劳动强度，改善劳工条件。因此，合理的收运系统应具有较高的机械化、自动化和智能化程度。

(4)经济性

经济性是衡量一个收运系统优劣的重要指标。其量化的综合评价指标是收运单位量垃圾的费用，简称单位收运费。影响单位收运费的因素很多，主要有收运方式、运输距离、收运系统设备的配置情况及管理体系等。

十二、收运系统模式的设计

1. 收运系统模式的设计内容

①确定采用有中转收运模式或无中转收运模式；
②确定生活垃圾收集方式，即流动车辆收集或收集站收集；
③配置系统硬件（包括车辆、中转站布点及设备等）；
④制订作业规程。

2. 收集系统模式设计的一般步骤

①进行城市生活垃圾产量、成分统计及预测，生活垃圾分布及预测；
②按照可持续发展要求，制订城市生活垃圾处理规划，包括处理工艺的确定、处理厂（场）的布点及处理能力确定；
③按照整洁、卫生、经济、方便、协调原则确定生活垃圾收集方式；
④按照经济、协调原则确定是否要采用中转；
⑤按照经济、协调原则及城市基本情况（如道路等）配置系统硬件；
⑥根据经济、协调及系统硬件的特性制订作业规程。

收运系统模式设计一般需要有一个反复的过程，通过各种因素的比较和权衡，最后获得最佳的生活垃圾收运模式。

第七节　城市固体废物管理规划方案的确定与优化

一、规划方案确定的流程

规划方案的确定，指的是人们为了实现某一特定的目标，在拥有系统信息的基础上，根据各种客观条件和种种备选行动方案，借助于科学的理论和方法，进行必要的计算、分析判断，从备选行动方案中选择一个有利于实现特定目标的最佳行动方案，或是选择一个有利于实现特定目标的、决策者认为满意的行动方案。

依照现代决策理论，决策过程包含着 4 个基本程序环节：

①找出问题、明确目标；

②拟订多种可行方案；

③比较和选择最佳行动方案；

④对规划进行试点，将检验的结果反馈给决策者，使之能修正优化方案，最终能实施规划。

二、规划方案选择的方法

固体废物规划过程中，常常遇到系统评价和优化的问题，比如各类固体废物最优收集方案，最佳收运、处理、处置方案，处理设施选址等。对于每个方案从社会、经济、环境三个方面的效益进行分析，最后确定各个方案的优先顺序，并确定推荐的规划方案。解决这类问题常用的方法：

1. 数学规划方法

数学规划方法是指利用数学规划最优化技术做环境规划决策分析的一类技术方法。从决策分析的角度来看，需要根据规划系统的具体特征，结合数学规划方法的基本要求，将环境系统规划决策问题概化为在预定的目标函数和约束条件下，对由若干决策变量所代表的规划方案，进行优化选择的数学规划模型。

目前，常用的方法主要有线性规划、非线性规划、动态规划等。

(1)线性规划

线性规划是研究多变量函数在变量具有约束条件下的最优化问题，它是运筹学重要的分支之一，是目前发展得最成熟的优化技术方法。

求一组变量 X_j（$j=1,2,\cdots,$）满足条件约束条件或约束方程

$$\begin{cases}\sum_{j=1}^{n} a_{ij} X_j \gtreqless b_i \ (b_i \geqslant 0, i = 1,2,\cdots,m), \\ X_j \geqslant 0 \ (j = 1,2,\cdots,n), \end{cases}$$

使目标函数

$$f = \sum_{j=1}^{n} C_j X_j = \min(\text{或} \max)$$

式中，X_j 为决策变量；a_{ij} 为约束条件中的决策变量系数；b_i 为资源限；C_j 为目标函数中的决策变量系数；f 为决策目标。

约束方程的任一组解为线性规划问题的一个可行解，可行解的全体为该问题的可行解集合（可行域），使目标函数取得极值的可行解为最优解。

求解线性规划模型的算法很多，除了单纯形算法外，还有两阶段法、大 M 法和 Karnarkar 法等。但是单纯形法是应用最广的一种通用算法，经过多次迭代，可求出线性方程组的最优解。

建立的优化模型必须比较真实地反映系统的实际状态，才能使所得到的解越来越接近最优解。环境的问题在一定程度上都是非线性的，完全靠线性的模型无法准确反映问题的实质，因此，非线性规划模型正日益受到广泛的重视。

(2)非线性规划

非线性规划是研究在一组线性与（或）非线性约束条件下，寻求某个非线性或线性目标函数的最大值或最小值问题。非线性规划问题通常可用数学模型表示为：

$$\text{目标函数} \ \max(\min) f(x)$$

$$\text{约束条件} \begin{cases} h_i(x) = 0 & (i = 1,2,\cdots,m) \\ g_j(x) \geqslant 0 (\text{或} \leqslant 0) & (j = 1,2,\cdots,n), \end{cases}$$

式中，$x = (x_1, x_2, \cdots, x_n)^T \in E^n$

在优化设计时，非线性规划模型应用较多，非线性规划模型有许多求解算法，例如拟线性规划法、拉格朗日乘子法、梯度法（微分法）、广义简约梯度法、乘函数法以及各种改进或组合算法等。许多非线性规划模型的求解都是通过增加一些改进策略或措施，以求解线性规划模型为基础，寻找有效的求解途径。

(3)动态规划

动态规划(Dynamic Programming)是一种求解多阶段决策过程最优化的方法。动态规划要求计算机的内存大和较长的运行时间,有时甚至不能得到最优解。此外,动态规划技术没有统一的标准,也没有构造模型的通用方法,甚至没有判断一个问题能否构成动态规划模型的准则。因此,在实际应用中只能根据问题的不同类型,进行具体分析,构造具体模型。

2. 费用—效益分析法

费用—效益分析是指通过权衡效益与费用来评价项目可行性的一种分析方法。基本任务是分析计算规划活动方案的费用和效益,然后通过比较评级从中选择净效益最大的方案提供决策。它是一个典型的经济决策分析框架。将其引入固体废物管理规则中,可作为一项工具手段以进行固体废物管理规划的决策分析。

费用—效益分析的基本程序如下:

①明确问题。首要的工作是弄清楚规划方案中各项活动所涉及环境问题的内容、范围和时间尺度,从而为规划方案的环境影响识别分析奠定基础。

②环境问题与受纳体影响关系确定。重要的前提工作是确定一项环境资源的功能。在环境功能分析确定基础上,进一步的工作是对环境质量与环境受纳体的影响,即剂量反应关系进行识别确定,这是环境效益分析的关键。对受纳体环境影响的估计,即剂量反应关系确定主要包括以下内容:估计环境质量变化的时空分布,估计受纳体在环境质量变化中的暴露程度,估计暴露对受纳体产生的物理、化学和生物反应。

③备选方案的环境影响分析。针对不同规划方案进行改善环境质量的定量化影响估计是环境效益或损失计算的前提,这一工作的有效程度取决于人为活动对环境质量及受纳体影响关系的识别确定。

④备选方案的费用/效益计算。为了使规划方案的影响效果具有可比性,费用—效益分析方法采取了将规划方案的定量化损失/效益统一为货币形式的表达方式。从决策分析的角度看,环境费用—效益分析的货币化过程,实质是将决策的多种目标统一为单一经济目标的过程。

⑤备选方案的费用/效益评价。当完成备选方案的费用、效益货币化计算后，可通过适当的评价准则进行不同方案的比较，完成最佳方案的筛选。

3. 多目标决策分析方法

多目标决策分析与传统单目标优化的最大区别在于其决策问题中具有多个相互冲突的目标，其目标体系如图 3-7 所示。总目标是决策层希望达到的总要求或状态，通过逐层分解，得到下层目标或子目标。为了便于考察，易于决策，需要对最底层目标给出相应的属性，即目标属性，使其具有可理解性和可预测性。

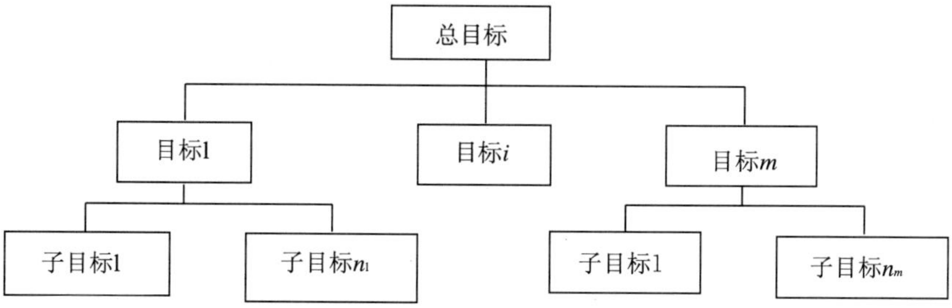

图 3-7　多目标体系图

决策方案的多目标评价选择：任一多目标决策问题，对其任意两个方案 A_i、A_j 进行比较时，必定出现以下三种情况之一：

①方案 A_i 优于 A_j；

②方案 A_i 劣于 A_j；

③方案 A_i 与 A_j 难分优劣，即方案 A_j 部分目标值要好于 A_i，但其他目标值要劣于 A_i。

通过两两比较可以直接舍弃的方案称为劣解，如上述①和②。第三种情况称为非劣解。

可以看出，多目标决策问题一般已不存在通常意义下的最优解，对此，只有根据决策者对其变化的偏爱满意程度，才能确定最终决策。

多目标决策，就是基于上述概念，运用种种数学支持技术，来处理以下问题：

①根据所建立的多个目标，找出全部或部分非劣解。

②设计一些程序识别决策者对目标函数的意愿偏好，从非劣解集中选择合适

的“非劣解”。

(1)矩阵法

矩阵法是处理有限方案多目标决策问题最简单而直观的评价方法。

设一决策问题，$x_1,x_2,x_3,\cdots,x_n$ 是决策问题的 n 个目标(属性)，$A_1,A_2,\cdots,A_m$ 是满足 n 个目标要求的 m 个可行方案，在此基础上，可建立决策评价矩阵表。

	x_1	x_2	……	x_j	……	x_n	V_j
	w_1	w_2	……	w_j	……	j_n	
A_1	V_{11}	V_{12}	……	V_{1j}	……	V_{1n}	V_1
A_2	V_{21}	V_{22}	……	V_{2j}	……	V_{2n}	V_2
A_i	V_{i1}	V_{i2}	……	V_{ij}	……	V_{in}	V_i
A_m	V_{m1}	V_{m2}	……	V_{mj}	……	V_{mn}	V_m

决策矩阵中，V_{ij}代表方案A_i对目标x_j的实现程度，即该方案在目标 x_j下的属性值，w_j为各目标的相对重要性评价值，V_i为各方案A_i在目标属性下的综合评价结果。运用矩阵法进行多目标的方案评价筛选。

(2)层次分析法(Analytic Hierarchy Process)

层次分析法(Analytic Hierarchy Process，AHP)是美国 SaatyAL 于 20 世纪 70 年代提出的一种定性和定量相结合的、系统化的、层次化的分析方法。它适合于结构比较复杂，目标较多且不宜量化的决策问题。由于该方法思路简单，运算方便，能够与人们价值判断推理相结合，因而得到了迅速广泛的应用。

层次分析法的基本步骤：

①明确问题，建立目标、备选方案等要素构成的层次分析结构模型。

②对隶属于同一级的要素，根据评价尺度建立判断矩阵。

③根据判断矩阵，计算确定各要素的相对重要程度。

④计算综合重要度，确定评价方案的优先顺序，提供决策支持。

第四章

城市固体废物管理的制度安排

第一节　制度安排及其作用

制度安排，在最抽象的意义上讲，是指支配经济单位之间和经济单位内部可能合作与竞争的方式的一种安排。例如，市场制度、公司制度、计划体制、用工合同制、经营承包制、各种行业自律制度、各种工作规章制度以及其他各种具体的奖勤（优）罚懒（劣）的规定等，都可以说是一定制度环境（基本经济制度）约束下的制度安排。制度安排可以是正式的，也可以是非正式的，可以是暂时的，也可以是长期的，可以是由社会全体决定或国家规定的，也可以是由少数人决定的或私人商定的。制度安排是新制度经济学使用"制度"一词最通常的含义，制度安排的创新及其变迁机制与制度安排的功能及其绩效是新制度经济学研究制度变迁的重点。制度安排的功能和作用主要是激励与约束；而约束机制不过是激励机制的背面（反向激励），因此，可以认为制度安排的主要功能是提供一种激励机制（如物质奖励、职位升迁、社会声誉等）。

一、制度安排的实施机制与制度绩效的关系

新制度经济学还把制度从形式上划分为正式约束和非正式约束两种类型。其中，宪法、法律、规章、契约等属于有形的（成文的）并在国家或组织强制力作用下实施的正式制度；而价值观念、伦理秩序、道德规范、风俗习惯和意识形态等属于非正式的（不成文的或无形的）并主要在社会舆论和社会成员自律等非强制力或"软约束"作用下实施的制度。我们通常所说的制度（包括制度环境和制度安排），主要是指正式制度（而不是非正式制度）。非正式制度由于下列几个原因，可以看做是正式制度的实施机制的一个组成部分：

①非正式制度（如道德规范）由于本身缺乏有约束力的实施机制（如在现实生活中并不存在着一个所谓"道德法庭"），因此，它本身并不构成一个独立的能真正发挥其效能的制度形态；相反，只有借助于正式制度（如赡养法），它才能真正像一个"制度"那样发挥其效能并使之变成可预期性的行为准则。

②与制度环境和制度安排不一致的非正式制度（如滞后的意识形态），还会阻碍新制度的贯彻实施，增大制度创新和制度实施的阻力和成本。

③非正式制度（如信仰体系）只是个人认知体系用以解释外部社会（制度）环境的内部表象，没有良好的制度环境便没法形成稳定的制度文化（或者说是先有制度结构而后有制度观念而不是相反）；而人们之所以自觉形成和强化一定的制度观念，是因为外部制度环境决定他不这样做就会受损的反向激励的结果。

④与正式制度相一致的非正式制度（一致性意识形态）有助于降低正式制度的运行成本（交易费用），或者国家对道德教育投资的目的不过是为了减少或替代投资于法治（国家机器等）的国家治理成本；因此，非正式制度只有与正式制度相一致或成为正式制度的一个补充（替代）因素才能发挥作用。

总之，由于非正式制度缺乏实施机制而始终是一种"软约束"，或者只有具有制度化（法律化）倾向的道德观念和意识形态才具有约束力；也由于只有与正式制度一致性、反映性和内生性的非正式制度才能为社会的"制度秩序"作出应有的贡献，因此与其把非正式制度看成一种"制度"，不如把它看成是正式制度演进和实施的手段与工

具(即实施机制)。

因此,正式制度中的制度安排的变迁(即制度安排是如何被创新的以及如何从旧的制度安排向新的制度安排转变的)可以看做是新制度经济学研究的重点,而实施机制是制度安排功效得以实现的关键。至于非正式制度(主要是广义的意识形态)则可看成是正式制度安排的实施机制的一个组成部分。

二、影响制度安排实施的主要因素

影响一项制度安排得以实施的制约因素包括:

1. 制度安排的设计是否合理

制度安排的设计必须与制度环境(宪政秩序)、生产力水平、人性假设、人们的道德水准、社会文化心理等基本国情相匹配。

2. 制度安排的供给是否是社会成员(组织)公共选择的结果

制度安排的创新越是具有广泛的民主性、代表性,也即是社会公众公共选择的结果,新的制度安排就越容易得以实施。例如,在农村实施垃圾分类和有机垃圾的沼气化,既尊重了农民的自主权和切身利益,又能增加和政府的收益,是对各利益集团都有利的事情,因而能在部分地区迅速而有效地贯彻实施。相反,有些措施要么损害了许多强势利益集团的利益,要么少数利益集团垄断改革收益而由社会公众来支付成本,因而受到了强烈的阻滞和引起了社会公众的强烈不满(即难以实施)。

3. 制度运行的交易成本的高低

按照科斯的说法,制度运行是有交易成本的(一个相对于生产成本而言的具有普遍性的概念),它包括制度实施过程中维持组织和机构的费用、强制成本、信息成本、监督费用等。某些有效制度(存在潜在利润的制度)之所以不能被供给和实施,是因为制度运行的交易成本太高,以致使人们得不偿失。例如,由于诉讼成本太高、执行难等因素的综合影响,使得人们求助于法律权威的成本太高而收不抵支,因而有可能转而求助于其他不具有合法性的权威(如黑社会性质的暴力)的保护,以至于使法律的尊严和可信度下降,并产生了更大的不公平性。因此,降低司法成本和严肃执法,就是法律制度安排得以实施的先决条件之一。在此值得指出的是,有些法律活动尽管从单个的成本—收益上是不经济的,但从维护社会公正、法律尊严和降低法治的长期成本及提升法治的总体效率上看,仍然是得大于失的。例如,假如为实施垃圾的分类收集,需要在垃圾的收集点设置监督人员来监督各家各户的倒垃圾行为,成本较高,实施难度很大。但是从整个垃圾分类系统的建立角度,没有收集点的监督执法,很可能导致整个垃圾分类收集系统根本无法合理建立,因此,从长期来讲是有效率的。它可以看做是一个文明行为规范建立的必要代价。

4. 信息机制的有效性

在纵向一体化的制度安排中,信息的相对充分性、对称性、可识别性和连续性,以及信息发布主体与信息接受主体的利益一致性或信息兼容性,也是制度安排得以实施的一个重要的前提条件。

5. 制度安排是否完善及相关组织或机构是否健全并受到有效制衡

制度与组织不同,制度是社会游戏规则本身,而组织是玩社会游戏规则的角色或以执行游戏规则为目的的权威机构。制度或游戏规则是否完善,是制度得以实施的基本条件。制度安排得以实施还需有管理归口、机构健全和权力制衡的完善的组织机构系统。这其中,一方面,如果管辖权不归口、职责不清,则易出现政出多门、相互扯皮和法制不统一的现象,并滋生执法过程中的地方和部门保护主义,从而使之不能得以普遍而有效的实施;另一方面,如果执行制度或法律的权力不受到制衡,便易滋生任意解读法律、以情枉法、以法谋私、知法犯法和权大于法的现象,有碍司法公正和法律制度的有效实施。

6. 制度安排执行者的综合素质的高低

制度安排是人创设的,也需要人的实施才能变成现实。因此,在某种意义上讲,制度安排执行者的素质,就是制度得以有效实施的核心和关键,制度安排执行者的素质包括技术性素质和非技术性素质等两个方面。技术性素质是经过专业性教育培训的结果，它是使人成为制度安排执行者的先决条件；非技术性素质是指执行者对制度的主观认识体系的总称，它包括职业道德、价值观念、法制观念、个人品质等许多内容。制度安排执行者的道德素质的提升，一方面有赖于道德教育和自我修为，另一方面有赖于外部的约束（包括外部监督与制衡）以及淘汰机制等。由于缺少良好道德约束或一致性意识形态的制度运行的交易成本是相当高的（甚至可能使有效制度无法实施），因此，非正式制度对正式制度安排的实施是十分必要的。只是与制度安排相一致的意识形态（取其广义）是与制度约束相伴而生的，所以绝不要指望没有制度化的设施而形成制度文化观念。例如，纳税人观念是与为纳税人服务的制度安排结构相伴而生的，我们绝不能指望在一个缺乏为纳税人服务的制度的国度，会产生普遍的强烈的纳税人意识。

7. 违约成本的高低

检验一国的制度实施机制是否有效，主要看其违约成本的高低。如果违约违规行为实际收益大于可能的违约成本，便会产生大量的违约违规行为。

8. 是否存在对制度安排的执行者的奖励机制

一项合理的有效率的正式规则不能实施，往往与对执行者缺乏有效的奖励机制（利益激励机制）有关。在从人治向法治社会转型的过程中以及司法公正尚无有效机制得以实现的情况下，对合格的执行者的奖励就是十分必要的，也会最终有助于依法办事的风气的形成。

三、城市固体废物全过程管理的制度障碍

1. 产权制度障碍

产权制度是一种基础性的经济制度，它不仅对经济效率有重要影响，而且构成了市场制度以及其他许多制度安排的基础。众所周知，生态环境具有公共物品的

属性，资源与环境的产权公共性引发了废物循环利用中的产权制度障碍。

2. 交易成本障碍

废物处理过程中往往存在着不经济性，交易成本也就成为一种制度障碍。

3. 个体与集体非理性障碍

纯经济利益下的个体行为对于社会集体利益而言往往是不理性的，集体的理性由于谈判费用的高昂也难以形成。而公共物品即使能够产生正的净效益，在市场机制下其效率也是极低的，同时，不同的产权安排受益主体不同，并且交易费用不为零，所以需要政府作为公共产品的代理者作出相应的制度安排来调整收益的分配，以平衡各方的利益关系。此时，政府作为市场失灵情况下的调解者与经济护航者，是解决利益冲突时达成协议的核心因素。

四、废物管理的合理政府行为选择

早在20世纪60—70年代，一些西方国家就已经认识到传统的发展模式和制度体系的不足，率先进行了建设循环型社会的制度探索，形成较为完善的制度体系，如德国和日本。合理的政府行为选择需要重视以下几个方面：

1. 立法健全

各国为发展废物综合管理，都提供了较为健全的法律保证。如：美国为废物管理和循环经济发展提供法律保证是从废弃物处理的立法开始的，其后，逐步引入“减量化、再利用、再循环”的循环经济最重要的实际操作3R原则，最终引入消费者付费和生产者责任延伸制度。1965年，美国政府颁布了《固体废物处理法》，经多次修改后确定为《资源保护和回收法》，该法有力地促进了美国废物的综合利用。随后，俄勒冈、新泽西、罗得岛等州从20世纪80年代中期开始，先后制定了促进资源再生、循环的法规。1990年，美国国会通过了《污染预防法》，加州通过了《综合废弃物管理法令》，要求通过源头削减和再循环减少50%废弃物；由7个州组成的联盟规定 40%～50%的新闻纸必须采用再生纸。2000 年 12 月 20 日，克林顿签署了《有机农业法》，该法的实施对美国生态农业的发展具有相当深远的影响。为了降低建筑能耗，2001 美国制定了《能源政策法》等一系列有关环保和节能的法规，同时还制定了《可再生资源市场化促进方案》等细则配合实施。

德国是世界上公认的废物管理有序，发展循环经济起步早、水平高的国家之一。其循环经济起源于垃圾处理，然后逐渐向生产和消费领域扩展和延伸。德国的固体废物管理或者说循环经济发展立法渊源可追溯到 1935 年颁布的《自然保护法》，但真正意义上的环境法律则始于第二次世界大战以后。1972 年德国《废弃物处理法》的出台，标志着德国循环经济探索的开始。第二次世界大战后，德国致力于经济的恢复和发展，迅猛发展经济的同时，垃圾也成倍增加。1972 年以前这些垃圾的处理主要是堆放或焚烧。为使垃圾处置规范化，改善环境质量，《废弃物处理法》的出台，确定了废弃物处理的无害化原则以及处理责任的划分、污染者付费等制度，开启了废弃物排放后的末端处理。1975 年，政府制定了第一个国家废物管理计划，实现了从废物处置向废物利用的转变。1986 年，针对垃圾处理问题，政府在 1972 年有关法律基础上颁布了《废弃物限制处理法》，规定了预防优先和垃圾处理后重复使用原则，并对生产者的责任进行了规定。在此基础上，于 1991 年通过了《包装条例》，规定了各类包装物的回收义务，确定了包装物再生循环利用的目标。这是世界上第一次在国家法律中出现循环经济概念，1996 年《循环经济与废弃物管理法》的生效，对推动德国的循环经济和废物管理发展作用十分明显。

日本 1967 年颁布了《公害对策基本法》。20 世纪 90 年代至今，日本社会对环境保护的呼声越来越高，为解决人口、资源和环境的矛盾，保持可持续发展，日本将建设循环经济社会作为其基本国策，并形成了较健全地发展循环经济的法律体系。1991 年，国会第 20 次修订了 1970 年制定的《废弃物处理法》，并通过了《资源有效利用促进法》。1993 年制定了《环境基本法》，迈出了环境立法从单项法律体系到法典化的重要一步。此后，《容器和包装物的分类收集与循环法》和《特种家用机器循环法》分别在 1995 年和 1998 年获得通过。到 20 世纪 90 年代末，伴随着这 3 项法令的实施，日益增长的公众意识逐渐演变成一种需要，要求改变现存的社会经济体系，并发展一种能使得日本在 21 世纪克服其环境与资源限制的新型社会经济体系。1999

年7月制定的《循环经济规划》指出，要取得环境保护与经济的可持续发展，必须建立起“一种循环型经济体系”，以便将环境保护与节约资源融合到经济活动的各个层面。2000年被命名为日本“资源循环型社会元年”，同年国会通过和修订了《建立循环型社会基本法》、《废弃物处理法》等6项法案，2002年通过了《车辆再生法》。目前日本的循环经济立法是世界上最完备的，它确保了日本成为资源循环利用率最高的国家。

2. 管理原则明晰

依据发达国家的经验，管理原则明晰与否直接关系到废物管理的成效。如：德国制定了完备的废物管理原则：一是预防原则，避免先污染后治理；二是责任原则，要求造成环境损害者承担治理费用；三是参与原则，经济界、公民以及社会团体要参与废物管理。规定生产企业必须有足够的回收废旧产品能力才允许进行生产和销售。为了监督企业发展循环经济和处理垃圾的情况，德国还设立了专门的监督机构，对此给予监督。德国的“绿点系统”作为民间企业发起和创建的废物回收系统，享受政府的免税政策。总之，制度安排较周密，可操作性强，确保了循环经济的发展。

3. 建立生产者延伸责任制，明晰界定各方责任且将废物管理参与意识根植于公众

生产者延伸责任制度，它通过促使生产者对其产品的整个生命周期特别是产品的回收、循环利用和最终处置承担责任，从而降低产品总体的环境影响，通过开发环境责任产品和产品的回收利用达到可持续发展的目的。其实质是对“污染者付费原则”的延伸。具体有以下几种责任类别：

①经济责任。即生产者承担产品生命周期内全部或部分成本，如产品的回收、循环利用或最终处置。

②具体责任。即生产者直接参与废弃产品的管理，负责产品回收以及限制淘汰有毒有害危险材料的使用等。

③信息责任。即生产者应当提供关于产品环境性能的信息，以及该产品如何以环境可接受的方式再利用或再生等信息。

在上述3种形式的责任制度中，将废物管理责任与生产者挂钩，要求生产商对

他们的产品在使用寿命终结之后对环境产生的负面影响应当承担经济和具体的责任，是生产者延伸责任的重要内容。

延伸的生产者责任的核心在于通过延伸生产者责任至产品的整个生命周期，特别是要在产品的“后消费者”时期，来加强对废弃物的管理，促使生产者有效减少废弃物的产生。提高废弃物的回收、再利用和循环利用的比率。生产者应对其产品在整个生命周期过程中对环境的影响承担延伸责任。延伸责任乃生产者义务的新增，生产者既包括产品的制造商，也包括产品的进口商，确定承担延伸责任的生产者的方法既需有原则规定，也需有特殊规定。延伸责任是为消除废弃产品的环境影响而设定，其内容须包含于为消除废弃产品的环境影响而承担的源头预防责任、产品环境信息披露责任、废弃产品回收、处置与循环利用责任。延伸生产者责任原则起源于欧洲，并在欧盟法的适用中得到极大的发展，取得了显著成效。

具体的生产者延伸责任方式有三种：

①自愿方式：指生产者自愿采取措施解决他们的产品在整个生命周期对环境的影响，而不是在政府强制的法律要求下进行。如企业自愿回收产品计划。

②强制方式：指由政府对社会中的各有关方面施加要求来实施。如政府强制企业回收废弃产品，禁止使用某种危险物质和材料等。

③依靠经济手段建立的生产者责任制度。经合组织(OECD)实施生产者延伸责任常用的经济手段包括：产品费、生态税、预付处置费、抵押金返还计划等。

一般认为，对所有的产品实施生产者延伸责任制不可行。当前，生产者延伸责任制主要的实施对象是在废物流中问题突出的产品，其特点是：

①产生量大，如包装物；

②环境风险较大，如高汞电池；

③二者兼而有之，如电子电器产品等。

值得欣喜的是，我国重新修订颁布的《中华人民共和国固体废物污染环境防治法》已明确规定：“生产、销售、进口依法列入强制回收目录的产品和包装物的企业，必须按照国家有关规定对该产品和包装物进行回收。”可见，在城市固体废物管理中引入产品延伸责任制度将是一种趋势和方向。

美国通过法律和相关制度明确各利益相关方的责任，鼓励各方的广泛参与。

尤其是消费者与生产者责任延伸制度，有力地推进了废物循环利用的发展。美国企业在处理废弃物方面责任明确。实施废物循环不仅需要政府的支持和企业的参与，更重要的是提高公众的参与意识。美国十分重视运用各种手段宣传循环经济，美国环保局与全国物质循环利用联合会专门开设网点，宣传有关再生物质的知识，并把每年的11月15日定为“美国回收利用日”。

在德国不断将循环经济理念引入人们的日常生产和消费方式中，公众的资源意识、节约意识、环保意识、忧患意识非常强烈。德国人明白循环经济的特点和优势是可以提高资源的利用率，最大限度减少废物排放保护生态环境；是可以实现社会、经济和环保的“共赢”发展；是在不同层面上将生产和消费纳入一个有机的可持续发展框架中。任何生产活动、各种生活行为都以环保优先为原则。各公共场所、居民区都有垃圾分类箱，绝大部分民众都能自觉进行垃圾分类投放，从而保证了垃圾的处理和再利用。

4. 为发展废物循环提供配套政策措施

美国在引入生产者责任延伸和消费者付费两大制度的同时，愈加重视市场经济手段，实施排污权交易、排污收费等政策措施。通过国家发布信息的制度安排也与日俱增。生产者责任延伸和消费者付费等制度安排，旨在创造对环境成本反应更为灵敏和健全的价格形成机制和责任机制，迫使生产者和消费者进一步明确责、权、利，以促进循环链的形成和系统效率的提升，形成发展循环经济的激励和约束机制。其采取的主要政策包括：

①政府奖励政策。为了支持具有基础性和创新性的减少资源消耗防治污染的有效重大措施，政府于1995年设立了“总统绿色化学挑战奖”。

②税收优惠政策。政府通过财政税收手段鼓励再生资源的开发利用，如资助相关的科研项目，为可再生能源的有关项目提供抵税优惠等；鼓励公众绿色消费，如消费者购买节能设备可获得抵税优惠。

③政府采购政策。美国几乎所有的州均有对使用再生材料的产品实行政府采购政策，联邦审计人员有权对各联邦代理机构未按规定购买的行为处以罚金。

④收费政策。如美国200多个城市实行倾倒垃圾收费政策。这一政策的实施，使每个城市垃圾数量减少18%。

按照现有的制度，循环经济生产方式中试图实现减量和循环的环节不是现行市场条件下的必然选择，可再生资源的再利用过程一般都存在着可替代的生产过程，现行市场条件下再利用的原料不仅性能上不占优势，价格上也不占优势，导致循环经济生产方式很难自发形成。因此，通过税收调节的方式改变成本与收益关系就成为政府的必然职责。一方面，建立污染者负责制度，通过税收和抵押金的办法，对产生副产品的生产/消费者进行约束；另一方面，建立税收优惠和国家补偿制度，对资源的再利用者进行奖励，"打"和"拉"两方面作用结合起来，共同维护公共利益。从表面上看，增加了"废物处理税"，生产成本提高会带来利润的降低，但同时其产出值（在考虑制度变量之后）也得到了相应的提高，实际上利润并没有因此而受到影响，并且治理回收再利用资源还可以创造相应的产出值（某种意义上相当于环境资源的替代价值），即环境资源的价值得到了真正的体现。通过征收"废物处理税"补贴给废物的再利用者，抵押金返还给按指定的回收处理副产品者。对副产品进行再利用处理，可以是原来的生产者，也可以是专业再利用资源处理厂商，税收和抵押金的征收和补偿办法不受影响。也就是说，谁污染谁承担责任，谁治理谁受益。

政府通过税收杠杆的调节，既平衡了公共产权的收益问题，保护了公众的利益，又通过市场机制，自发调节生产者/消费者/再生产者减少资源浪费，促进资源回收，增加了人们的福利，实现了多赢。

在废物回收以及资源化环节，通过税收和管理制度，指导建立通畅的废弃物回收利用渠道，对副产品和再生资源的利用，制度上应给予一定的支持，如在可应用再生资源的领域规定再生资源的优先使用及比例等，以此改变生产/消费者众多难以全部自觉遵守规则的现状。通过价格体制提高有污染消费的价格和资源回收利用的补贴价格来引导生产/消费者行为，达到资源回收再利用的效果。

5. 建立有效监管、评价机制

建立废物管理和循环经济发展统计与评价指标体系，并作为各级政府部门的考核指标，将循环经济的理念贯彻到各行各业各地区的发展中去，改革现有的单一利润为主的项目评价体系。建立全面指标体系，评估和考核现有的各级政府，而不应该仅仅是个别园区或行业。

6. 财政金融

财政金融制度即财政补贴、软贷款、赠款、优惠利率、周转金、部门基金、生态环境基金、绿色基金、加速折旧。

各级政府都应当在本级财政中安排资金，对从事和循环经济相关的生产技术工艺研究、示范和培训给予一定数量的财政投资，对实施清洁生产重点技术改造项目和自愿消减污染物的符合规定的技术改造项目，给予资金补助。政府应当鼓励和支持国内外经济组织通过金融市场、政府拨款、环境保护补助资金、社会捐款等渠道依法筹集中小企业环境友好项目投资基金。开展环境友好生产审核以及实施环境友好的中小企业，可以向投资基金经营管理机构申请低息或无息贷款。列入重点污染防治和生态保护的项目，政府给予资金支持；政府可将城市维护费用用于环境保护设施建设；征收的排污费必须用于污染防止；企业用于循环经济技术开发和生产的审核和培训的费用，可以列入企业经营成本，对企业经营过程中使用无污染和可能减少污染的机器设备实行加速折旧制度。

7. 信息发布

环境信息公布与典型单位定时信息公布制度：政府应加大对生态信息的投资力度，即加大对环境监测的技术投资和检测结果公布的投资，使更多的污染问题和损害健康问题变成“可见”的问题，如公布某些食品中对人体有害的物质含量，公布某些企业的排放对大气、水体、土壤等的污染对周边居民的生活造成的影响，等等。消费者确知了这些信息后会形成对企业具有至关影响的行动，公布的权威性越强、范围越大，对企业持续经营的影响也会增大。因此，要建立权威媒体公开发布城市环境质量、重点流域水质状况等信息制度，定期评审企业环境表现并公开发布，定期开展区域生态环境评估和巡查并公开发布；公开发布后鼓励公众积极监督企业生态环境表现，促进全社会参与生态环境恢复。建立表彰奖励制度，对做出显著成绩的单位和个人，由政府给予公开表彰和奖励，实行绿名单免检制度；同时，定期公布违反环境资源法规规定超标排污的企业名单，实行黑名单整改制度。如：上海市环保局已经在上海实施了多个典型企业的废物排放实时信息发布制度，垃圾焚烧厂就是其中之一，接受市民的监督。

绿色产品标志制度：政府应采用绿色产品标志制度来降低消费者获得信息的成本。政府公布绿色产品目标，制定绿色产品标准，要求制造商在其产品上标识“可再生”、“可再用”、“可降解”等产品的环境标志的最低比例。采取使用绿色产品标签有利于降低消费者获得产品的环保信息的成本，从而推动绿色消费。通过完善绿色标志制度，按照国际惯例，推行 ISO 14000 质量认证，以利于在国际贸易中减少各种“绿色壁垒”的限制，推动绿色产品和技术进入国际市场，从而提高国际竞争力，促进我国绿色产业的发展。

8. 教育培训与倡导绿色消费

所有政策最终的执行效果都和公众的参与密切相关。为了提高循环经济政策的实施效果，需要加强对公众环境意识的培养。绿色教育政策包括：逐步建立和完善环境保护工作制度，带动民众广泛参与环保实践；经常举办环境污染案例听证会，加强环境案件的社会影响；加强舆论宣传，强化环境意识。新闻媒体对绿色产品类的广告予以优惠，政府部门应该带头使用绿色产品；加强教育培训，普及环境知识；增加环保投入，加快信息自动化建设，并定期公布环境质量状况；引进生态理念，科学规划社区环境。政府的宣传教育会对消费者的消费倾向产生极大的影响，如果能够通过宣传教育使广大消费者改变传统的使用不利于生态环境的生活方式，这才是真正有利于促进循环经济的力量。

绿色消费引导绿色生产，而公众的环境意识又决定其消费偏好。所以建立循环经济最终要落脚于公众环境意识的提高。倡导绿色的消费政策是构建生态型工业最重要的环节。绿色消费包括的内容非常宽泛，不仅包括绿色产品，还包括物资的回收利用、能源的有效使用、对生存环境和物种的保护等，可以说涵盖生产行为、消费行为的方方面面。其含义包括：倡导消费未被污染或者有助于公众健康的绿色产品；鼓励选购循环利用程度高、适度包装的绿色产品，同时鼓励购买以再生资源为原料的制品；在消费过程中注重对垃圾的处置，不造成环境污染；引导消费者转变消费观念，注重节约资源和能源，改变公众对环境不宜的消费方式。在目前消费疲软的情况下，倡导绿色消费不仅可以创造新的消费热点，拉动消费，更重要的是处于买方市场的消费需求会更有效地引导绿色生产。

9. 鼓励废物减量与污染控制的自觉行动

自觉参与制度:资源环境管理机构要与企业建立环保合作和清洁减污的协作伙伴关系,鼓励企业自觉运用绿色制造的理念,自行开展绿色产品设计,进行清洁生产,鼓励它们采用零排放、闭路循环、资源再生以及非物质化生产等措施,尽量降低资源消耗,减少废弃物排放。

自愿回收制度:鼓励消费者自行把指定的可循环利用的废弃物送到附近的回收网站,由专业再生公司进行废弃物的材料再生;或者将不需要的物品与其他单位或个人交换、变卖、馈赠,实现旧物交易再用。

10. 提供政策保障发展绿色技术

环境无害化技术是指减少污染物的排放量,合理利用资源和能源,促进废物和产品的循环利用,或以环境友好的方式处置废弃物的技术。它主要包括污染治理、废物利用和清洁生产技术等三大类型。污染治理技术就是传统的环境工程技术;废物利用技术是进行废弃物再利用的技术,它符合"再使用"和"再循环"原则的要求;清洁生产技术则和"减量化"原则相一致。环境无害化技术是构筑循环性经济的物质基础,它已经成为当今技术发展的主要潮流。一旦在这些技术上取得突破,污染技术与清洁技术的对立将不复存在,人类也会早日重建与地球的和谐关系。政府在建立以循环经济为基础的绿色技术制度的过程中应实现以下两种转变:第一,从单一技术创新的局部治理模式向多种技术创新的综合治理模式转变。一般而言,技术创新战略有增量改进和间断突破两种。增量改进最好的例子是污染治理技术,发展中国家在发展工业技术的过程中,往往采用发达国家局部污染治理技术,而不是发展循环经济的技术体系,这无疑会强化现有的线性技术轨迹,阻碍了较为彻底的循环经济技术体系的整体创新。间接突破旨在发展那些与现有线性技术体系割裂的技术创新,例如转变以不可再生资源的技术载体为可再生资源的技术载体,这类技术创新不仅需要强大的技术创新体系加以支撑,而且还需要从制度上予以变革。因此,这种创新需要较长的时间。循环经济的技术战略应建立技术反馈机制,这要求确定未来需要达到的技术目标,然后指导现有的技术向既定的方向转移，而不是向传统的技术发展战略那样等待基础研究取得进展之后，才可能在应用领域得到相应的发展。第二，从做减法的技术方法论向做加法的技术方法论转变。传统的线性技术方法论倾向于做减法，即实现投入产出的最大化方案。但这种方案在投入产出比例减小的同时，却随着经济总量的增大而不可避免地使废弃物也得到增加。而加法的技术方法论是在最适宜的环节加上所需物质，从而对废弃物的物理和化学特征加以改变，实现废弃物的资源化。这样，生产废弃物的概念本身得到消失，技术也完成了从线性单向特征向循环反馈特征转变。

实现这种转变就需要政府在发展循环经济的过程中从各个方面都给予相关技术的政策支持，法国环境部设立专门机构从事防治或减少废物产生的一系列政策，每年给清洁生产示范工程的补贴 10%的投资，给科研的资助高达 50%。荷兰政府促进少废、无废的清洁生产技术的开展和利用，给工厂提供占新设备费用的 15%～40%的补贴。同时，通过适当介入以生态技术为支撑的产品定价，将生态环境作为资源引入企业的投资环节，使其消费得到合理的补偿。在自然资源的市场定价中适度引入资源耗竭的补偿费用，通过政府相关的倾斜政策，积极引导企业开发生态循环技术的产品，并通过征收污染密集产品的税收和加大对环境产品补贴等方式，提高环境产品的价格竞争力。

第二节　城市固体废物管理经济保障措施

一、城市固体废物管理融资模式

1. 财政融资模式

(1)政府预算

政府预算部分包括：中央财政专项拨款、“两项资金”和地方财政拨款三个部分。近年来,政府财政占城建资金的比例总体呈现下降趋势。

(2)政策性收费

在固体废物相关的领域,目前已有部分城市开展了城市生活垃圾收费政策。

2. 负债融资模式

中央从“九五”计划以来,开始实施积极财政政策,加大了对城市基础设施的资金投入,通过国债或者地方政府债资金引导,启动了垃圾处理设施的建设。

3. 银行贷款

银行贷款是向银行或其他金融机构借入资金的期限在一年以上的,分期付息到期还本的各项贷款。

4. 外资

国外政府和金融机构的贷款、国外企业合资合作、外商直接投资等都已经进入垃圾处理项目。

5. 企业债券和股票

我国已经有多家垃圾处理企业发行了债券和股票,如:富春环保是杭州地区最大的环保公用型垃圾发电热电企业,华光股份:国内垃圾焚烧炉制造龙头企业。盛运股份:国内首家将干法脱硫与除尘工艺融为一体,生产干法脱硫除尘一体化尾气净化处理设备的企业;桑德环境主要业务方向是生活垃圾,同时公司也在工业及医疗危险废弃物、城市污泥等方面有一定的涉及。东湖高新:中国最大的光电子信息产业基地。向环保能源产业转型,秸秆发电和垃圾发电将成为东湖高新主营业务的重要组成部分。南海发展:垃圾转运垃圾发电。还有泰达股份、哈投股份、凯迪电力等。

6. 外商投资和民营资本融资

我国已经有部分城市固体废物处理设施推向市场,采用特许经营权转让以及 BOT

建设等方式吸引国外和民营资本进入,以增加固体废物处理设施的建设资金。

二、多元化的固体废物处理设施投资体制和运行机制

实践表明,加速建立多元化的投资体制和运行机制是必要的和可行的。近年来我国固体废物处理处置领域已出现以下模式:

1. BOT(建设、运营、移交)模式

BOT 模式从性质上分析,介于公有公营与私有私营模式之间,或者说是公有公营的衍生模式。实质是政府对公共产品的采购。通常由国家主管部门把特许权授予某一法人(国内、国外、合资的企业/公司,企业/公司的性质或国有或私有)从事基础设施或系统的融资和建设,并赋予该法人在一定期限内(如 10～30 年)以商业化方式经营该设施的权利,期满后,把该设施移交给公共部门。

BOT 的特点是:

①投资法人需要在特许经营权期限内回收投资,还本付息,并取得期望的商业利润。不同性质的企业法人的期望也不相同,一般情况下,期望投资回报率在 6%～11%;

②政府需支付的垃圾处理补贴费(采购费)较高。

目前参与 BOT 模式的固体废物处理企业有:北京金州控股集团、上海城投总公司、上海浦东发展集团、重庆钢铁集团、深圳能源集团、深圳绿色动力集团、温州伟明环保等企业。

2. BOO(建设、运营、拥有)模式

该模式与 BOT 模式的主要区别在于产权不移交。

目前参与 BOO 模式的企业有:天津泰达集团、杭州绿能环保发电有限公司等。

3. PPP 模式(Public Private Partnership)

PPP 是政府与企业合作的一种项目融资模式。政府投入部分(如土地等)可以

采取不计折旧、不图回报的经营方式。因此，在项目建成后政府需要支付的垃圾处理补贴费较BOT模式低。

4. TOT模式(Transfer Operation Transfer)

TOT模式是通过转让已建成项目的一定期限内的产权和经营权进行融资，融得的资金可用于建设其他项目或偿还债务。如：上海浦东发展集团转让了上海浦东新区御桥垃圾焚烧厂约50%的股权。现在该集团正以BOT模式建设常熟市垃圾焚烧厂。

综上所述，对于新建项目，可以采用BOT、PPP等前市场化融资运作模式；对于已建成项目，可采用TOT和PPP等后市场化融资运作模式。

5. 特许运营机制

这是一种授予特许营运权的运行机制。如：上海浦西江桥垃圾焚烧厂以特许营运合同的形式交给法国ONYX(奥绿思)公司运营，特许期限为20年。这有利用学习国外先进的运营技术和管理经验，并保证工厂的生产稳定性和提高运行效率(效益)。

6. PFI模式

就是引进私人资本。许多发达国家已将所有权/使用权和管理权分离，把垃圾处理场卖给企业，由企业自主经营，或政府以参股形式参与经营。

上述投资体制和运行机制已在实践中显示出了生命力，今后应适时地总结经验，不断地加以完善，以利于垃圾处理技术和设施建设的发展。

三、经济激励手段

激励机制在经济发展中的作用是非常重要的，这是一个不容置疑的事实。在城市固体废物管理中合理运用经济激励机制才会引导正确的管理、运营行为选择。税收、收费、抵押返还、补贴和罚款等都已经在各国的城市固体废物管理中起到了重要的作用。

1. 税收

综观各国采纳的环境税收，都是依据“谁污染，谁缴税”的原则设置的，其课征范围极为广泛，并且都把税收取得的收入专项用于环境保护，使税收在环保工作中发挥了巨大的作用。目前在部分发达国家征收的固体废物相关税主要有固体废物税和垃圾税等。

固体废物税就是对固体废物征收的一种税。对于固体废物税，理论上应该按固体废物的排放量对固体废物排放者征收。但现实中很难控制固体废物排放者以及固体废物的排放量。这样的征税方式，需要明确地掌握所有的固体废物排放者（纳税人），并对其同体废物排放量（征税对象）进行准确的计量，真正执行起来很难操作，而且势必会付出巨大的征税成本，所以按排放量对固体废物排放者征税也就难以实行。世界各国特别是发达国家通常采取以下两种变通措施：一是征收污染产品税，即对某些商品特别是一次性消费品，在其生产或零售环节中征税，以鼓励节约使用和回收再用。二是根据受益原则对所有人征税，以便为垃圾的处理筹集资金，这种税在有些国家的税制中也被称为垃圾税。各国开征的固定废物税包括一次性餐具税、饮料容器税、旧轮胎税、润滑油税等。1993 年，比利时在《环境税法》中对固体废物的征税规定：环境税适用于饮料容器、废弃的照相机、工业使用的某些包装品、杀虫剂、纸以及电池等各类产品。意大利 1984 年开征废物垃圾处置税，对所有的人都征收，作为地方政府处置废物垃圾的资金来源。荷兰较早开征垃圾税，主要是用于为收集和处理垃圾筹集资金。他们的征收方式是以每个家庭为一征收单位，人口少的可以得到一定的减免。同时，荷兰还根据每个家庭所产生的垃圾数量，开征了政府垃圾收集税（各地的市政府可在两种税之间进行选择）。此外，芬兰和英国也于 1996 年开征了垃圾税。

固体废物的税费重点需要考虑纳税对象、纳税依据、税率、征税环节和期限、纳税地点和征收管理、税务处罚等。

2. 收费

垃圾收费作为一种环境经济手段所遵循的根本原则是环境保护对策三大原则中的 PPP 原则（Polluter Pays Principle）。各国的环境法规制订过程中均体现了这一 PPP 原则。1986年，德国《避免废弃物产生及废弃物处理法》中规定了联邦政府可以颁布条例，按照具体情况确定垃圾收集运输服务的收费依据、收费标准和垫款归还方式。1992年，法国修订的《废弃物去除法》中规定可以征收废弃物填埋处理税。马来西亚吉隆坡市在《垃圾收集、运输及处理规定》中赋予城市专员负责收集垃圾并收取费用的权力。这些法令、规章或办法使得各国的垃圾收费都有法可依，保证了收费政策的顺利实施。

垃圾收费一方面为地方政府增加了大量收入用于废弃物的妥善处理，减轻了政府的财政负担，也减轻了废弃物造成的环境负荷，另一方面对垃圾的产生起到了一定的抑制作用，有利于垃圾的减量化、资源化。早在1924年，美国加利福尼亚州的伯克利市就开始施行垃圾收费。20世纪80年代起，为了更好地解决垃圾带来的环境问题，越来越多的国家启用垃圾收费制度，经济手段成为管理规章的一种补充。发达国家几十年的经验充分显示了合理的垃圾收费制度在垃圾管理过程中的重要性和必要性，值得我们借鉴。2002年我国国家发展计划委员会、财政部、建设部、国家环境保护总局发布关于实行城市生活垃圾处理收费制度、促进垃圾处理产业化的通知。垃圾处理收费逐渐在各个城市开始施行。

收费方式具体包括定额收费：即指以住户（或个人）为单位，按统一的费率每年或每月征收垃圾处理费用，收费金额与垃圾的排放量无关。这种收费方式的目的在于增加政府财政收入，提高居民的环境卫生维护意识。对于垃圾的减量和资源化，定额收费却无法实现。一般在实行垃圾收费的初级阶段会采用这种收费制度，施行起来比较简单，管理难度相对较小。现在，国外很多城市都采用定额收费，如英国的北诺福克市、美国得克萨斯州的圣安东尼奥市、澳大利亚的悉尼市、法国的拉特城、新加坡的新加坡市等。

定额收费有多种收费方法，可以按户或户型收费，如日本部分市县；可以按人口数收费，如英国；也可根据住宅面积收取一定费用，如希腊。

垃圾收费还可以采用计量收费，所谓计量收费是指以每户（或人）生产垃圾数量的多少征收不同的垃圾处理费用，它以处理单位（重量、体积或二者兼顾）生活垃圾所需的费用为收费标准，因此其收取的费用与垃圾的产生量直接相关。这种收费制度的主要目的在于促进垃圾的减量化和资源化，“多排放多收费”，费用负担也相对公平，更易提高居民的垃圾减量化意识。但由于垃圾量的不稳定性，造成计量收费的变动性，也因此造成管理上的复杂化，在大中型城市实行起来相对困难。另外，采用计量收费需要面对的一个问题就是逆进性，随着收费制度的深入和成熟，垃圾的减量化效果就会越来越好，同时收入就有可能减少，这种收入的变动也会给市政的财政预决算带来困难。

计量收费也有很多种方法，如按容器收费，按垃圾袋收费，贴垃圾票等。美国西雅图市规定：每户每月运 4 桶垃圾，缴纳 13.25 美元，每增加一桶加收 9 美元；旧金山市金门公司对居民家庭每桶垃圾收取 10 美元，送到垃圾中转站每吨付给 36.52 美元；德国杜塞尔多夫市规定每户每年缴纳基本费 113 德国马克(120 升的垃圾桶)；美国埃斯特维尔市采用垃圾袋制，收集方式为路边收集，每 10 个垃圾袋一包，收 5.5 美元，对老人和残疾人实行上门收集，每包收取 6.5 美元；荷兰部分城市规定每个垃圾袋 2.5 荷兰盾；日本守山市对可燃垃圾采用指定垃圾袋收费方法，并采用记名方式，每年每户可以以低价购买 110 个指定垃圾袋，大的 20 日元，小的 17 日元，超过 110 个，每个 150 日元；爱尔兰采用垃圾票方式，在垃圾袋或桶上加贴垃圾票，每张票价格为 2.5ECU(1995 年)。

另外可以采用超额收费。所谓超额收费，即规定在一定数量内可以免收垃圾费，超过这个定值后收取费用。这种收费方式的主要目的是减少垃圾的排放量，对于增加政府收入起不到太大作用。值得一提的是，超额收费对商业垃圾的减量效果不错，对居民来说，则意义不大。主要是因为收费标准较低，限制不严格。

超额收费的方法和标准很多，如加拿大纽海勒市对居民生活垃圾排放标准规定为每周 200kg 以内不收费，超过后每车加收 5 加元；日本大阪规定居民城市生活垃圾每日排出量为 10kg，超过 10kg 每公斤收取 10 日元；日本高山市根据各家庭情况，每户发放一定数量的可燃垃圾免费处理票，2～3 人户每年 120 张，4～5 人户每年 140 张，使用完后即需花钱购买，每张 70 日元，不贴票的不予收运。

上述三种生活垃圾的收费方式，各有优点和缺陷，分别适合于不同的城市和收费阶段。计量收费适合于垃圾产生量大的城市。在垃圾生产量较大的城市中，计量收费虽然有较高的政策执行成本，但这种较高的执行成本往往可以被垃圾减少所带来的收益抵消；如果城市垃圾产生量不够大，实行定额收费可能更有效率。另外，环境意识水平较高的城市，有较强的垃圾处理付费意识的城市适合采用计量收费制度。因为实行计量收费，住户有可能随意倾倒垃圾，以减少垃圾付费额，而随意倾倒垃圾的动机与人们的垃圾付费意识有密切联系。如果垃圾付费意识较强，人们就会乐意缴纳垃圾处理费而不会随意倾倒垃圾；相反，垃圾付费意识较弱，将会导致更多的垃圾被随意倾倒。如果以前不用缴纳垃圾处理费用，或者缴纳很低的垃圾处理费用，现在突然过渡到计量收费，随意倾倒垃圾的现象会较为严重。其直接后果是垃圾处理的实际费用显著增加，原因是收集和处理被随意倾倒的垃圾的成本，会大大高于正常情况下的垃圾收集处理成本。

定额收费对人们的环境意识要求稍低，垃圾数量与收费无关，所以多数人不会通过随意倾倒垃圾来减少垃圾付费额。在垃圾收费的初始阶段，定额收费有较大优势，即可以提供稳定的垃圾处理费用，建立垃圾处理品生产，从而促进国民经济的结构调整。

超额收费由于收费标准不高，限制不严格，对普通居民来说，收费的意义并不大，减量化的效果也相对减弱。

3. 押金返还制度

押金返还制度是指在产品销售时附加一项额外的费用，在回收这些产品废弃物时，把押金返还给购买者的一种制度安排。押金返还制度一般有两个目的：一是阻止违法或不适当地处置具有潜在危害的产品废弃物。不适当处置产品废弃物会产生更高的社会成本，而押金返还制度能将其产生的负外部性内部化。二是部分废弃物可以循环利用，节约原材料，降低成本。

Palmer 等(1997)在对 3 种政策(预收处理费用、回收补贴及押金返还制度)进行比较研究后认为，对于任何固体废弃物来说，押金返还制度都是一种成本最低(最有效)的政策。押金返还制度的影响虽然不及税费等制度那样大，但对于那些使用后在处置过程易产生严重环境问题的产品，如电池、饮料容器、有毒有害物质的包装物和废旧荧光灯管等，是十分适合的。

近些年来，押金返还制度在发达国家作为一种固体废弃物污染控制的手段，应用极为广泛。OECD (经济合作与发展组织)国家政府提倡或通过行政命令强制执行押金返还制度。对汽车残骸使用押金返还制度的国家有希腊、挪威、瑞典，其意图是促使人们放弃旧车，购买能达到更高排放标准的新车，同时还可以避免随处丢弃旧车，其返还率达到 80%～90%。对金属罐使用押金返还制度的国家主要有澳大利亚、加拿大、葡萄牙、瑞典、美国，啤酒罐、软饮料罐等的返还率分别在 50%～90%。对塑料饮料容器使用押金返还制度的有 10 多个国家，返还率均超过 60%。对玻璃瓶的押金返还制度在 OECD 国家应用得更加广泛，有近 20 多个国家，主要适用的是啤酒瓶、葡萄酒瓶等，其中啤酒瓶和软饮料瓶的押金占销售价格的百分比较高，其返还率可达 90%～100%；葡萄酒瓶和酒精瓶的返还率在 60%～80%。对荧光灯管、清洁剂包装、涂料包装和汽车电池等实行押金返还制度的国家主要有奥地利、德国、美国，返还率在 60%～80%。

我国在 20 世纪 60—70 年代曾实行过押金返还制度。比如啤酒瓶的回收，其中一个重要原因是当时原材料匮乏，也不存在计划外的市场，厂家只能回收啤酒瓶，清洗后重复使用，以确保市场对啤酒供应的需求。但目前押金返还制度在我国已几乎不见踪影，原因除原材料供应充分外，也因为运行成本过高以及同一产品的生产商数量越来越多、批发和进货的渠道无法控制等，使本来就不是出于环保考虑的厂商失去了实行押金返还制度的动力。因此，在考虑倡导和推行押金返还制度时，要顾及多方面的因素加以制度创新。

押金返还制度有其适用的范围。适用押金返还制度的产品应符合以下 4 个条件：一须是固体废弃物；二是具有潜在污染性或可回收利用；三是使用后的产品废弃物不具有或只具有较少的经济价值，适当的押金能起到激励返还的作用；四是产品的使用是分散的，其废弃物一旦丢弃后不易收集。尽管押金返还制度的适用范围较窄，只涉及固体废弃物中的一小部分，但是它针对的是社会边际成本较高或者循环利用收益较高的垃圾（如电池、饮料瓶、汽车、废旧荧光灯管等），因此，实施押金返还制度的社会收益会相对较高。

押金收取标准的确定，对于能否顺利推行押金返还制度至关重要。确定押金的收取标准要考虑两个因素：一是可能产生的污染后果，即某一产品废弃物可能带来的污染后果越严重，则应收取越多的押金。二是押金的数额要足够高，才能对消费者形成激励，促使他们返还使用后的产品废弃物。高的押金收取标准，不但能促使回收率的提高，也是为押金返还制度提供资金来源并使其得以持续的一个重要因素，因为，未偿还的押金也是收入的来源之一。因此,高押金标准、低回收率会带来相当大的收入;如果是100%的回收率,所有的消费者都通过返还使用过的产品废弃物来换取押金,就不会产生未偿还的押金收入。可见,对收取押金的部门来说,回收率并不是越高越好。在没有政府补贴的情况下,维系押金返还制度的资金仅来源于从收取到返还这一时间差产生的押金利息,以及未返还产品废弃物而被"没收"的押金(事实上押金返还制度不可能达到100%的回收率),这时,确定适当的押金标准是比较困难的。

4. 补贴与税收减免

补贴是指一成员方政府或任何公共机构向某些企业提供的财政捐助以及对价格或收入的支持,以直接或间接增加从其领土输出某种产品或减少向其领土内输入某种产品,或者对其他成员方利益形成损害的政府性措施。目前在固体废物处理处置方面,部分国家地区对部分废物的再生利用提供了补贴和税收减免。

5. 罚款

废物处理处置管理中的罚款也是促进垃圾合理收集、利用的一种重要手段。在巴西首都巴西利亚,随意乱扔废物不再仅仅是个缺乏教养的行为。现在,在马路和人行道扔废弃物是违法行为,将受到罚款处分。随意乱扔废纸或烟头会被罚款20美元,使得那些有乱扔废物习惯的人不得不约束自己。小汽车或公共汽车司机和乘客扔掉的小废弃物处以80美元罚款。由城市环境卫生局和交通管理局共同收取罚款。除了环境秘书处的检查人员外,交警也将负责罚款。法律规定的罚款分为三等:轻的罚款20~500美元,重的罚款500~5000美元,最严重的罚款5000~50000美元。

第五章

城市固体废物管理实用技术

第一节　城市固体废物机械分类分选技术

城市固体废物往往由多种组分组成，包括餐厨废物、废纸、废塑料、废织物、废金属、废玻璃、陶瓷碎片、砖瓦渣土等。废物分选的目的，就是将混合的各类废物进行有效的分类，或从混合垃圾中分离出某种有价值的资源，或对某垃圾成分中的少量杂质进行分离，得到较为单一的组分，或从混合垃圾中分离出某种有害成分，以利于垃圾减量化、无害化、资源化处理处置。垃圾分选，历来是垃圾处理技术的瓶颈。不管是焚烧、填埋、好氧堆肥，还是厌氧发酵，很多垃圾处理处置过程中遇到的难题往往都是因为垃圾分选不彻底，导致后续处理工艺无法正常运行。因此，分类分选在垃圾的综合处理处置过程中有着非常重要的作用。

一、机械分类分选

机械分类分选是相对于人工分选而言的。单纯的人工分选过程中，工人在肮脏、恶臭的环境中进行选料，不仅损害工人的身体健康，而且分选效率比较低。而机械分选是根据废物物料的性质如分选物料的粒度、密度、电性、磁性、光电性、摩擦性、弹性以及表面润湿性的差异来进行分离，分选效率高。垃圾机械分类分选方法主要包括筛分、重力分选、磁选、电选、摩擦与弹跳分选等。现代大型的垃圾分类分选工艺往往是人工分选和若干机械分选单元的工艺组合。下面介绍几种常见的城市固体废物机械分类分选技术。

1. 筛分

筛分是通过保持物料和筛面之间具有适当的相对运动，使筛面上的物料层处于松散状态，将物料中小于筛孔的细颗粒物料抖落到筛网下部，大于筛孔的粗颗粒物料保留在筛网上部，从而使物料分离成不同颗粒等级。简单来说，筛分是利用物料的粒度差异来实现物料分离的过程。城市固体废物的筛分设备最常用的是滚筒筛，它可以筛除垃圾中的细小瓦砾、砂石和粉尘等物质，通过特殊设计还可以去除大件长条物品（如细绳、大片纸张、衣物、纤维物等）。

2. 磁力分选

磁力分选简称磁选，它在固体废物的处理过程中通常用来分选或去除铁磁性物质。

3. 重力分选

重力分选是根据固体废物中不同物质间的密度差异，在运动介质（例如：水、空气等）中受到重力、介质动力和机械力的作用，使颗粒群产生松散分层和迁移分离，从而得到不同密度产品的分选过程。按照运动介质不同，可分为重介质分选、跳汰分选、风力分选和摇床分选。城市固体废物分选中应用最为广泛的是风力分选。通过风选可将垃圾中的纸和各种塑料、薄膜等轻质物料分选出来。图 5-1 为典型的卧式风力分选原理图。

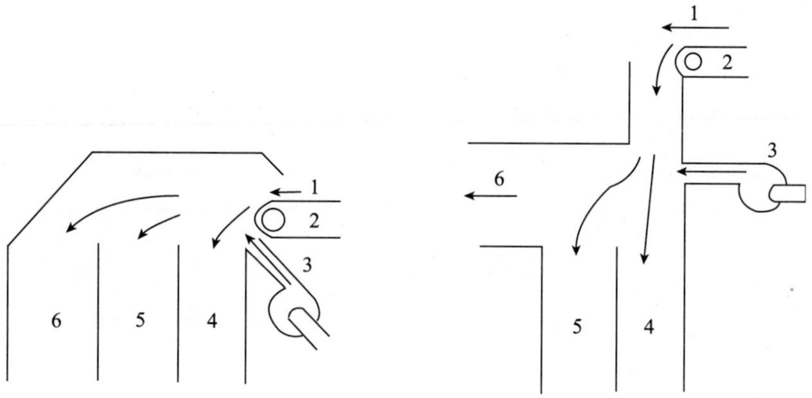

1—给料 2—给料器 3—空气 4—重颗粒 5—中等颗粒 6—轻颗粒

图 5-1 卧式风力分选原理示意图

4. 电力分选

电力分选是利用物料各组分电性的差异而实现分选的一种方法。一般物质大致可分为电的良导体、半导体和非导体，利用它们在高压电场作用下的不同的运动轨迹，即可将它们互相分开。电场分选对于塑料、橡胶、纤维、废纸、合成皮革、树脂等与某些物料的分离，各种导体、半导体和绝缘体的分离等都十分简便有效。图 5-2 为典型电选物料分离过程示意图。

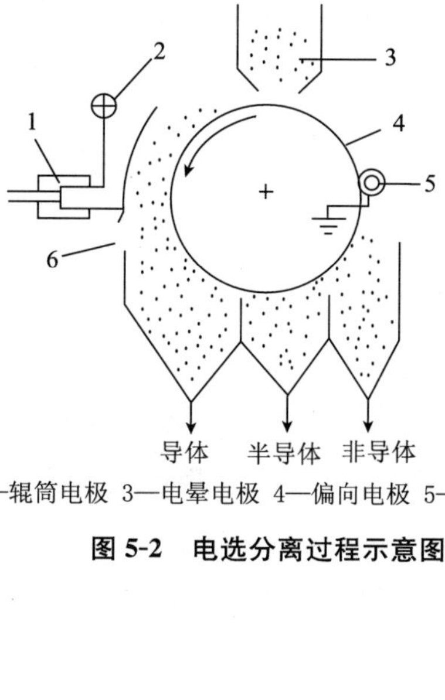

1—给料斗 2—辊筒电极 3—电晕电极 4—偏向电极 5—高压绝缘子 6—毛刷

图 5-2 电选分离过程示意图

5. 摩擦与弹跳分选

摩擦与弹跳分选是根据固体废物中各组分的摩擦系数和碰撞系数的差异，在斜面上运动或与斜面碰撞弹跳时，产生不同的运动速度和弹跳轨迹而实现彼此分离的一种处理方法。城市垃圾自一定高度给到斜面上时，其废纤维、有机垃圾和灰土等近似塑性碰撞，不产生弹跳；而砖瓦、铁块、碎玻璃、废橡胶等则属弹性碰撞，产生弹跳，跳离碰撞点较远，两者运动轨迹不同，因而得以分离。

6. 涡流分选

涡流分选事实上是电涡流分选。一般是通过控制强力永久磁铁高速旋转，使之发生高强的电磁感应现象。铝、铜、黄铜、镁等易导电的物料或良导体通过这个磁场中，则会产生涡流（相斥），受到推力向前飞出。通过涡流分选可将铝罐、铜器等非磁性金属从垃圾中分离出来。涡流分选在日本广泛应用于废家电粉碎后非铁磁性物质的分选。

二、城市固体废物机械分类分选典型工艺

城市固体废物的分类分选技术一般是根据垃圾自身的特点、分选的目的，以及后续处理工艺的需求，对上述各种工艺单元进行组合。下面介绍两种典型的垃圾分选工艺。

1. 不可燃垃圾分选工艺

以日本城市垃圾回收系统中回收的不可燃垃圾为例。不可燃垃圾是日本垃圾回收系统中的重要组成部分，一般包括铁、铝、玻璃、陶瓷等物质，具体来说包括铁制易拉罐、铝制易拉罐、家庭产生的各种铁质用具、水杯、花瓶等玻璃或陶瓷制品等。从各个垃圾产生点收集起来的不可燃垃圾首先运送到中间处理厂进行破碎、分选处理，选出能够资源化利用的物质，然后把不能资源化利用的物质填埋处理。图 5-3 为东京某不可燃垃圾处理中心的工艺流程图，该流程主要包括以下工艺

单元：

(1)物料传输装置

收集来的不可燃垃圾通过传输带运送进入破碎装置内。不可燃垃圾中混杂的危险物通过人工分选的方式去除。

(2)回转式破碎机

回转式破碎机将不可燃垃圾破碎成小于15cm的物质。破碎过程中向破碎机内部鼓入蒸汽以降低氧气浓度，防止罐装燃料气体、润滑剂等的爆炸。

(3)磁选

利用磁选装置，分选出不可燃垃圾中的铁制品。

(4)小孔径滚筒筛

磁选后的不可燃物进入滚筒筛，已经粉碎的陶瓷、玻璃类碎片通过滚筒筛去除。

(5)铝分选机(涡流分选机)

一般情况下，铝和磁铁并不发生吸引或排斥作用，但当铝接近高速旋转的强磁铁时，二者由于涡流作用而互相排斥。利用这种排斥力将铝和非铝物料分离开来。

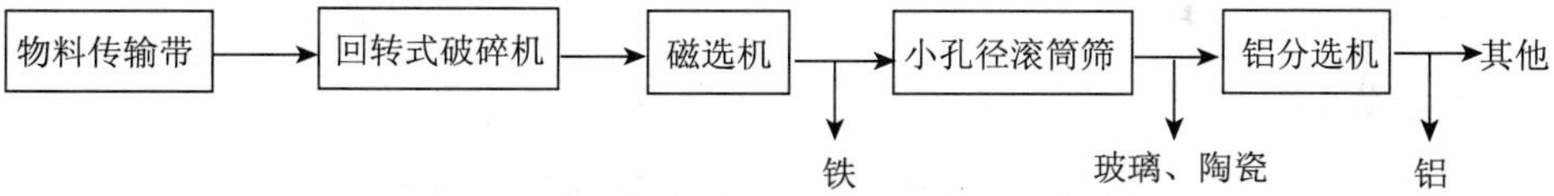

图5-3　东京某不可燃垃圾处理中心的工艺流程

2. 混合垃圾预分选工艺

与国外相比，我国城市生活垃圾具有自身的特点：首先，我国垃圾混合程度比较大，各类垃圾往往混合收集；其次，我国垃圾有机物含量高，并且水分含量也比较高。虽然国内多次对垃圾源头分类收集进行试点研究，但大多以失败告终。所以，目前我国的垃圾分选工作主要围绕混合垃圾展开。分选的目的是为了分选出垃圾中能够资源化利用的物质，同时为了保障后续处理工艺能够顺利进行。以上海市某生活垃圾综合处理厂为例，该厂采用机械预分选＋生物处理相结合的综合处理工艺。图 5-4 为该厂机械预分选工艺流程。

(1)进料

进厂的生活垃圾由吊车抓送,通过给料机均匀地送至破袋机。

(2)破袋预处理

经破袋机处理后,袋装垃圾被均匀地撕裂、破碎,后由皮带机输送到一级人工分选工序。

(3)一级人工分选

当输送带上的垃圾通过分选作业平台时,由拣选工人分别拣选垃圾中的大件垃圾、玻璃以及纸/硬纸板。

(4)筛分

该工序主要是通过滚筒筛对经过破袋以及一级人工拣选后的垃圾进行筛分处理。另外,在滚筒筛设有二次破袋装置,以确保所有垃圾均通过机械筛分。根据粒径的不同,一级滚筒筛将垃圾分为大于 60mm 和小于 60mm 两类。粒径小于 60mm 的垃圾经磁选后,直接送往生物处理单元。一级筛分后粒径大于 60mm 的垃圾进入二级滚筒筛进行筛分处理。根据粒径的不同,可以将垃圾分为大于 120mm 和小于 120mm(大于 60mm)两类。其中粒径大于 120mm 的部分直接送至垃圾填埋场或焚烧厂。

(5)磁选处理

筛分后粒径小于 120mm 的垃圾经磁选机去除残留的金属物质。

(6)二级人工分选

经磁选后的垃圾经过二级人工分选,拣选出垃圾中的塑料、易拉罐、瓦砾以及其他可回收物。余下的部分由输送带直接输送到破碎机破碎后,送至一级筛分处理单元,与来自一级人工分选单元的垃圾混合,再进行筛分。

通过机械预分选,垃圾被分为三部分:金属、塑料、易拉罐等可回收利用的物质,可生物降解的有机部分和被填埋或焚烧的部分。

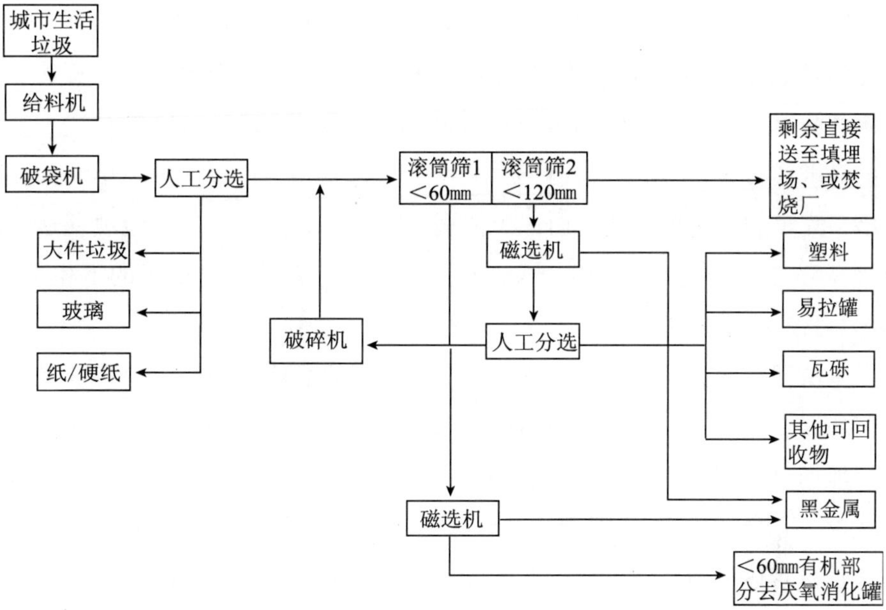

图 5-4　上海某生活垃圾综合处理厂的机械预分选工艺流程图

第二节　城市固体废物卫生填埋技术

一、卫生填埋场的概念和类型

1. 卫生填埋的概念

卫生填埋是“利用工程手段，采取有效技术措施和管理方法，防止垃圾降解产生的渗滤液及有害气体对周围环境的污染；通过推平、压实等操作将填埋垃圾减容至最小，并在每天填埋工作结束和每个填埋阶段完成后用土覆盖，使整个填埋过程中及填埋结束后都不会对公共卫生安全及环境造成危害的一种土地处理垃圾方法”。通常做法是每天把运到填埋场的垃圾在限定的区域内铺散成 40～75cm 的薄层，然后压实以减少垃圾的体积，并在每天操作之后进行密闭覆盖。覆盖材料包括土壤和膜材料等。垃圾层和覆盖层共同构成一个单元，即填埋单元。一个填埋单元的高度通常为 2～3m。具有同样高度的一系列相互衔接的填埋单元构成一个填埋层。完整的卫生填埋场是由一个或多个填埋层组成的。当土地填埋达到最终的设计高度之后，再进行终场覆盖，这样就得到一个完整的封场了的卫生填埋场。图 5-5 为卫生填埋场剖面图。

卫生填埋不同于“简易填埋”和“受控填埋”。简易填埋场的主要特征是基本没有任何环保措施，也不遵守任何环保标准，是我国这几十年来一直使用的填埋场。受控填埋场也叫露天填埋场，其主要特征是配备了部分环保设施，但不齐全，或者是环保设备齐全，但是不能完全达到环保标准。主要问题集中在场底防渗，渗滤液处理和日覆盖达不到环保要求。受控填埋场在我国填埋场所占比重也较大，而且主要集中于大中小城市。与之相比较，卫生填埋是一种安全、经济、行之有效的城市生活垃圾最终处置方法，与传统土地处理方法相比，能极大地减少垃圾对周边环境的危害。

图 5-5　卫生填埋场剖面图

2. 卫生填埋场类型

根据地形条件，卫生填埋场一般分为平原型填埋场、滩涂型填埋场和山谷型填埋场。平原性填埋场适用于地势平坦的地区，通常采用高层埋放的方式处理，如北京阿苏卫填埋场、深圳下坪填埋场等。滩涂型填埋场适用于江、河、海边填埋场的建立，通常采用围堤筑路、排水清基、将滩涂废地建为填埋场，如上海老港废弃物处置场和大连毛茔子填埋场。山谷型填埋场通常利用一面开口、三面环山的山谷地形建立，如杭州天子岭垃圾卫生填埋场和重庆长生桥垃圾填埋场。各个地区和城市应该根据当地的地形条件选择合适的填埋类型。

根据填埋场中垃圾降解机理，填埋场分为厌氧(anaerobic)、好氧(aerobic)和准好氧(semi－aerobic)三种填埋类型。厌氧填埋场体内无任何渗滤液收集系统和供氧系统，垃圾基本处于厌氧状态。在厌氧填埋场内，底部垃圾处于被渗滤液浸泡状态，二氧化碳和甲烷气体等有害物质大量产生，对环境污染较为严重。好氧填埋场是通过外部的鼓风设备向填埋垃圾体内鼓风，使垃圾降解过程中有充足的氧气，加速其分解过程。在好氧填埋场内，甲烷气体等污染物质对环境的污染减少，此外渗滤液处理比较容易，但建设和维持费用高。

准好氧填埋技术又称为“福冈方式”，最初是由日本福冈大学松藤康司教授提出的新的垃圾填埋概念。该技术的研发始于 20 世纪 70 年代，主要是针对厌氧型填埋场环境污染严重和好氧型填埋场投资运行成本高的问题，力图寻找一种经济、有效的垃圾卫生填埋技术。准好氧卫生填埋技术采用不同的填埋结构，利用场内铺设的碎石和管道系统将垃圾产生的渗滤液及时排出填埋堆体，避免渗滤液在堆体内滞留，同时，利用填埋堆体内微生物分解有机物产生的高温环境与外界环境之间的温度差而产生对流，将堆体外空气(氧气)通过渗滤液收集管道引入堆体内，在堆体内形成准好氧环境。准好氧填埋结构如图 5-6 所示。准好氧填埋的特殊构造可以减少渗滤液产生量，使渗滤液水质易处理，同时还可以抑制甲烷等有害气体产生，加快垃圾中有机质的分解，缩短场地稳定时间。这种厌氧与好氧共存的“准好氧填埋”在费用上与厌氧性填埋没有大的差别，而在有机物分解方面又不比好氧填埋逊色，因而得到普及。

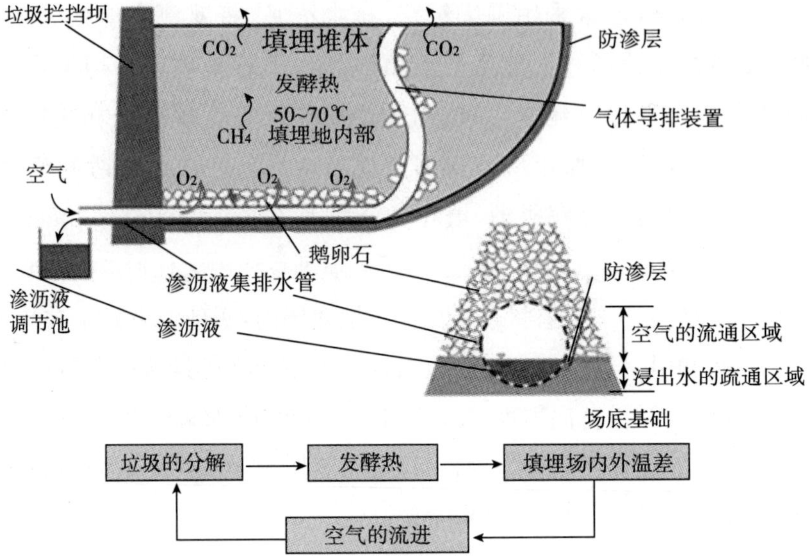

图 5-6　准好氧填埋(福冈方式)结构概念图

二、国内外垃圾填埋现状

1. 美国

美国是采用卫生填埋比例最高的国家之一。图 5-7 为近 50 年美国城市生活垃圾产生量及填埋量变化情况。从 20 世纪 60 年代至今,垃圾填埋总量有所升高,但填埋率从 1960 年的 93%(共计 8250 万 t)下降至 2008 年的 54.1%(共计 13510 万 t),这主要是由垃圾资源回收的加强以及垃圾焚烧比率的提高造成的。例如,2008 年,33.2%的美国城市固体垃圾被再循环(6100 万 t)或堆肥化(2210 万 t)处理。此外,2008 年美国焚烧处理的垃圾约为 3200 万 t,约占城市固体垃圾的 13%。

根据美国环保署(EPA)统计数据,美国填埋场数量由 1995 年的 3500 座下降到 2005 年的 1600 座,导致填埋场数量下降的原因是,旧填埋场逐渐达到其填埋年限,新填埋场选址困难,此外,由于环保标准的提高,一些不符合环保标准的填埋场被相继关闭。美国垃圾填埋场选址规定严格,必须远离断层、湿地、冲积平原和其他受限制区域。美国城市垃圾填埋场可以用来掩埋生活垃圾、无害污泥、工业固体垃圾和建筑垃圾,以及电冰箱、空调等大型家用电器。美国目前垃圾平均处理费48美元/吨。

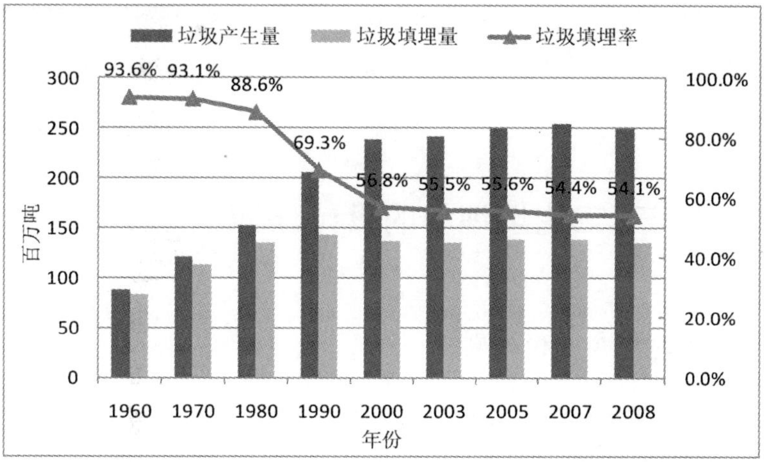

图 5-7 美国 1960—2008 年城市生活垃圾产生量、填埋量及填埋率

2. 日本

日本的垃圾管理经历了一个从不完善到完善的过程,目前形成了以焚烧为主的垃圾处理模式。2009 年,日本有 78%的城市生活垃圾为焚烧处理(共计 35.74 万 t),仅有不到 2%的垃圾被直接填埋处理(共计 0.82 万 t)。因此,日本垃圾填埋场主要用于接收来自焚烧厂及其他中间处理设施(如堆肥厂)产生的不可资源化利用的残渣物质。

在日本,最终处置场分为严格控制、普通控制和轻微控制三种类型,生活垃圾中间处理产生的残渣物质属于普通控制范围。普通控制最终处置场的建设和运行标准与生活垃圾卫生填埋场相似。一般普通控制最终处置场可接收焚烧厂等垃圾中间处理设施的残渣物质,也接收直接填埋的垃圾和经过破碎处理的大件家具等。

3. 中国

填埋一直是我国生活垃圾处理的主要方式，约占处理总量的85%。我国目前运行的垃圾填埋场中，简易填埋场和受控填埋场占有很大的比重。卫生填埋作为一种可靠、卫生和安全的生活垃圾处理方法，在国土较大的发达国家应用广泛。我国直到20世纪80年代中期，才有了初步的填埋要求，并逐步向卫生填埋方向发展。

三、卫生填埋场的设计、建设与填埋

1. 场址的选择依据和原则

场址的选择在卫生填埋场建设过程中是非常重要的环节，这一工作的好坏直接影响到填埋场的建设及建设后的经营管理。填埋场场址的选择应该依据国家颁布的《城市生活垃圾卫生填埋技术规范》(CJJ17—2001)来进行，主要遵循以下两个原则：一是安全原则；二是经济原则。安全原则是填埋场选址的基本原则。垃圾填埋场建设中和使用后对整个外部环境的影响最小，不能使场地周围的水、大气、土壤环境发生恶化。经济原则是指垃圾填埋场从建设到使用过程中，单位垃圾的处理费用最低，垃圾填埋场使用后资源化价值最高。即要求以合理的技术、经济方案，尽量少的投资达到最理想经济效果，实现环保这一最终目标。

2. 总体设计思路

卫生填埋场的建设项目可分为填埋场主体工程与装备、配套设施和生产生活服务设施三大类，其中填埋场主体工程与装备主要包括：渗滤液收集、处理和排放、填埋气体导出及收集利用、防渗工程、洪雨水及地下水导排、覆盖及封场工程等。配套设施包括：进场道路(码头)、供配电、给排水、消防等设施。生产、生活服务设施包括办公、宿舍、食堂等。

进行填埋场设计时，首先应进行填埋场地的初步规划布局，勾画出填埋场主体及配套设施的大致方位，然后根据基础资料确定填埋区容量、占地面积及填埋区构造，并作出填埋作业的年度计划表。再分项进行主体工程和设备、配套工程和设备等的设计，最终形成总平面布置图。卫生填埋场整体设计时，还应该提出封场后的规划设计。填埋场的终场规划是填埋最初设计的一部分，而不是填埋完成后再予考虑的事项。卫生填埋场封场后通常可用作园林绿地、休闲用地、高尔夫球场等，亦可作建材预制件、无机物堆放场等。总体设计思路见图 5-8。

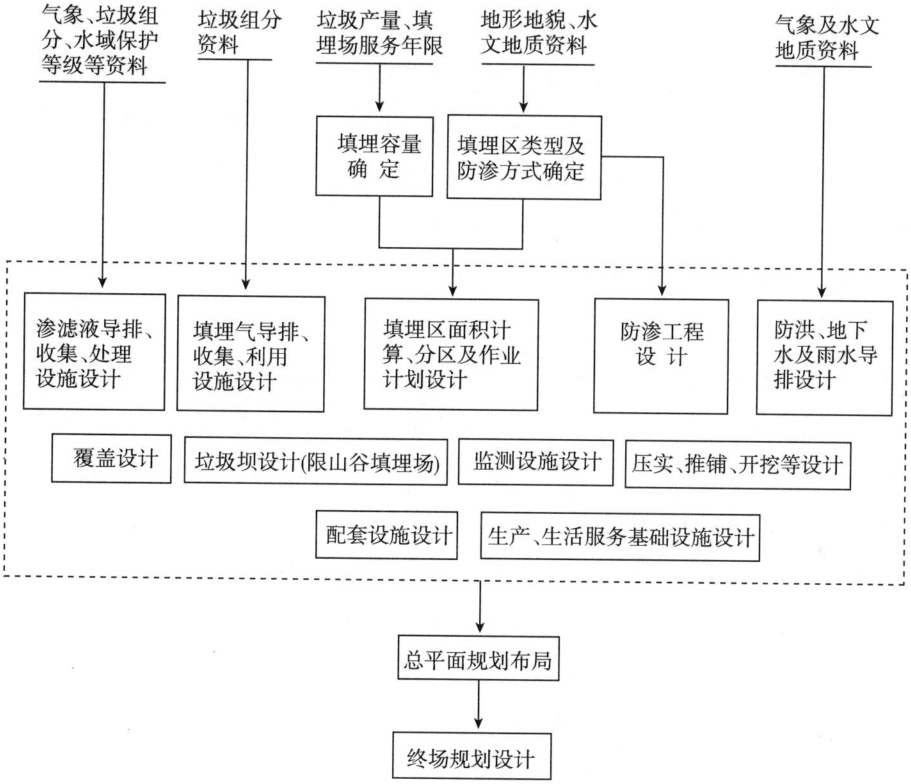

图 5-8　填埋场总体设计思路

3. 卫生填埋场建设

(1)填埋场底防渗系统

是否采取防渗措施是区别卫生填埋场与一般填埋场(或堆场)的重要指标。

《生活垃圾卫生填埋技术规范》(CJJ17—2001)中强制规定,“填埋场必须进行防渗处理,防止对地下水和地表水的污染,同时还应防止地下水进入填埋区”。因此,防渗系统的功能是通过在填埋场中铺设低渗透性材料防止渗滤液和填埋气迁移到填埋场之外的环境中;防渗系统还可以阻隔地表水和地下水进入填埋场。填埋场防渗系统包括水平防渗系统和垂直防渗系统。

1)水平防渗系统

水平防渗系统是在填埋场场底及其四壁基础表面铺设防渗衬层。水平防渗系统从上至下通常包括过滤层、排水层(包括渗滤液收集系统)、保护层和防渗层等。防渗层主要材料有天然黏土(如改性黏土、膨润土等)和人工合成材料(如聚乙烯膜等)。目前填埋场广泛使用的是高密度的聚乙烯(HDPE)土工膜。防渗层的结构千差万别,有两层 HDPE 膜中间夹一层膨润土的,也有一层 HDPE 膜上铺一层膨润土的,还有单独使用一层 HDPE 膜的。总的来讲,该层至少应设一层 HDPE 膜。图 5-9 为我国生活垃圾填埋场防渗系统推荐结构。防渗层的层数越多,安全性能越强,但造价也相应提高。在具体工程实践中,应根据垃圾性质、场区环境等因素具体分析。表 5-1 对美国、欧盟、德国以及我国生活垃圾卫生填埋场底层防渗系统的基本要求做了比较。由该表可知,我国卫生填埋场防渗系统中基底防渗的基本要求接近德国标准,高于欧盟和美国标准。

目前,我国和其他国家新建的生活垃圾填埋场大多数采用的是 HDPE 膜防渗,因此,HDPE 防渗膜的铺设是整个水平防渗系统的关键:

①膜的铺设需平坦;

②膜搭接过程中要尽量减少焊缝;

③在斜坡上铺设防渗膜,其接缝应从上到下;

④膜块间的焊接应采取错焊,不应出现“十”字焊缝;

⑤基础底部的防渗膜应尽量避免埋设垂直穿孔的管道等构筑物;

⑥边坡必须锚固,边坡与底面交界处不能设焊缝。

HDPE 防渗膜的常用焊接方法有挤压平焊、挤压角焊、热契焊、热空气焊、电阻焊等几种。图 5-10 为日本某垃圾焚烧灰填埋场 HDPE 防渗膜的铺设和焊接过程。

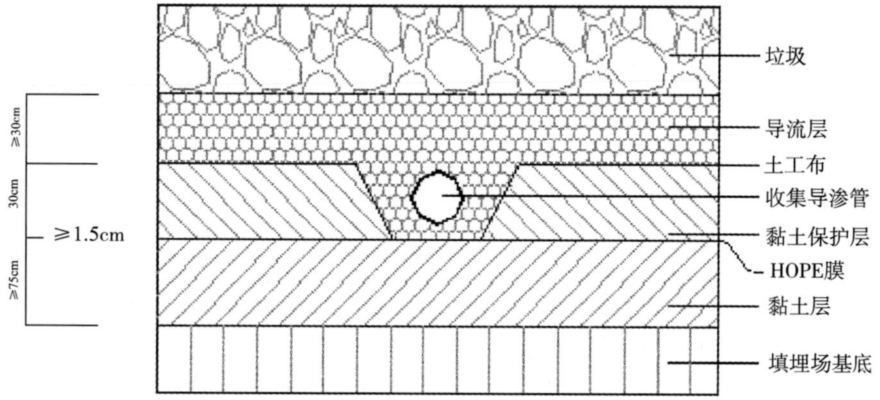

图 5-9　我国生活垃圾填埋场防渗系统推荐结构

2)垂直防渗系统

如果在填埋场的基础下方存在独立的水文地质单元、不透水或弱透水层,可在填埋场的一边或周边设置垂直防渗系统。所谓垂直防渗,是指在区域边界处地面以下设计建造一定深度和标准的不透水结构,即防渗透结构(如防渗墙、防渗板、灌浆帷幕等),可以防止垃圾渗滤液从库区向库区外渗漏,同时又可以有效地阻隔库区外地下水渗入库区。根据国内外的填埋场运行经验,可以根据填埋场的水文地质条件,采用水平防渗和垂直防渗相结合的防渗系统。如杭州某垃圾填埋场东北角灰岩防渗工程中首次采用水平防渗和垂直防渗相结合的防渗方案,即提高了防渗效果,两种防渗措施优势互补。目前围绕垂直防渗系统争议最大的是其防渗效果问题。以常用的灌浆帷幕为例,根据灌浆施工技术规范,按照其最高要求可达到 $K=1.5\times10^{-5}$cm/s,然而仍不满足我国防渗要求($K\leqslant1.5\times10^{-7}$cm/s)。今后,随着灌浆材料、施工方法、检测手段的改进以及防渗标准的改善,帷幕灌浆防渗效果将不断提高,发挥更大经济和环境效益。

3)渗漏检测

从理论上来说,完全按照安全卫生填埋进行设计和建设的防渗系统是不应该产生渗漏的。然而,1978 年美国环境总署仍然指出所有的填埋场都会渗漏。1990 年美国一项最好填埋场衬层的监测表明,在质量最好、费用最高的工程中,也依然存在渗漏情况,渗漏是由于制造时留下的针眼和施工时留下的小洞造成的。因此,对建好的防渗系统应该针对渗漏情况进行监测，以确保防渗层能真正发挥到环境保护的作用。通常做法是，在填埋区下游或邻侧渗滤液可能泄漏位置布置污染监测井，以观测地下水是否受到了污染。万一发现污染已产生，可采用将井中被污染的地下水抽至调节池，阻止它再向下游扩散。

表 5-1　美国、欧盟、德国以及我国生活垃圾卫生填埋场底层防渗系统的基本要求比较

人工防渗基本要求	美国环境部对生活垃圾填埋场防渗的基本要求(40CFR258)	欧盟对非有毒有害生活垃圾填埋场防渗的基本要求(Landfill Directive 1999/31/EC)	德国生活垃圾填埋场防渗的基本要求(TASI,1993)	我国生活垃圾卫生填埋场防渗系统工程技术规范(CJJ113—2003)
渗滤液导流层	$K>1\times10^{-4}$m/s 厚度为 0.3m	厚度为 0.5m	$K\geqslant1\times10^{-3}$m/s 厚度≥0.3m	$K\geqslant1\times10^{-3}$m/s 厚度为 0.3m
塑料膜防渗层	不小于 0.75mm 塑料膜，一般推荐使用厚度为 1.5mmHDPE 膜	没有具体要求，但防渗能力要达到厚度为 100cm ($K\leqslant1\times10^{-3}$m/s)	厚度≥2.5mmHDPE 膜	厚度≥1.5mmHDPE 膜
压实黏土防渗层	$K\leqslant1\times10^{-9}$m/s 厚度为 60cm	采用塑料防渗膜，压实粘土厚度大于 50cm	$K\leqslant5\times10^{-10}$m/s 厚度为 3×25cm	$K\leqslant1\times10^{-9}$ m/s 厚度为 75cm

a. HDPE土工膜的铺设

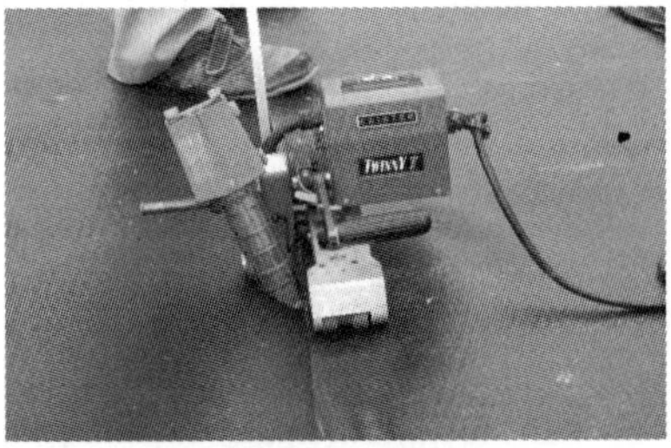
b. 膜的双轨热楔焊接

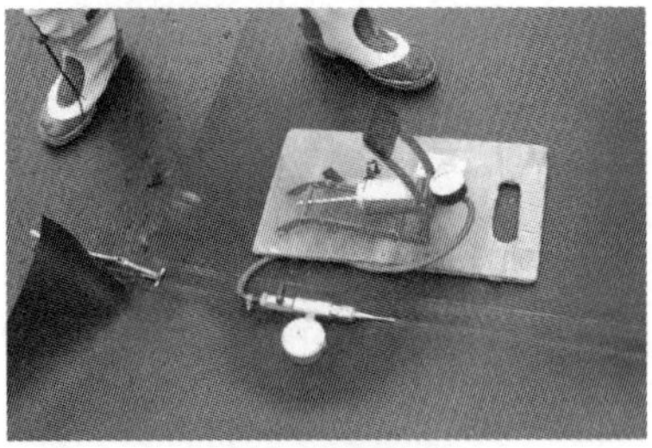
c. 焊接连续性检验

d. 铺设结束的填埋库区

图 5-10　日本某垃圾填埋场的防渗系统建设过程

(2)渗滤液导排系统

渗滤液导排系统的作用主要是将填埋场内产生的渗滤液收集起来,并通过污水管或集水池输送至污水处理系统进行处理,以保证填埋场在预设寿命期限内正常运行,避免渗滤液在填埋场底部蓄积。导排系统要求能够迅速地把渗滤液排掉,这一点十分重要,否则,垃圾中出现壅水会使更多垃圾浸在水中,从而增加了渗滤液净化处理的难度;壅水会对下部防渗层施加荷载,使其因超负荷而有受到破坏的危险,从而导致渗滤液泄漏到地下水—土壤系统中。

渗滤液导排系统包括收集系统和输送系统。渗滤液收集系统通常由排水层、集水槽、多孔集水管、集水坑、提升管、潜水泵和集水池等组成。排水层是整个收集系统里面的最主要部分,一般位于底部防渗层上面,由沙或砾石构成。在排水层内设有穿孔管,以及为防止阻塞而铺设在排水层表面和包在管外的无纺布。输送系统的作用是把垃圾渗滤液从填埋场底部向外输导,包括渗滤液贮存罐、泵和输送管道。

(3)填埋气体收集系统

目前工程上对填埋气体的控制手段主要有两种:被动型和主动型。被动型气体控制是利用填埋场内部产生气体的压力和浓度梯度,使气体沿设计的方向运动,最后被直接导入大气。被动型控制只解决了部分环境问题,如减少爆炸的危险、防止填埋气压力释放损坏防渗层和最终覆盖层等,尚不能满足对气体进行充分回收和利用的要求。主动型气体控制是通过填埋场内部铺设的气体收集和导排系统、最后利用气泵创造压力梯度来收集气体,收集的气体可进行利用,也可直接燃烧。主动型能够最大限度地将填埋气导排出来,有利于填埋气体的回收利用,但运行成本较大。

4. 垃圾填埋

(1)填埋基本原则

在填埋操作过程中,为确保填埋作业的高效性,并减轻环境污染,应遵循以下几点原则:

①提前进行填埋规划，在填埋操作中按计划进行填埋作业。将填埋场分成若干个填埋区，每个分区再划分为若干个填埋单元。一个填埋单元通常为一天的作业量。

②实行分区作业，减少垃圾裸露面，降低作业成本。

③压实多填，延长填埋场使用年限，提高填埋效率，确定合理的填埋高度。

④控制源头，制定并落实有效环保措施，防止二次污染。从填埋场地基的防渗、垃圾渗滤液的收集与处理、填埋气体的导排或回收利用以及填埋场的虫害防治等方面，采取及时的预防和治理措施，将垃圾对周围环境的污染降低到最低限度。

(2)填埋基本流程

不同的填埋场类型和不同的填埋方式，其作业工艺流程基本相同。垃圾填埋应在遵守基本原则的情况下进行。垃圾由陆运或水运进入填埋场，经地衡称重计量，再按指定的线路运至当天的填埋作业区。在管理人员指挥下，到指定位置进行倾泻垃圾，然后由推土机把垃圾厚度推铺到 40～75cm，最后用压实机将垃圾压实。压实是填埋作业中一道重要工序，填埋垃圾的压实不仅能够有效增加填埋场容量，还能够增加填埋强度，防止坍塌和不均匀沉降。每天的填埋作业结束后对填埋区域进行覆盖，以减少蚊蝇和恶臭、改善景观。每个填埋单元操作结束后及时进行终场覆盖，以利于填埋场地的生态恢复和终场利用。填埋过程中，要注意对渗滤液收集系统和填埋气收集管道系统跟进铺设，并保护已铺设的管路免遭碾压。此外，根据填埋场蚊蝇产生情况，有时还需要喷洒药液对其进行控制。垃圾卫生填埋的典型工艺如图 5-11 所示。

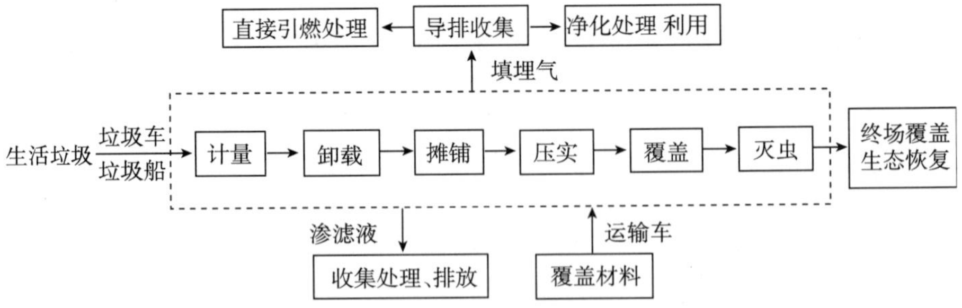

图 5-11　生活垃圾卫生填埋基本流程

四、垃圾渗滤液的产生、性质与处理

1. 渗滤液的产生

渗滤液是填埋场的一种主要副产物。垃圾进入填埋场后，由于自身的好氧分解或厌氧发酵、降水的淋溶，以及地表水、地下水的浸泡，而产生大量污水，即为渗滤液。因此，渗滤液的来源主要有三方面：填埋场的外部水（包括地表降水、地表水和地下水）、废弃物本身所含的水分以及废弃物分解发酵过程中产生的水分。这些来源中，相对而言，填埋场的外部水量（包括雨雪水、地表水和地下水）对于渗滤液产量具有关键性的作用，这也是填埋场建设过程中唯一的可控因素。卫生填埋场底层防渗系统的建设就是为了控制地下水入侵到填埋场内，而终场覆盖和雨水导排等一系列措施则是为了减少雨水和地表水进入填埋场内。图 5-12 演示了垃圾填埋中各种水的迁移转化及渗滤液的形成过程。

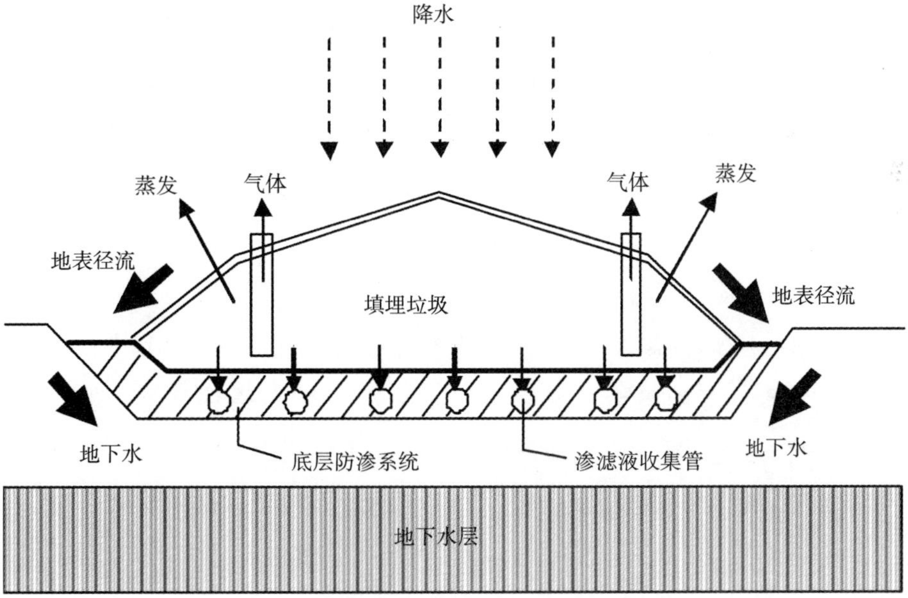

图 5-12 垃圾填埋场渗滤液来源及其演变历程

2. 渗滤液的污染物及其特征

(1)渗滤液的污染物

渗滤液中污染物的种类多种多样，一般来说可以分为有机污染物、无机常量物质和重金属类物质三大类。

①有机污染物：渗滤液中的有机污染物主要来自于垃圾中的溶解成分或是可降解的组分。有机污染物主要包括一些易降解的挥发性脂肪酸（如乙酸、丙酸、丁酸等）和一些难降解有机物（如灰黄酸类、富敏酸类、腐殖酸类化合物）。由于有机物的种类繁多，而每种化合物的含量又很少，因此一般的处理工艺中采用化学需氧量（COD）、生化需氧量（BOD）、BOD/COD 等指标来综合表征渗滤液中有机污染物的浓度。COD 反映的是污水中总的污染物质的含量，而 BOD 是反映水体中可被生化降解的污染物质的含量。一般来说，渗滤液的 BOD 和 COD 值会随着填埋时间先升高后降低。这主要是因为在填埋早期垃圾中易降解的有机物质的迅速降解，到了填埋中后期，垃圾的降解速度变慢。此外，BOD/COD 也是表征污水性能的重要指标。它反映总有机物中可生物降解有机物的比例，即污水的生化性能的好坏。随填埋时间增加，BOD/COD 值逐渐减小。用来表征渗滤液有机污染物性质的 COD、BOD、BOD/COD 等指标是渗滤液处理工艺设计的基础数据，也是废水处理动力学研究中的重要参数。如果 BOD/COD 值较高，说明渗滤液的生化性能好，宜采用生物处理工艺；如果 BOD/COD 值很小，说明渗滤液的生化性能很差，宜采用物化处理工艺为主。

②无机常量物质：渗滤液中的无机常量物质包括 Ca^{2+}、Mg^{2+}、Na^{+}、K^{+}、NH_4^{+}、Fe^{3+}、Mn^{2+} 等阳离子和 SO_4^{2-}、Cl^{-}、NO_3^{-}、PO_4^{3-} 等阴离子。跟有机污染物的浓度一样，这些无机常量物质的浓度也随填埋时间而发生变化。在所有的无机常量物质中，氮元素和磷元素是微生物生长的营养物质。氮和磷的存在形态和浓度比例对污水处理工艺的选择十分重要，一直是渗滤液处理中研究热点。

③重金属离子：填埋场渗滤液中含有多种金属离子，包括 Zn、Cu、Cd、Pb、Ni、Cr 和 Hg 等，它们的浓度变化与所填埋垃圾的组分、填埋时间等有密切关系。对于

仅填埋城市生活垃圾的填埋场(不包含工业垃圾)产生的渗滤液而言，所含的金属离子浓度较有机污染物低得多。渗滤液中重金属含量低，究其两个原因：一方面是生活垃圾本身的重金属含量低；另一方面是微量重金属的溶出率很低。有研究表明填埋场稳定化垃圾中重金属含量高于新鲜垃圾，说明垃圾本身对重金属有较强的吸附性能，垃圾中的重金属也只有很少一部分进入了渗滤液。

(2)垃圾渗滤液的特征

垃圾渗滤液是垃圾填埋产生的最主要二次污染物，具有以下特征：

①垃圾填埋场渗滤液的 pH 值在一般在 4～9 之间，COD 在 2000～62000mg/L 范围内，BOD 为 60～45000mg/L。一般来说，垃圾渗滤液中的污染物质含量是城市生活污水的几倍甚至几十倍。而渗滤液中的重金属浓度和市政污水中重金属浓度没有太大的差别。

②垃圾渗滤液的性质随填埋场运行时间的不同而发生变化，这主要是填埋垃圾的稳定化过程所决定的。在短的时间尺度内，垃圾渗滤液受季节变迁而发生波动性变化，夏天污染物浓度高，冬天污染物浓度低；在长的时间尺度内，总体来说垃圾渗滤液中污染物质的含量随着填埋垃圾降解时间而降低。如我国上海某填埋场的新鲜垃圾渗滤液的 COD 值一般为 10000～60000mg/L，而老龄垃圾渗滤液的 COD 值一般小于 10000mg/L。

③垃圾渗滤液的性质还与地区的气候条件、饮食习惯等因素有关。如亚洲国家生活垃圾中厨余垃圾含量较高，从而造成渗滤液中的钾、钠、氯的含量都较高。一般亚洲国家的老龄渗滤液中，其含量分别为 400～1940mg/L，1500～5640mg/L，875～3500mg/L，而西方国家老龄渗滤液的钾、钠、氯的含量分别为 50～400mg/L，100～400mg/L，100～400mg/L。

④垃圾渗滤液的产生量具有明显的季节性和地域性特征。在我国，降雨量大的南方地区，渗滤液的产生量明显高于降雨量少的北方地区。此外，渗滤液的产生量还与垃圾填埋场底层防渗系统、覆盖系统、雨水导排系统等的设计与施工质量有关。好的防渗系统能够避免地下水的入侵，同时好的覆盖系统和雨水导排系统能够减少雨水的渗透量，减少渗滤液的产生量。正确预测渗滤液的产生量对后续的

处理设施的设计具有重要作用。

3. 渗滤液的处理

相比于城市污水，垃圾渗滤液具有污染物浓度高、水质水量季节性波动大的显著特点。此外，每个垃圾填埋场所处的地理位置、资金状况等都不尽相同。因此，渗滤液处理方案及处理工艺的选择既要保证技术上的可行性，还要考虑经济上的可行性。只有根据填埋场的实际情况以及渗滤液的实际特点，选择最佳的处理工艺组合以及最优秀的管理措施，才有可能解决各填埋场渗滤液处理的难题。

(1)渗滤液处理技术

目前，渗滤液处理技术主要包括生物处理、物化处理、土地处理和矿化垃圾反应床处理。

①生物处理：生物处理分为好氧生物处理和厌氧生物处理。好氧生物处理包括活性污泥法、曝气氧化池、好氧稳定塘、生物转盘和滴滤池等。好氧处理可有效地降低 BOD 、COD 和氨氮，还可以去除另一些污染物质如铁、锰等金属。厌氧处理包括上流式厌氧污泥床（UASB）、厌氧固定化生物反应器、混合反应器及厌氧稳定塘。厌氧生物处理有许多优点，最主要的是能耗少，操作简单，因此投资及运行费用低廉，而且由于产生的剩余污泥量少，所需的营养物质也少。

②物化处理：物化处理主要包括化学氧化、膜处理、脱氮处理等技术。化学氧化可彻底消除污染物，对于色度、COD 的去除能力也高于传统的混凝沉淀法，且不会产生大量的化学污泥。以 Fenton 试剂处理为代表的湿式氧化等高级氧化技术用于渗滤液的处理，具有处理效率高、二次污染少、速率快等优点。物化处理中的膜处理技术处理效率高，工艺可靠性高，易于改建和扩建。近年来，以反渗透（RO）和纳滤（NF）为代表的膜分离技术发展迅速，在高排放要求的渗滤液处理工艺中被广泛采用。渗滤液中高浓度的氨氮是渗滤液可生化性低的主要原因，高浓度的氨氮还会抑制微生物的活性。因此，可采用脱氮装置（如曝气吹脱池、冷却通风塔等）降低渗滤液中氨氮含量。

③土地处理：土地处理，即利用土壤、植物系统对渗滤液进行净化处理，具有投资少、能耗低、易管理等优点。土地处理在一定程度上对土地改良有积极作用，但需注意重金属及其他有毒物质，防止造成二次污染。渗滤液回灌处理技术是土地处理的一种。具体操作是将填埋场底部收集到的渗滤液，重新打到填埋场覆盖层表面或覆盖层下部，利用填埋场覆土层及各年龄段垃圾的物化以及生物降解作用对渗滤液进行处理。回灌处理本身并不能完全去除渗滤液中有机物，出水水质难以达到排放标准，一般仅用于预处理阶段。

④矿化垃圾反应床处理：矿化垃圾反应床处理渗滤液是指以矿化垃圾作为生物反应床的填料介质处理渗滤液。矿化垃圾也被称为稳定化垃圾、腐熟垃圾、老龄垃圾或者陈垃圾。从物理、化学性质和水力学性质来看，矿化垃圾有较大的比表面积、松散的结构、较好的渗透性能、适宜的 pH、较好的阳离子交换能力等；从生物角度来看，有优良的生物种群和较高的细菌总数，而且这些生物在垃圾场恶劣条件下经过长时间的自然驯化，存活的微生物种群具有较强的生命力和较强的生物降解能力，对有毒有害或难生物降解有机化合物有着较好的抵抗力和耐受力。这些特点都说明了矿化垃圾完全适合作为一种优良的生物反应器填料或介质，而且有着其他介质所无法比拟的优越性能。目前，上海市某填埋场构建了矿化垃圾生物反应床示范工程用以处理场内的垃圾渗滤液，实现填埋场内部以废治废的自消纳体系。此外，在示范工程的基础之上，矿化垃圾反应床处理渗滤液技术还在山东等地开始推广应用。矿化垃圾处理渗滤液，是一种“以废治废”处理技术，充分体现了循环经济的理念，且投资费用较小、运行简单、抗冲击负荷性能优越，是目前适合我国国情的一种渗滤液处理新技术。

矿化垃圾也可作为甲烷生物氧化技术，实现生活垃圾卫生填埋场甲烷的大幅度减排。

(2)渗滤液处理组合工艺——以成都为例

垃圾渗滤液由于其特殊的性质使得几乎任一单一工艺均不能完全达到理想的处理效果。由于渗滤液中污染物质的难降解性，尤其是后期的填埋场渗滤液更具复杂性，所以修建填埋场垃圾渗滤液处理厂时，宜采用较为复杂的组合工艺对渗滤液进行处理。目前国内外对渗滤液的处理工艺，总体上均采用以生物处理为主体的工艺，把物化法作为预处理或者后处理工艺，而土地法作为后处理工艺系统或者作为单独的处理系统。例如，成都市某固体废弃物卫生处置场垃圾渗滤液处理工程作为国内第一个按《生活垃圾填埋场污染控制标准》（GB 16889—2008）新建的1000 t/d大型渗滤液处理工程，即采用了生物和物化处理相结合的组合处理工艺，工艺流程见图5-13。该工程采用MBR生物反应器/反渗透(RO)/纳滤(NF)的组合工艺。

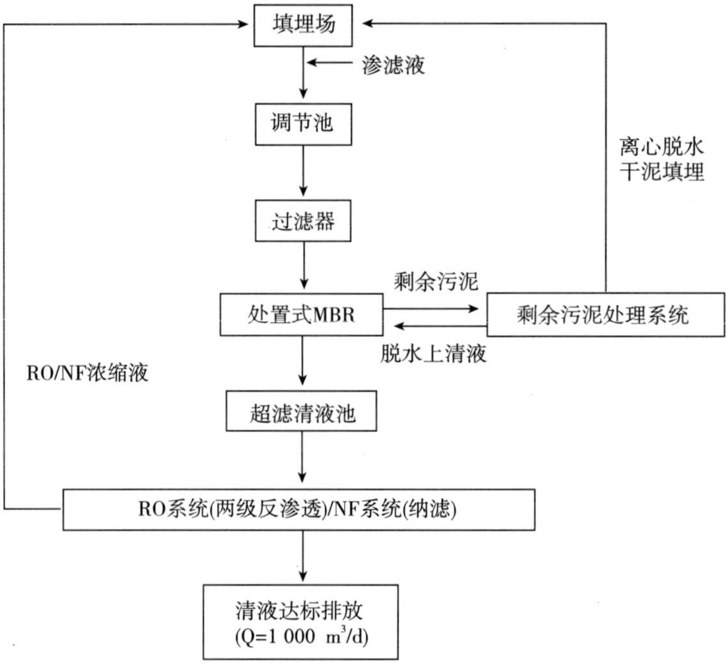

图5-13　成都市某固体废物卫生处置场垃圾渗滤液处理组合工艺

五、填埋气的产生与处理

1. 填埋气的产生及其组成

和垃圾渗滤液一样，填埋气是垃圾生物降解过程中的另一主要产物。生活垃圾填埋一段时间之后，填埋场内部的氧气被微生物消耗殆尽，使得填埋场开始处理厌氧状态。在这种条件下，厌氧产酸菌把有机垃圾降解为有机酸，然后产甲烷菌再把有机酸分解为甲烷和二氧化碳等气体。因此，填埋场气体主要是填埋垃圾中可生物降解有机物在微生物作用下的产物，其中主要含有甲烷、二氧化碳以及少量的一氧化碳、氢、硫化氢等。垃圾填埋场产生的填埋气体已经成为温室气体的主要来源之一。根据美国环保署 2011 年公布的温室气体调查报告（2011 U. S. Greenhouse Gas Inventory Report），2009 年美国填埋场释放的甲烷气体占美国甲烷气体释放总量的 17.1%，已经成为美国第三大甲烷气体产生源。我国目前对填埋场甲烷气体的产生预测和评价尚缺乏准确的预测方法和评价数据，但根据目前我国现有的垃圾填埋场数量，可以预测这一数值必定不可忽略。

甲烷的温室效应是同体积的二氧化碳的 22 倍。此外，甲烷还属于易燃易爆气体。当甲烷在空气中的浓度达到 5%～15%时，会发生爆炸。国内外由于填埋气体的聚集和迁移引起的爆炸和火灾事故时有发生，如北京、上海、重庆的垃圾填埋场都有填埋气体爆炸事故发生。因此，填埋气体对周围的安全始终存在着威胁，必须对填埋气体进行有效的控制。

2. 填埋气的收集与利用

填埋气中可利用的气体主要是甲烷。这一气体的热值很高，具有很高的利用价值。为了填埋气体的有效利用，首先应该把二氧化碳、硫化氢等杂质气体去除，即对填埋气体进行净化。净化后的填埋气可以用来作为燃料或化工原料，也可以用来发电。

近年来，随着各国对开发替代能源的重视，填埋气体的利用也越来越被各国看好。目前世界上有越来越多的国家开始对填埋气进行收集利用。为了减少温室气体的排放，积极开发利用新能源和可再生能源，美国环保局（EPA）于 1994 年启动了垃圾填埋场甲烷使用推广计划（Landfill Methane Outreach Program—LMOP）。LMOP 是一项自愿性的合作项目，旨在推广填埋气体的回收利用。LMOP 通过协助地方政府、社区以及能源供应商等机构开发甲烷回收利用项目，防止甲烷气体的排放，从而达到减少空气污染、促进开发可再生能源的目的，进而提高公众福利和安全保障。

我国也越来越重视填埋气体的收集和利用。继2002年建设部印发《关于加强生活垃圾填埋场气体管理工作的通知》以来，2010年我国又实施了《生活垃圾填埋场填埋气体收集处理及利用工程技术规范》，该规范对填埋气体产量估算、气体导排、利用等方面进行了规定，有利于我国填埋气体收集利用项目的规范化和法制化。该规范规定："填埋场必须设置填埋气体导排设施，设计总填埋容量大于或等于100万t，填埋厚度大于或等于10m的生活垃圾填埋场，必须设置填埋气体主动导排设施，当设计总填埋容量小于100万t时，宜采用能够有效减少甲烷产生和排放的填埋工艺。"

目前，国内已有多个填埋场开展了填埋气体的收集利用，如杭州天子岭废弃物处理场、广州大田山一期工程、北京阿苏卫卫生填埋场、深圳下坪垃圾填埋场、西安江村沟垃圾填埋场。今后，必将有更多的垃圾填埋场走上填埋气体的收集利用之路。由于国内垃圾填埋场及其管理部门往往缺少建设填埋气体收集利用项目的资金和资金渠道，因此，目前许多填埋气体利用项目都是通过外方投资建设运营的。

六、终场覆盖与封场利用

1. 终场覆盖

在每个填埋单元的填埋工作完成之后，应该进行妥善的终场覆盖。终场覆盖的目的是为了使封场后的日常维护工作量降至最低并有效保护公众的健康和周围的环境。终场覆盖基本功能是：减少外来水渗入垃圾体；控制恶臭并抑制病原菌、蚊蝇的传播；控制填埋气体的收集；为植被生长提供条件，以便于土地再利用。终场覆盖应该注意垃圾不均匀沉降可能引起的覆盖系统的损坏。为此，覆盖材料应当具有一定的可塑性以便能承受较大的变形。

2. 封场利用

终场覆盖结束后，为了填埋土地的开发利用，一般需要对填埋场进行植被恢复。在世界上许多地区，尤其是发达国家的大都市，由于人口高速增长和经济的发展，旧的填埋场址，甚至某些正在使用的填埋场址，已经被工业、商业和居住区的设施所包围。现代化城区的扩展急需开发新的闲置地段来满足其对土地日益增长的要求，因此一度作为废弃物处置场所的填埋场址也成为土地复垦开发的特殊热点。封场后的填埋场址可以用作公园、娱乐场所、自然保护区、植物园、作物种植，甚至是商用设施。图 5-14 为日本某垃圾填埋场封场利用的典型实例。该垃圾场封场后划分为四部分，分别用于游乐设施（运动公园）、学校、农业和污水处理用途。其中，运动公园建成于 1992 年，占地面地 196870m^2。场内包括足球场、网球场等一系列的公共设施，是周围的居民休闲、锻炼的好场所。

图 5-14　日本某垃圾填埋场封场利用实例

七、现场运行管理

现场的运行和管理主要包括设备的组织管理、填埋作业的规范性管理、环境保护措施的实施等多个方面。目前国内填埋场设备管理一般在分管领导下开展，下设设备管理职能科室，统一进行设备的日常管理。其任务首先应该建立完善的设备管理体系，健全设备管理责任制度，从设备的配置、使用和维修等各个环节进行监督和管理。填埋作业的规范性管理是整个现场运行和管理的关键。每个填埋场应根据实际情况制定自己的填埋操作手册，对人员和设备的配备、操作流程和规程、应急措施等各个方面进行规定，使得填埋工作更加规范化和正规化。在填埋场的选址、设计、建设、填埋、封场、终场利用的过程中，要始终注意环境的保护，防止二次污染，如防止对地下水和大气的污染、恶臭和蚊蝇的控制等。

八、垃圾填埋准入制度

为了提高垃圾资源化利用率，同时也为了减少垃圾填埋场污染物的产生，发达国家相继对允许进入填埋场的垃圾进行了限制。例如 20 世纪 90 年代后，美国颁布条例禁止庭院垃圾进行填埋。再比如，欧盟垃圾填埋指令（CD1999/31/EU/1999)，该指令设定了阶段性的目标，旨在降低进入填埋场的垃圾中可生物降解物质的含量。目标自 2001 年起实施，共分三步来完成：以 1995 年城市固体废物组分的统计数据为基准，欧盟各国允许进入填埋场的垃圾中可生物降解有机物质含量在 2006 年要降低 25%，到 2009 年要降低 50%，到 2016 年要降低 65%，特殊情况除外。这些措施的实施能够有效地降低进入填埋场的垃圾量，延长垃圾填埋场的使用寿命。我国目前还没有类似的法律法规的出台，但对进入填埋场的垃圾在某种程度上实行限制无疑是垃圾填埋管理的一种发展趋势。

第三节　城市固体废物焚烧发电技术

一、固废焚烧的概念及特点

1. 关于固废焚烧的几个基本概念

(1)垃圾焚烧

垃圾焚烧是一种将人们的生活过程中所产生的废物在富氧状态下进行高温热处理(800℃～1100℃),使其中的有机可燃成分被充分燃烧,留下的无机成分以焚烧残渣的形式排出,并将产生的热能加以回收利用的方法。

(2)生活垃圾热值

生活垃圾的热值是指单位质量的生活垃圾燃烧释放出来的热量,以 kJ/kg 计。要使生活垃圾维持燃烧,就要求其燃烧释放出来的热量足以提供加热垃圾到达燃烧温度所需要的热量和发生燃烧反应所必需的活化能。否则,便要添加辅助燃料才能维持燃烧。

(3)焚烧温度

焚烧温度是指生活垃圾焚烧所能达到的最高焚烧温度,一般指的是垃圾层上方靠近燃烧区域内的温度。焚烧温度越高燃烧越充分,产生的污染物质越少。

(4)停留时间

垃圾焚烧的停留时间有两层含义:一是指垃圾从进炉到从炉体排出之间在炉排上的停留时间,根据垃圾组分、热值、含水率等情况,一般垃圾在炉内的停留时间为 2h 左右;二是指垃圾焚烧时产生的有毒有害烟气,在炉内处于焚烧条件进一步氧化燃烧,使有害物质变为无害物质所需的时间,该停留时间是决定炉体尺寸的重要依据。一般来说，焚烧烟气在850℃以上的温度区域停留2s，便能满足垃圾焚烧的工艺需要。

(5)过量空气系数

在焚烧炉中，固体废物很难与空气形成理想混合，因此为了保证垃圾燃烧完全，实际空气供给量要明显高于理论空气需要量。实际空气量与理论空气量之比值为过量空气系数。但是如果助燃空气过剩系数太高，同时会导致炉温降低，影响固体废物的焚烧效果。

(6)湍流度

湍流度是表征生活垃圾和空气混合程度的指标。在生活垃圾焚烧过程，当焚烧炉一定时，可以通过提高助燃空气量来提高焚烧炉中的流场湍流度，改善传质与传热效果。

2. 焚烧法的特点

焚烧作为一种废物热处理方法，具有很多独特的优点：经焚烧处理后，垃圾的臭味被消除，垃圾中的病原体被彻底消灭，燃烧过程中产生的有害气体和烟尘经处理后达到排放要求；经过焚烧，垃圾中的可燃成分被高温分解后，一般可减量75%、减容90%以上，最终处分量大大降低；焚烧过程所产生的高温烟气，其热能被废热锅炉吸收转变为蒸汽，用来供热或发电，垃圾焚烧残渣经适当处理后能够被用来作二次建筑材料，或回收其中的铁、铝等金属和玻璃；焚烧处理可全天候操作，不易受天气影响。此外焚烧厂可以靠近市区建厂，既节约用地又缩短了垃圾的运输距离。

焚烧技术的缺点主要表现在：气相中亦残留有少量以CO为代表的可燃组分；气相不完全燃烧有可能产生二恶英等高毒性有机物；未燃尽的有机质和焚烧残渣的不均质特性，使灰渣中有害物质如重金属和盐类等的再溶出不能完全避免；垃圾焚烧的经济性及资源化仍有改善的余地。

焚烧法不但可以处理固体废物，还可以处理液体废物和气体废物，不但可以处理城市生活垃圾和一般工业废物，而且可以用于处理危险废物。在焚烧处理城市生活垃圾时，也常常将垃圾焚烧处理前暂时堆置过程中产生的渗滤液和臭气引入焚烧炉加以焚烧处理。因篇幅有限，本节以后的内容主要以城市生活垃圾为对象对焚烧发电技术进行介绍。

二、焚烧技术国内外应用现状

1. 国外

自20世纪70年代以来，随着烟气处理技术和焚烧设备制造技术的发展，垃圾焚烧技术逐步为越来越多的发达国家和地区所采用。垃圾焚烧技术经历了100多年的发展过程，已由初期的简易焚烧发展到热能回收型的焚烧。垃圾焚烧发电技术相对于卫生填埋法、堆肥法而言，在减量化、无害化、资源化等方面具有很大优势。

据欧洲垃圾发电企业联盟（CEWEP）2006年统计数据，全世界有生活垃圾焚烧厂约2200座，其中生活垃圾焚烧发电厂约1000座；总焚烧处理能力约为62.1万t/日，年焚烧生活垃圾总量约为1.65亿吨，相当于中国城市生活垃圾年清运总量。生活垃圾焚烧厂主要分布于发达国家和地区，按生活垃圾年焚烧处理能力分析，欧盟19个国家共建有焚烧厂425座，年处理能力约为6360万t，占38%；日本共建有焚烧厂1374座，年处理能力约为4030万t，占24%；美国共建有焚烧厂143座，年处理能力约为3135万t，占19%；东亚部分包括中国、中国台湾、韩国、新加坡、泰国等共建有焚烧厂160座，年处理能力约为2400万t，占15%；其他地区（俄罗斯、乌克兰、加拿大、巴西、摩纳哥等）共建有焚烧厂30座，年处理能力约为600万t，占4%。图5-15为一些主要发达国家生活垃圾焚烧比率。

世界范围内，日本的垃圾焚烧技术最为成熟，应用最为广泛。据日本环境省统计数据，1998年日本共建有生活垃圾焚烧厂1676座，年焚烧处理能力约为3760万t，垃圾焚烧比例为76.1%，到2004年日本的生活垃圾焚烧厂调整为1374座，年焚烧处理能力约为4030万t，垃圾焚烧比例占77.4%，6年间焚烧厂数量减少了302座，降幅为22%，同期焚烧处理量增长了270万t，增幅为7.2%。焚烧厂数量减少而焚烧处理量却不减反增是日本近年对生活垃圾焚烧厂实施技术改造和结构调整的结果。2008年，日本生活垃圾年焚烧处理能力虽仍维持在4031万t的水平，但比例已提高到78.4%，这些统计数据使日本取消或限制生活垃圾焚烧的传言不攻自破。

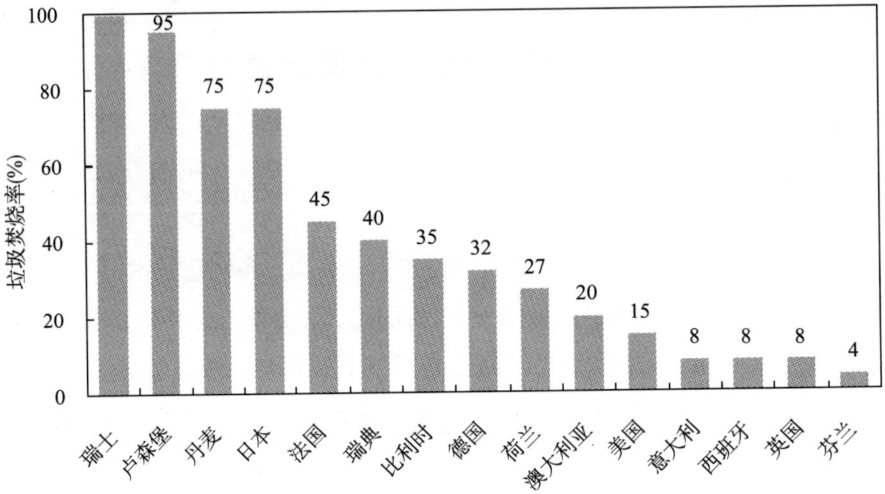

图 5-15　不同国家城市生活垃圾焚烧比率

2. 国内

目前生活垃圾填埋处理在我国的生活垃圾处理处置中仍处于主导地位，而且在今后相当长的一段时间内会依然继续存在并得以发展。然而，随着中国经济的飞速发展和人民生活水平的不断提高，城市生活垃圾产生量也飞速增长，尤其是在人口密度高、土地资源紧张的大中型城市和沿海等经济发达地区，垃圾焚烧技术成为近年来许多城市解决垃圾出路问题的新趋势和新热点。根据“城市建设统计年报”，2001 年生活垃圾焚烧总处理能力为 6520 t/d，2005 年提高到 33010 t/d；生活垃圾焚烧在垃圾无害化处理中所占的比例，从 2001 年的 3%提升到 2010 年的 18%，增加了 15 个百分点。此外，根据国家“十一五”关于垃圾处理“在经济发达、生活垃圾热值符合条件、土地资源紧张的城市，可加大发展焚烧处理技术”的技术路线，我国垃圾焚烧处理比例必将继续稳步提高。

随着焚烧技术在我国垃圾处理领域的推广，一些问题也逐步暴露出来，主要表现在：

①从我国城市生活垃圾本身的性质来看，大部分城市的生活垃圾的水分含量很高，低位热值较低，达不到自燃的要求；且垃圾中不燃物质如灰渣含量较高，制约了焚烧法减容减量效益的发挥。

②从资金技术和管理运营的角度来看，现代化垃圾焚烧属高成本技术，建设投资大，尤其是20世纪90年代以来，焚烧烟气的污染物质排放标准越来越严格，用于烟气净化的一次性工程投资和运行费用越来越高。烟气处理和烟气排放要求也就成为影响垃圾焚烧处理经济性和环境影响的重要因素。此外，国内尚未系统掌握垃圾焚烧技术，在建设与运行管理中均缺乏可靠的技术支撑。

③从社会认可度来看，由于垃圾的不充分燃烧对周围环境可能存在的污染问题，老百姓对垃圾焚烧厂的建设抵触情绪较高，焚烧厂选址困难。

三、焚烧工艺和焚烧设备

1. 典型的焚烧工艺流程

固体废物焚烧工艺主要由垃圾进料系统、焚烧系统、助燃空气系统、余热利用系统、烟气净化系统、灰渣处理系统、自动控制系统等组成。其典型的工艺流程见图5-16。

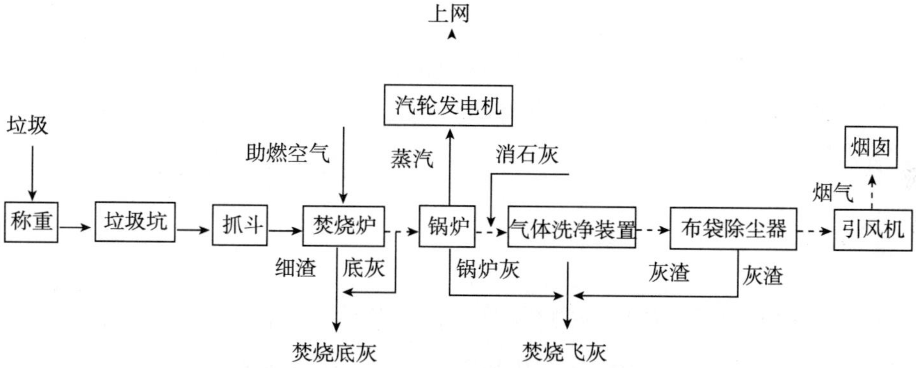

图5-16 典型固体废物焚烧工艺流程

注：焚烧炉尾端排出的底灰和炉床上炉条间的细缝落下的细渣一般统称为焚烧底灰；热回收利用系统的锅炉灰和烟气净化系统产生的飞灰的混合物一般统称为焚烧飞灰。

①生活垃圾进料系统包括垃圾进料漏斗和填料装置。进料漏斗用来暂时贮存垃圾吊车投入的垃圾，并将其连续送入炉内燃烧。

②焚烧系统主要包括焚烧炉，是整个焚烧系统最关键的部分。焚烧炉的选择可以根据垃圾的性质、焚烧规模等因素来选择。其选择将直接影响垃圾焚烧效率并影响后续处理工艺。目前使用最广泛的是机械炉排炉和流化床焚烧炉。

③助燃空气系统。垃圾在焚烧过程中需要由辅助设备鼓入适量空气，一是为了保证垃圾充分燃烧所需要的氧气，二是可以提高焚烧炉中的流场湍流度，改善传质和传热效果。

④余热利用系统主要包括废热锅炉、蒸汽发电机设备。余热利用系统既降低了进入烟气处理系统的烟气温度，又使垃圾焚烧增加了经济效益，是整个垃圾焚烧系统中的重要组成部分。

⑤烟气净化系统主要是用来处理垃圾焚烧产生的粉尘以及酸性气体、重金属、二恶英等污染物质，同时降低烟气温度。烟气净化系统根据焚烧烟气的产生量和性质有多种组合工艺，一般包括除尘设备、酸性气体吸收设备、引风机和烟囱。

⑥灰渣处理系统是用来处理排出的焚烧飞灰和底灰，使灰渣中的金属等资源得以回收利用，或对灰渣进行稳定性处理，使其能够安全填埋或利用。

⑦垃圾焚烧厂内自动控制系统是通过监视整个厂区各设备的运行，将各操作过程的信息迅速集中，并作出在线反馈，为工厂的运行提供最佳的运行管理信息。自动控制系统正常运行是保证整个焚烧厂安全、稳定、高效运行的重要保证，同时自控系统可减轻操作人员的劳动强度，最大限度地发挥工厂性能。

2. 主要焚烧设备及其特点

目前通用的垃圾焚烧炉主要有炉排式、流化床式和旋转窑式焚烧炉。在焚烧炉设备的技术细节方面，国外大量垃圾焚烧经验表明：对于生活垃圾而言，机械炉排焚烧炉具有较好的适应性。炉排的作用就是在炉内输送垃圾的同时，又能促进垃圾的搅动和混合，从而使垃圾得到较完全的燃烧。目前无论是欧盟、北美还是日本，使用炉排炉焚烧生活垃圾的量都占90%以上。2005年8月欧盟公布的欧洲污染综合防治局（European IPPC Bureau）研究报告表明，炉排炉仍然是生活垃圾焚烧处理广泛应用的首选技术炉型。流化床焚烧炉是仅次于炉排炉的第二应用广泛的炉型。而对于危险废物，回转窑焚烧炉适应性更强。垃圾热解技术，从广义上讲也属于垃圾焚烧的范围，本书将在后续章节进行具体讲述。

我国生活垃圾具有水分含量高、热值低、来源复杂、其组分和处理量波动相对较大的特点，此外，我国的经济技术、管理水平相对较低，操作工人素质相对较低。因此，需要焚烧炉设备使用寿命较长、运行稳定可靠、维护管理方便。根据我国国内多年垃圾焚烧实践经验，建设部、国家环保总局、科技部发布了《城市生活垃圾处理及污染防治技术政策》，认为："目前垃圾焚烧宜采用以炉排炉为基础的成熟技术，审慎采用其他炉型的焚烧炉。"目前我国垃圾焚烧厂采用的焚烧炉以炉排型焚烧炉和流化床焚烧炉为主，其他炉型应用比例很小。由于这两种炉型的广泛应用，这里以炉排炉和流化床为例进行介绍。

(1)炉排炉(Grate incinerator)

炉排型焚烧炉形式多样，主要包括移动式炉排、往复式炉排、摇摆式炉排、翻转式炉排、回推式炉排和辊式炉排。炉排炉是应用最广泛的炉型，占全世界垃圾焚烧总量的80%以上。其焚烧过程包括三个阶段：干燥脱水阶段、高温燃烧阶段和燃尽排渣阶段。垃圾落入炉排后，被吹入炉排的热风烘干；与此同时，吸收燃烧气体的辐射热，使水分蒸发。针对我国垃圾水分含量高、热值低的特点，干燥阶段必不可少。为缩短垃圾干燥时间，该炉排区域的一次进风需经过预热(可用高温烟气或废蒸汽对进炉空气进行预热)，温度一般在200℃左右。干燥后的垃圾进入高温燃烧段，将可燃物质燃尽。该段炉排上的燃烧温度一般在900℃左右。垃圾经燃烧后变成灰渣，被排出炉外。

炉排炉的最大优势在于技术成熟，运行稳定、可靠，适应性广，绝大部分固体垃圾不需要任何预处理可直接进炉燃烧。尤其应用于大规模垃圾集中处理，可使垃圾焚烧发电或供热。但炉排需用高级耐热合金钢做材料，投资及维修费较高，而且机械炉排炉不适合含水率特别高的污泥，对于大件生活垃圾也不适宜直接用炉排型焚烧炉。

(2)流化床(Fluidized－bed incinerator)

流化床主要形式为鼓泡流化床(bubbling fluidized bed)、循环流化床(circulating fluidized bed)和内旋流流化床(inner circulating fluidized bed)等。日本在垃圾流化床焚烧技术方面处于世界领先水平。日本有多家垃圾流化床焚烧炉制造厂，其中主要的有：石川岛播、三井造船、栗本、荏原制作所、日本制钢、神户制钢公司等。

流化床焚烧炉的燃烧过程不同于炉排炉。流化床炉膛内有大量的石英砂，将石英砂加热到 600℃以上，并在炉底鼓入 200℃以上的热风，使热砂沸腾起来，再投入垃圾。垃圾同热砂一起沸腾，垃圾很快被干燥、着火、燃烧。未燃尽的垃圾比重较轻，继续沸腾燃烧，燃尽的垃圾比重较大，落到炉底，经过水冷后，用分选设备将粗渣、细渣送到厂外，少量的中等炉渣和石英砂通过提升设备送回到炉中继续使用。

流化床焚烧炉可以对任何垃圾进行焚烧处理，但进料一般需要粉碎预处理。与机械炉排炉相比，流化床焚烧炉一般应用于处理规模较小的固体废物处理项目。流出床焚烧炉烟气灰尘量大，飞灰产生量大，处理费用较高。此外，流化床内石英砂对设备磨损严重，设备维护量大。表 5-2 对炉排炉和流化床焚烧炉的特点进行了比较。

表 5-2　炉排炉和流化床比较

项目	炉排炉	流化床
构造图	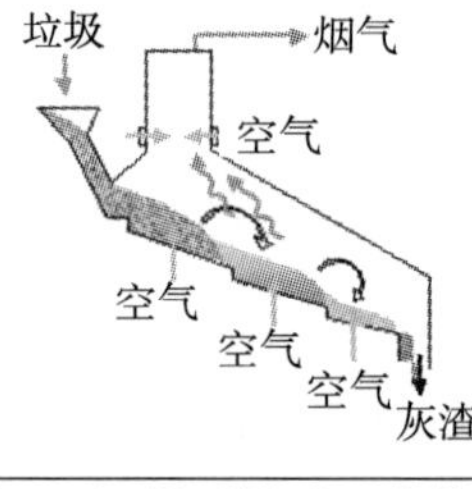	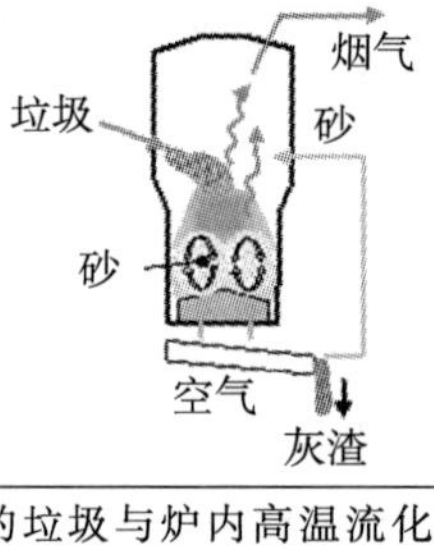
燃烧机理	垃圾一般经过预热干燥、高温燃烧和燃尽三个阶段	破碎后的垃圾与炉内高温流化状态的砂接触燃烧
垃圾预处理	要求低，一般不需预处理	要求较高，需要粉碎预处理
焚烧对象	不适合污泥等高水分废物	可以处理高水分含量废物
灰渣产量	飞灰产量小	飞灰产量大，处理成本高
炉体安装面积	大	小

续表

项目	炉排炉	流化床
二次污染	二恶英的生成温度(250℃～400℃),炉排炉启动(升温)和关闭(降温)速度慢,经过这一温度区域时不可避免地生成二恶英类污染物	流化床启动和关闭快,不利于二恶英类物质的产生
辅助燃料	垃圾热值低时需要以油为辅助燃料,不掺烧煤	一般需要煤等作为辅助燃料,国家规定允许掺煤量<20%
连续运行性	适合连续运行,且满负荷连续运行时间长,大于8000h	能够间歇运行,满负荷连续运行时间短于炉排炉
处理规模	适合大规模的处理项目(>600t/d)	适合较小规模的处理项目(<300t/d)
实例	上海御桥垃圾焚烧厂,处理能力1000 t/d,吨垃圾投资6.7万元	太原垃圾焚烧厂,处理能力1000 t/d,吨垃圾投资3.6万元

四、焚烧产物及处理处置

1. 焚烧过程物料平衡

生活垃圾焚烧体系中,输入体系包括垃圾、助燃空气、烟气净化系统所需要的化学试剂和水。简单来说,垃圾在焚烧时,其中的有机物与空气中的氧气发生化学反应生成二氧化碳和水蒸气等气体物质。反应过程中新生成的物质(二氧化碳、水蒸气、气态污染物,细小的固体颗粒物)和进入系统内但未参与反应的助燃空气组成烟气排至后续的烟气净化系统。生活垃圾中所含的水分吸收热量后气化也变为烟气中的一部分。其中的不可燃物(碎石、陶瓷、玻璃等)、未燃尽物质(纸片、织物等)和部分焚烧产物(玻璃、硅酸盐等)以炉渣形式从系统内排出;烟气余热利用体系中产生的锅炉灰和烟气净化系统中产生的物质以飞灰形式排出系统;而净化后的烟气则从烟囱排入大气中。图5-17是以现代焚烧工艺为基础所建立的物料平衡示意图。

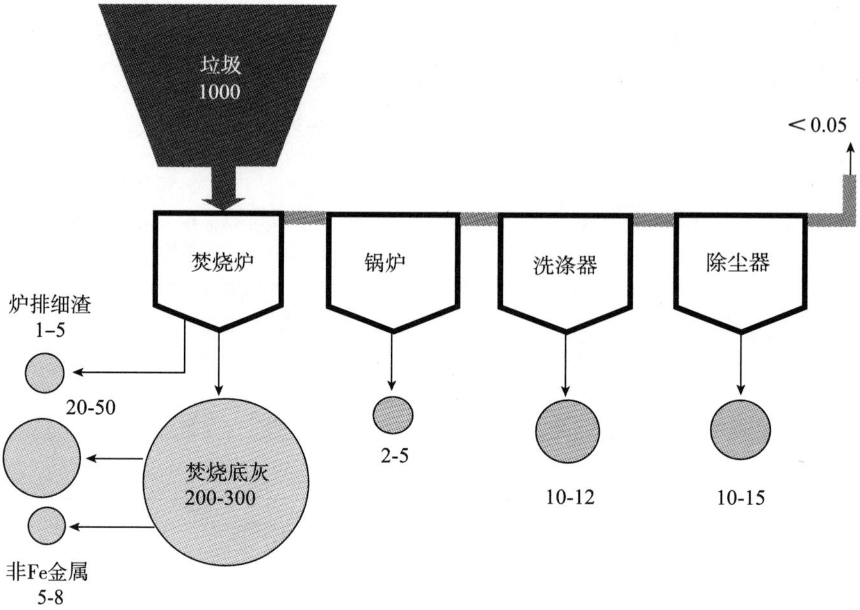

图 5-17　垃圾焚烧系统简单物料平衡示意图

焚烧可使垃圾减量 75%，最终产物主要包括底灰、炉排细渣、锅炉灰和飞灰。焚烧底灰(Bottom ash)是由排渣装置从炉床尾端排出的残余物，含有燃烧后的灰分及不完全燃烧的残余物，如铁丝、玻璃、陶瓷等。排出的底灰根据需要进行后续处理，如水冷，金属资源的回收等。由炉排间落下的灰渣称为细渣(Grate siftings)，其成分有玻璃碎片、熔融的铝锭和其他金属。细渣只有很小一部分，一般和底灰并在一起处理。锅炉灰(Boiler ash)是在焚烧热回收利用过程中产生的灰渣，包括黏附在锅炉管壁上的灰和落在锅炉下面集灰斗中的灰。锅炉灰的产生量与锅炉类型和焚烧炉产生的烟气量有关。锅炉灰和飞灰具有相似的粒径和重金属含量，因此一般与飞灰混合在一起处理。但是在有些国家(如日本)，锅炉灰和焚烧底灰混合在一起进行处置。除尘器滤除的灰被称为飞灰(Fly ash)。这部分灰一般和洗涤器产生的灰渣混合在一起，在国际上被称为空气污染控制残渣(Air Pollution Control Residues)。焚烧过程中各种残渣的收集根据各个国家的法律法规、利用途径等各有不同。美国一般把各种灰混合在一起进行稳定化处理然后填埋。日本把所有灰渣分为两类，飞灰和底灰，飞灰用水泥固化等技术进行稳定化处理，而底灰则直接运到卫生填埋场进行填埋。

在垃圾焚烧过程中，如果在理想状态下可按照以下规律转化，即有机碳转化为二氧化碳；氢转化为水；有机硫和有机磷转化成二氧化硫或三氧化硫、五氧化二磷；金属在焚烧后可生成卤化物、硫酸盐、磷酸盐、碳酸盐、氧化物和氢氧化物等。但实际燃烧过程非常复杂，最终的反应产物除了上述物质，在燃烧工况不良的情况下还可能产生对人体和环境有直接或间接危害污染物质，如酸性气体、二恶英、重金属等。这些污染物的种类和浓度受生活垃圾的成分和燃烧条件等多种因素的影响，每种污染物的产生对人类及环境的危害也各不相同。因此，有必要对固废焚烧的主要产物及其污染特性进行深入研究。

2. 烟气的污染特性及治理

(1)烟气的污染特性

和煤、木材等燃料的燃烧过程一样，垃圾焚烧会产生烟气，同时释放出能量。由于生活垃圾成分的复杂性、性质的多样性和不均匀性，焚烧过程中发生了许多不同的化学反应，生成的烟气中除了过量的空气和二氧化碳外，还有多种有害成分。根据烟气污染物性质的不同，可将其分为粉尘、酸性气体、重金属和有机污染物 4 大类。

① 粉尘。烟气中的粉尘主要是焚烧过程中产生的微小无机颗粒状物质，主要包括完全燃烧的小颗粒灰分、不完全燃烧的炭等颗粒物、高温挥发的金属盐类和金属氧化物。

② 酸性气体。包括氯化氢（HCl）、卤化氢（氯以外的卤素，氟、溴、碘等）、硫氧化物（二氧化硫及三氧化硫）、氮氧化物（NO_x）、碳氧化物以及五氧化磷（PO_5）和磷酸（H_3PO_4）。其中氯化氢是酸性气体的主要成分。氯化氢主要来源于垃圾中含氯塑料和漂白纸张的燃烧。氯化氢不仅能伤害人的皮肤和呼吸系统，还会危害垃圾焚烧设备，会造成炉膛受热面的高温腐蚀损毁和尾部受热面的低温腐蚀。

③ 重金属污染物。包括铅、汞、铬、镉、砷及其化合物以及其他重金属及化合物。重金属类污染物来源于焚烧过程中生活垃圾所含重金属及其化合物的蒸发。重金属的危害首先在于它不能被微生物分解且能在生物体内富集或形成其他毒性

更强的化合物，通过食物链最终对人体造成危害。重金属的另一个危害在于某些重金属(如铜及其氯化物)对剧毒物质二恶英的形成具有催化作用。

④ 不完全燃烧污染物。生活垃圾焚烧中，有机物分解、合成、取代等多种化学反应生成一些有毒有害的中间体有机物质，尤其是二恶英，对环境造成极大危害。二恶英等物质有剧毒，易在生物体内积聚，能引起皮肤痤疮、头痛、失聪等症状，即使很微量的情况下，长期摄取也会引起癌症、畸形等。

我国正处于垃圾焚烧发展初期，尤其应关注垃圾焚烧的二次污染对人类造成的严重危害，烟气二次污染物的控制技术是垃圾焚烧处理技术中的重要环节。

(2)烟气污染物原始浓度及排放标准

烟气净化技术的基础是烟气污染物的原始浓度和国家规定的烟气排放标准。原始浓度指的是烟气在进入净化系统之前的浓度。原始浓度与焚烧炉型以及焚烧的工艺参数(温度，停留时间等)有关。工艺条件越好，焚烧越充分，烟气中污染物质的含量越低。基于对环境保护和人类身体健康的考虑，20 世纪 70 年代以来，大多数发达国家对垃圾焚烧制定了相关的烟气排放标准。表 5-3 中的数据是发达国家的垃圾焚烧烟气中主要污染物的原始浓度范围以及美国、日本和中国的烟气排放浓度限值。

表 5-3 发达国家垃圾焚烧烟气主要污染物原始浓度范围及美国、日本和中国的烟气排放浓度限值

污染物种类	单位	烟气中污染物质原始浓度范围	不同国家烟气排放浓度限值		
			美国	日本	中国
颗粒物	$mg \cdot m^{-3}$	1000～5000	35	20	80
HCl	$mg \cdot m^{-3}$	600～1200	40	25	75
SO_x	$mg \cdot m^{-3}$	100～600	85	57	260
NO_x	$mg \cdot m^{-3}$	200～600	300	105	400
HF	$mg \cdot m^{-3}$	—	—	—	—
CO	$mg \cdot m^{-3}$	—	—	88	150
Cd 及其化合物	$mg \cdot m^{-3}$	—	0.2	—	0.1
Hg 及其化合物	$mg \cdot m^{-3}$	0.1～0.6	0.14	0.05	0.2
Pb 及其化合物	$mg \cdot m^{-3}$	—	—	—	1.6

续表

污染物种类	单位	烟气中污染物质原始浓度范围	不同国家烟气排放浓度限值		
			美国	日本	中国
二恶英类	ng·m^{-3}	—	—	0.1	1.0

注：在经济发达国家的排放标准中，对不同处理能力（t/d）垃圾焚烧炉的烟气污染物排放浓度要求不同，这里仅列出了大规模垃圾焚烧炉的排放浓度限值。

(3)垃圾焚烧烟气控制、净化工艺

焚烧烟气在排入大气之前必须进行净化处理，使之达到排放标准。高效的焚烧烟气净化系统的设计和运行管理是防止垃圾焚烧厂二次污染的关键。实践经验表明："低温控制"和"高效颗粒物捕集"是烟气净化系统成功运行的关键因素。低温控制主要是为了使气态重金属在降温作用下凝结为液态或固态，吸附于固体颗粒上便于去除。但烟气温度不能低于露点温度，以防酸性气体液化，对烟气净化设备造成腐蚀。除低温控制以外，采用合适的高效除尘器能够有效去除颗粒物以及吸附于颗粒物的其他污染物。典型的烟气净化系统通常包括烟气除尘和烟气吸收净化两个部分。2000 年，建设部发布了《城市生活垃圾处理及污染防治技术政策》（建城[2000]120 号），从经济性和有效性等多方面考虑，针对我国的国情提出了"烟气处理宜采用半干法加布袋除尘工艺"。这里以半干法和湿法除尘工艺为例对烟气污染物的净化和去除进行介绍。

①半干法除尘工艺。图 5-18 为一个简单的半干法除尘工艺，采用了喷雾反应器＋袋式除尘器。焚烧烟气经过热回收利用系统后其温度一般降低到 200℃ 左右。降温后的烟气首先进入一个喷雾干燥反应器，烟气中的酸性气体 HCl、HF、SO_x 等与喷入的熟石灰浆液滴进行充分接触并发生中和反应生成惰性固体物质，同时高温烟气将石灰浆液中的水分蒸发，残余物以干态固体物质的形式在后续的除尘器中被去除。由于液滴直径小、比表面积大，不仅使气液充分接触，同时水分在塔内能完全蒸发，不产生废水。此外，在与喷射的石灰浆接触的过程中，烟气的温度迅速下降。在除尘器之前加入活性炭可以有效吸附汞等重金属和二恶英类有机污染物质。活性炭的添加量与汞和二恶英的浓度有关。最后，烟气中的固体物质和气溶胶类物质（包括灰分、无机盐类、喷雾反应器中的生成物、活性炭及其吸附的污染物质等）在袋式除尘器里被滤布滤除。由于袋式除尘器在高效去除颗粒物

的同时兼有净化其他污染物的作用，近年来国内外建设地大规模现代化垃圾焚烧厂大都采用袋式除尘器。

半干法烟气净化工艺的缺点是：制浆系统复杂，喷雾反应器内壁容易黏结，喷嘴能耗高，对操作水平要求较高，需要长时间地实践积累才能达到良好的净化效果；此外，烟气在反应器中的停留时间、反应器入口、出口的温差、吸收剂的粒度、喷雾效果等对整个净化工艺也有较大的影响，实际操作过程中对上述影响因素都有严格要求。否则，可能导致整个工艺的失败。

② 湿法烟气净化工艺。除了半干法烟气净化技术以外，湿法烟气净化技术在发达国家的应用也很广泛。湿法洗涤工艺是将碱性溶液（如 $Ca(OH)_2$、NaOH 等）作为吸收剂，对焚烧烟气进行洗涤来去除酸性气体。图 5-19 为一典型的湿法烟气净化工艺。相比半干法工艺，湿法净化工艺更为复杂，由静电除尘器 + 喷雾反应器 + 袋式除尘器 + 一级洗涤器 + 二级洗涤器组成。烟气经过静电除尘后，经喷雾反应器降低烟气温度，然后，通过在烟道内喷活性炭来吸附二恶英和重金属类污染物，活性炭与烟气中的颗粒物通过袋式除尘器时被捕集去除，最后由烟气洗涤器将 HCl、SO_2 等酸性气体去除。一般的湿法净化工艺中洗涤器内会产生大量的废水，需后续处理。图 5-19 中的净化工艺把洗涤器内产生的液浆导入喷雾反应器，一方面可以降低进入袋式除尘器的烟气的温度，另一方面可以利用废水中未反应的试剂去除部分污染物质，此外，还可以利用高温烟气将液浆中的水分蒸发，使残余物以固体干态形式排出。

总体来讲，湿法烟气净化工艺技术成熟，对酸性气体，重金属和有机污染物都具有较高的去除效率。但是湿法净化的工程投资和运行费用较高，在发达国家应用比例较高。

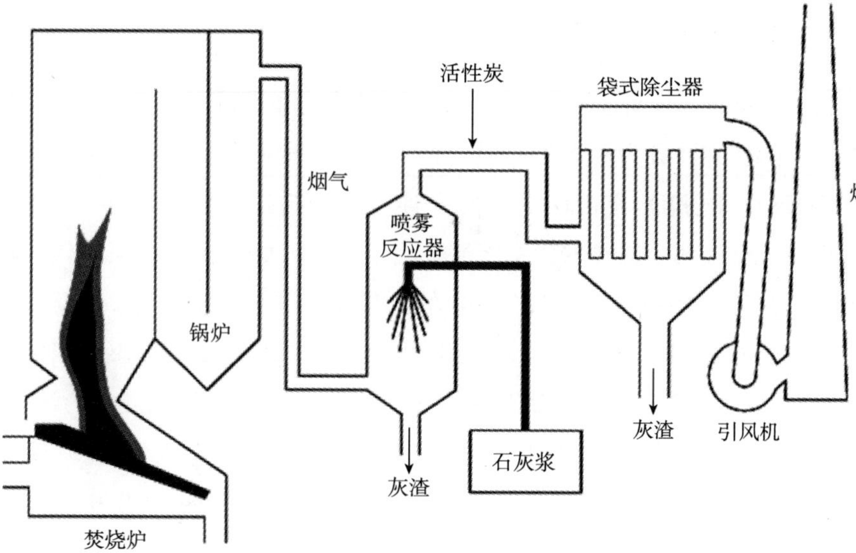

图 5-18　半干法烟气净化工艺流程

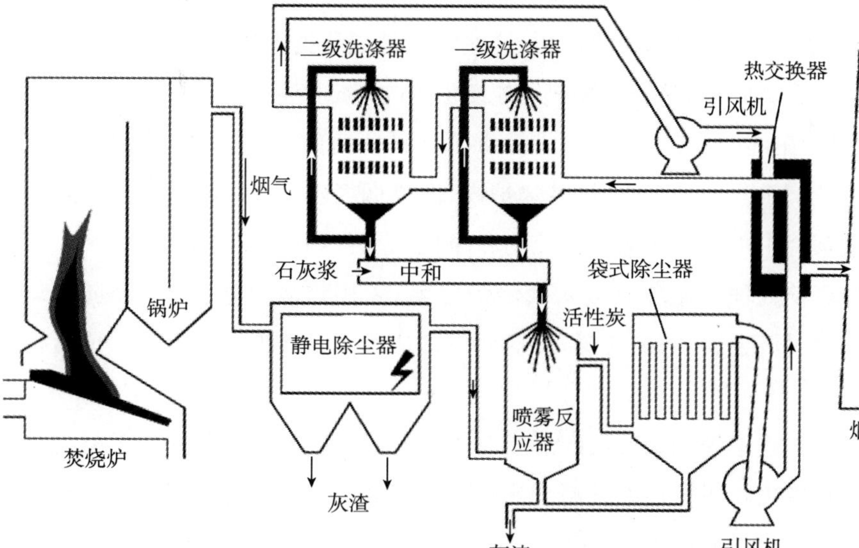

图 5-19　湿法烟气净化工艺流程

3. 二恶英类污染物质的控制技术

二恶英类污染物质实际上是一系列具有类似结构和性质的污染物质的统称。二恶英类污染物质主要分为两大类：多氯代二苯并二恶英（PCDDs）和多氯代二苯并呋喃（PCDFs）。PCDDs是由两个氧原子连接两个被氯取代的苯环，而PCDFs是由一个氧原子连接两个被氯取代的苯环。由于苯环上的氢原子被氯取代的位置和个数不同，共有210种异构体。二恶英在标准状态下呈固态，二恶英极难溶于水，易溶解于脂肪，易在生物体内积累，并难以被排出。其中2,3,7,8－四氯代二苯－并－对二恶英（2,3,7,8－TCDD）是迄今为止人类已知的毒性最强的污染物，它的毒性LD_{50}（半致死剂量）是氰化钾毒性的1000倍以上。二恶英于1977年在美国生活垃圾焚烧烟气中被首次检测到，但焚烧过程中二恶英的产生机理的一些细节至今仍不为人们充分了解。

研究表明，垃圾焚烧是二恶英排放的主要污染源之一。影响垃圾焚烧过程中二恶英形成的因素主要包括以下几个方面：烟气冷却过程中存在250℃～400℃的温度区，这一温度区是二恶英形成的最适宜温度；垃圾焚烧不充分的情况下会产生聚氯乙烯、氯代苯、五氯苯酚等物质，这些物质是二恶英生成的前驱产物；垃圾中含有的一些过渡金属如Cu、Fe、Ni等，对二恶英的形成有催化作用；烟气中含氯物质如HCl的存在，也为二恶英的生成提供了条件。由此可见，二恶英的产生可能存在于垃圾焚烧工艺的各个阶段：焚烧炉内、低温烟气段、除尘净化过程中等。

垃圾焚烧中可采取相应措施控制和净化二恶英类物质：

①垃圾前处理。在垃圾进入焚烧炉之前，采用垃圾分选技术，分选出垃圾中铁、铜、镍等过渡金属，减少含氯有机物的量，从源头上减少对二恶英生成有促进作用的物质。

②焚烧过程中控制二恶英的形成。传统的二恶英处理办法称为PAC法，其核心是控制炉膛内垃圾燃烧温度高于850℃，烟气停留时间大于2s，O_2浓度大于6%，保证垃圾中有机物质能被充分燃烧。

③烟气冷却过程中控制二恶英的形成。在气体冷却过程中回收热量以使燃烧气体迅速冷却，并通过有效的措施保证烟气进入除尘系统之前的温度低于250℃，

从而减少二恶英的再形成。

④在烟气净化系统中对二恶英进行净化。如在除尘器滤袋前喷射活性炭吸附。活性炭有着极大的比表面积，只要向尾气喷入一定量的活性炭，在与烟气均匀混合以及足够接触时间的前提下就可以达到较高的吸附净化的效率，吸附后的颗粒通过袋式除尘器去除。世界上许多大型现代化的垃圾电厂都采用这种办法。除了活性炭吸附之外，还开发出了一些新技术来分解烟气中的二恶英，如触媒分解器。

综上所述，鉴于二恶英类污染物的危害及我国不断增加的城市生活垃圾的焚烧处理量，对二恶英类污染物的研究和污染防治工作应当得到进一步的重视与加强。

4. 焚烧系统尾气脱硝技术研究

生活垃圾焚烧系统中，烟气的脱硝技术可以分为选择性非催化还原法(SNCR)和选择性催化还原法(SCR)。SNCR 是在高温(800～1000℃)、无催化剂条件下，利用还原剂(如尿素等)将 NO_x 还原成 N_2。SNCR 脱硝一般在焚烧炉膛内完成。相比于 SNCR 法，SCR 法不仅需要催化剂，同时还要在除尘器后进行重新加热，需要耗用大量热能，因此，工程上 SNCR 比 SCR 法应用得更多一些，如重庆某垃圾焚烧发电项目即采用往焚烧炉内投加尿素的办法将 NO_x 还原为 N_2。

5. 焚烧残渣的性质及处理处置

(1)焚烧残渣的性质

焚烧残渣一般可以简单划分为两类：飞灰(烟气净化系统产生的灰渣)和底灰(包括从焚烧炉排出的底灰和从炉排间掉落的细渣)。在我国，锅炉灰一般和飞灰一起处理。焚烧残渣的产生量，与垃圾的种类、焚烧炉型、焚烧条件有关，一般垃圾焚烧所产生的底灰和飞灰分别占被焚烧垃圾重量的 20%～30% 和 2%～5%。垃圾焚烧所产生的飞灰和底灰为高 pH 的碱性物质，性质类似于火成岩，但其重金属含量却比自然界中的岩石高出很多倍。图 5-20 列出了垃圾焚烧产生的飞灰和底灰中重金属元素浓度范围，以及与岩石圈和原生垃圾中重金属含量比较。

垃圾焚烧残渣主要为无机类物质，包括：焚烧熔融产物（熔融玻璃类、硅酸盐类、碳酸盐类、硫酸盐类、氯化物、铁铝及其氧化物、细的灰分等），还包括部分高熔点的不燃物（如陶瓷和玻璃碎片、二氧化硅、长石类等物质）及未燃尽的有机物质。

此外，通过对飞灰和底灰的浸出毒性的研究可知，飞灰中锌、铅、镉的浸出浓度通常高于国家规定的标准限值，而底灰中一般只有铅的浸出浓度高于标准限值。所以，中国《生活垃圾焚烧污染控制标准》（GBW3—2000）中对垃圾焚烧灰渣的处置要求是："垃圾焚烧炉渣与除尘设备收集的焚烧飞灰应分别收集、贮存和运输；垃圾焚烧炉渣按一般固体废物处理，焚烧飞灰应按危险废物处理，其他尾气净化装置排放的固体废物按 GB 5085.3 危险废物鉴别标准判断是否属于危险废物，如属于危险废物，则按危险废物处理。"此外，英国、德国、法国、荷兰、丹麦、加拿大以及日本等国大部分的生活垃圾焚烧厂，其炉渣和飞灰都是分别收集、处理和处置的；而在美国，炉渣和飞灰是混合收集、处理和处置的，因此被称作混合灰渣。

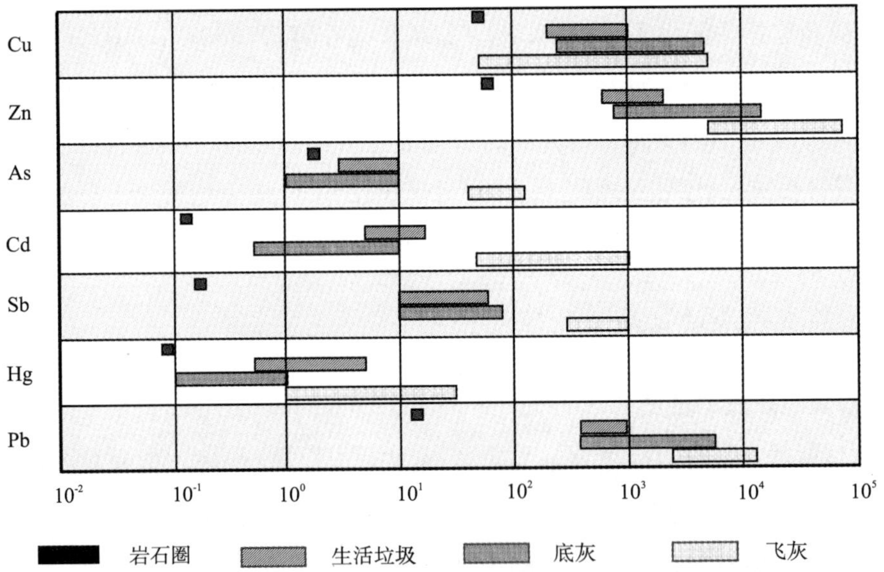

图 5-20 重金属在岩石圈、生活垃圾、焚烧底灰和飞灰中的浓度范围

(2)焚烧残渣的处理处置

①飞灰安全处置。飞灰作为危险废物，应对其做稳定化处理，然后进行填埋。

在一般情况下，稳定化过程是选用某种适当的添加剂与废物混合，以降低废物的毒性和减少污染物从废物到生物圈的迁移率，因而它是一种将污染物全部或部分固定于支持介质、黏结剂上的方法。目前应用比较广泛的是水泥固化技术。该技术是将废物和水泥混合，经水化反应后形成坚硬的水泥固化体，减少有害固化废物的表面积和降低其可渗透性，达到稳定化、无害化的目的。水泥固化是一种比较成熟的有害废物处置方法，它具有工艺设备简单、操作方便、材料来源广、价钱便宜、固化产物强度高等优点，但其缺点是体积增加倍数较大，一般固化产物的体积要比处理前废物的体积增加 0.5～1 倍。因此使最终处置的费用增加。除了水泥固化技术之外，还可以采用沥青固化、烧结熔融、添加螯合剂等方法来稳定飞灰中的重金属。

但国内尚无实用可靠且比较经济的焚烧飞灰处理处置技术与工艺，水泥固化填埋、螯合剂螯合等尚未达到完善、可靠、经济实用水平，唯一可行的方法是将焚烧飞灰安全填埋处置，处置费用非常昂贵，高达每吨千余元甚至数千元。自行研究开发经济、实用、可靠的焚烧飞灰处置工艺和技术势在必行。

②底灰利用。在我国，底灰属于一般废物，可直接填埋或作二次建材利用。但是，由于焚烧的垃圾组成复杂，炉渣中可能含有多种重金属、无机盐类物质。在炉渣填埋或利用过程中，有害成分可能会在酸雨等因素作用浸出而污染环境。欧盟标准委员会第 12920 条法规规定城市生活垃圾焚烧底灰如果不进行稳定化处理，将不能填埋或资源化利用。处理方法包括自然风化、水洗、固化处理、化学药剂稳定处理等。在日本，底灰一般是运到卫生填埋场被安全填埋，但目前日本已有越来越多的灰渣通过高温熔融处理（1200～1400℃），生成高密度稳定的玻璃质熔融产物。这种熔融产物可用来做路基、混凝土、沥青和水泥原料等建筑材料。日本左贺垃圾焚烧厂即是采用这种技术对底灰进行处理的。但无论是卫生填埋还是稳定化处理，无疑增加了垃圾焚烧的费用，这些技术在我国实行起来具有一定的难度。

五、国内生活垃圾焚烧处理技术的发展趋势

上海市容环境卫生管理局科技委主办的科技信息与动态——垃圾焚烧专题对我国垃圾焚烧处理技术的发展趋势作出如下总结：

1. 工艺设备本土化

国内大型现代化生活垃圾焚烧处理设施建设与运行中，工艺设备及其备品备件从全部进口到关键件进口、国内配套制造，已经历了10多年时间。工艺设备本土化生产迫在眉睫，国家对生活垃圾焚烧处理工艺设备本土化作出了许多安排和鼓励，境内已有不少经济实体介入生活垃圾焚烧处理工艺设备本土化事务，向形成规模生产能力推进。

2. 焚烧工艺设备多样化

全球范围内有数十种生活垃圾焚烧处理技术和工艺设备正在应用，国内仅仅引进、应用几种，难以满足生活垃圾焚烧处理行业规模化、产业化发展需求。适当引进先进焚烧技术和工艺设备，研究、开发适合国情的焚烧新技术、新工艺、新设备，实现生活垃圾焚烧技术和工艺设备多样化，不仅具有较大的现实意义，还可获取较大经济效益和环境效益。

3. 规模化、产业化与BOT

较少的生活垃圾焚烧处理设施必然使建设投资和运行费用较高。近几年来国内生活垃圾焚烧处理设施建设发展迅速，从经济发展和环保意识增强角度分析，生活垃圾焚烧处理行业将在全国范围内形成相当大的规模。大规模建设和运行费用将使政府不堪重负，以生活垃圾处理收费和资源综合利用发电上网收入为主要收入来源，实行适当的生活垃圾产品减免税政策和其他优惠政策，引导生活垃圾焚烧处理行业产业化，是必由之路。产业化将为生活垃圾焚烧处理行业引入多种社会力量和资本，BOT等多种项目运营方式将加快生活垃圾焚烧处理技术、工艺和设

备的推广应用。

4. 对分类收集的适应

生活垃圾分类收集是提高城市环境管理效能的基本方法，国内正在全面推广。分类收集必然引起生活垃圾品质指标变化。理论上将可燃组分送到焚烧设施处理可提高焚烧处理效率与效益，但大量资源回收人员捡拾可导致送到焚烧设施的可燃组分减少。这将使焚烧处理的生活垃圾品质指标变化范围扩大，增加焚烧设施运行难度和不确定性。分类收集推广过程中，焚烧技术、工艺、设备和设施的适应能力将得到进一步研究、开发。

5. 技术标准与规范

国内在生活垃圾焚烧处理设施建设、生活垃圾焚烧锅炉、生活垃圾焚烧污染控制等方面已经建立多个标准、规范。但与国外和周边地区相比，缺少许多，不能满足生活垃圾焚烧处理行业发展需求。运行、检修、运营等许多方面还没有相应条例和标准，亟待制订，以引导、促进行业正规、健康、快速发展。

6. 公众参与

垃圾焚烧技术的推广，需要加强公众参与。将焚烧过程透明化，组织市民参观，一来可以对焚烧过程进行监督，二来减小市民对焚烧厂的抵触情绪，并促进环保知识的学习。此外，在垃圾焚烧厂设立专门的烟气分析监测室，对排入大气的烟气污染物质进行实时监控，并将监测结果和监测时间显示在监测屏上，可以促进企业在垃圾焚烧运行管理上的改进，也可以增强民众对垃圾焚烧的信任度。

第四节　有机固体废物厌氧发酵与机械生物处理

一、概述

1. 自然中的厌氧发酵与人工厌氧发酵

厌氧发酵(Anaerobic digestion),也叫厌氧消化,是一个复杂的生物学过程。自然界内广泛存在厌氧发酵过程,如在人和动物的肠胃中,在植物的木质组织、海底、湖底、塘底和江湾的沉积物中,以及在各种污泥、沼泽、粪坑、生活垃圾和稻田土壤中,都存在不同程度的厌氧发酵过程。厌氧微生物,即能在无氧条件下分解有机物的微生物。厌氧微生物是一个统称,其中包括有机物厌氧分解菌和产甲烷菌。

与自然界中的厌氧发酵不同,人工厌氧发酵工艺,是人为创造厌氧微生物所需要的营养与环境条件,使发酵罐内积累高浓度的厌氧微生物,利用厌氧微生物分解有机废物并产生 CH_4、CO_2 和 H_2S 等气体。因此,人工厌氧发酵的速度大大超过自然界中自发的厌氧发酵过程。在一个厌氧发酵罐内,有各种厌氧微生物存在,形成一个与环境条件、营养条件相对应的微生物群体。这些微生物通过其生命活动完成有机物厌氧代谢的复杂过程。人工厌氧发酵工艺所利用的主要原料有畜禽粪便污水、食品加工业、制药和化工废水、生活污水、污水处理厂活性污泥、城市有机固体废物等。在农村主要用畜禽粪便和农作物秸秆制取沼气。

2. 人工厌氧发酵的发展历程

从发展的角度来看,人工厌氧发酵经历了两个大的发展阶段。第一阶段的发酵系统称为传统发酵系统。传统的发酵系统是主要用于间歇性、低容量、小型的农业或半工业化人工制取沼气。传统的发酵设备内一般没有搅拌设备,发酵基质投入池中后，难于和原有厌氧活性污泥充分接触，因此生化反应速率往往很慢。除此之外，传统发酵设备往往没有人工加热设施，这也是导致其效率很低的重要原因。但由于传统的发酵设备投资小、见效快、施工简单，尤其适合广大农村的小型沼气发酵。第二阶段的发酵系统称为现代高效工业化发酵系统，后者是在前者的基础上发展起来，能够机械化、系统化、高效化的大量处理城市垃圾中的有机组分、废弃污泥、高浓度有机废水等的现代沼气发酵处理系统。现代大型工业沼气发酵系统可以把环境保护、能源回收与生态良性循环有机地结合起来，具有良好的环境效益、经济效益和社会效益，是沼气发酵技术发展的必然趋势。

3. 城市固体废物的机械生物处理

垃圾机械生物处理(Mechanical Biological Treatment－ MBT)这一概念来源于欧洲国家，简单来说就是生活垃圾机械处理和生活垃圾生物处理的组合。所谓机械处理就是通过机械设备对生活垃圾进行分选、粉碎等，常见的机械处理有筛分、磁选、分选、涡流分选、粉碎、烘干等，对应不同的机械处理工艺有不同的机械设备。生活垃圾的生物处理主要包括好氧堆肥处理和厌氧消化处理。一般来说，生物处理工艺，只能降解垃圾中可生物降解的成分，如厨余垃圾、纸张、纸板等。而垃圾中不可降解的成分如塑料、金属、玻璃、陶瓷等物质，则需要经过分选处理后去除。典型的城市生活垃圾机械生物处理工艺如现代化沼气发酵工艺：先通过破碎、分选等一系列的机械化操作去除垃圾中不可生物降解的成分，并回收其中可利用的资源；然后把可降解的有机部分送入厌氧发酵系统进行生物处理；最后，厌氧发酵残渣还需要经过脱水处理或进一步堆肥。需要注意的是，本书中所说的机械生物处理不同于传统意义上的机械生物处理，如好氧堆肥脱水后再机械分选的技术，后者不是本书的重点。

二、厌氧发酵原理

厌氧发酵过程可分为 4 个阶段，每个阶段都由一定种类的微生物完成有机物的代谢过程。图 5-21 为有机物厌氧发酵的理论图。

1. 水解阶段

水解是复杂的非溶解性的聚合物被转化为简单的溶解性单体或二聚体的过程。高分子有机物因分子量巨大，不能透过细胞膜，因此不能为细菌直接利用。有机物厌氧分解菌产生胞外酶将大分子有机物水解为能够被微生物利用的小分子有机物。在厌氧分解菌的作用下，多糖分解成单糖；蛋白质转化成肽和氨基酸；脂肪转化成甘油和脂肪酸。

水解过程通常较缓慢，因此是含高分子有机物或悬浮物废液厌氧降解的限速阶段。影响水解速度与水解程度的因素很多，包括水解温度、有机质在反应器内的保留时间、有机质的组成、有机质颗粒的大小、pH 值、氨的浓度、水解产物的浓度等。

2. 发酵阶段

在发酵阶段，水解阶段产生的小分子化合物在发酵细菌的细胞内转化为更为简单的以挥发性脂肪酸为主的末端产物。因此，这一过程也称为酸化阶段。与此同时，发酵细菌也利用部分物质合成新的细胞物质，因此未酸化废物厌氧处理时产生更多的剩余污泥。

3. 产乙酸阶段

发酵阶段的末端产物（挥发性脂肪酸、乳酸、芳香酸、醇类等）在产乙酸阶段进一步转化为乙酸、氢气、碳酸、甲醇、甲酸以及新的细胞物质。

4. 产甲烷阶段

产甲烷阶段，产甲烷菌通过两个途径将产乙酸阶段的产物转化为甲烷、二氧化碳和新的细胞物质。一是利用乙酸产生甲烷，二是利用氢气和二氧化碳生成甲烷。在一般的反应器中，大部分的甲烷是由乙酸直接分解而来的。

需要指出的是，上述 4 个阶段并不是间隔性发生，而是瞬时连续发生的。有些文献中常把这 4 个阶段简化为两个阶段，酸性发酵阶段（包括水解、酸化和产乙酸阶段）和甲烷发酵阶段（包括产甲烷阶段）。

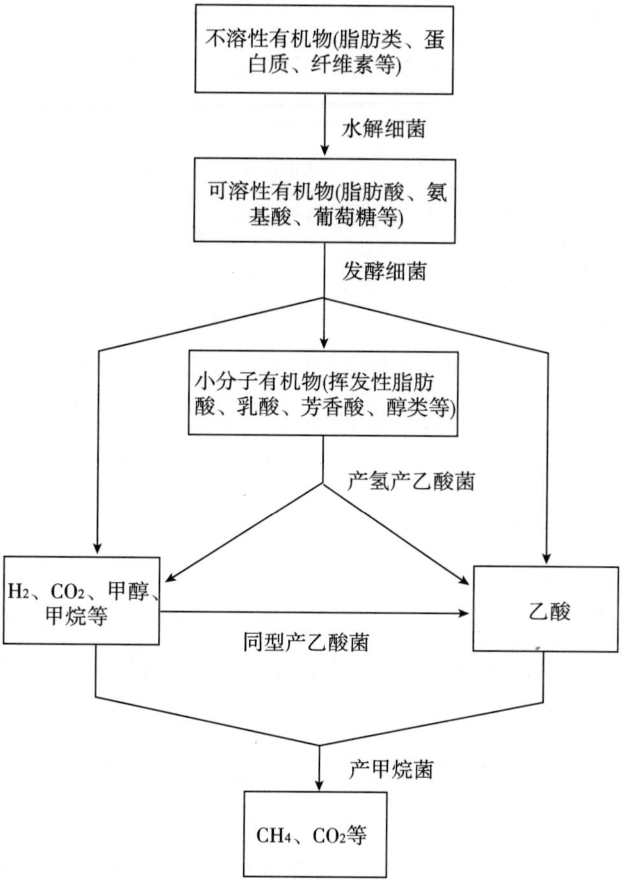

图 5-21　有机物厌氧发酵理论图

三、厌氧发酵主要工艺

1. 主要发酵工艺分类

厌氧发酵根据工艺参数不同分成不同的类型，主要工艺参数包括发酵含固率、发酵温度、反应级数（单级和两级）、进料方式等，这些工艺参数最终取决于现场的实际情况和工程目标。

根据反应器内的温度，分为中温厌氧消化器（35～40℃）和高温厌氧消化器（50～55℃）。中温厌氧消化器器反应温度较低，所以降解相同水平的有机物，一般停留时间要长（15～30d）。中温厌氧消化器产气率低，尽管生物反应过程比较稳定，但长停留时间需要更大的容积和更高的成本。高温厌氧消化器产气率高，停留时间短（12～14d），反应器容积小，但维修成本高。

根据水解酸化和产甲烷化是不是在同一反应器内进行分为单级和两级。单级是水解酸化和产甲烷化都集中在一个反应器内进行。典型的两步工艺，在第一阶段进行反应物的酸化和水解，第二个阶段进行甲烷化，以优化操作环境。单级反应器是一种简单式设计，历时比较长，成本较低，技术难度少。两级系统由于每段设计优化，停留时间短，产气潜力高，但投资成本高。欧洲有90%的厌氧消化工艺为单级反应系统，10%为两级反应系统。

根据消化器内总固体含量分为干式发酵（高固体含量）和湿式发酵（低固体含量）两大类。干式发酵要求垃圾的含固率一般为20%～40%，湿式发酵含固率为5%～15%。干式和湿式含固率不同，其前处理工艺不同。干式发酵产生的废水量很少，废水处理所需费用较少。湿式厌氧发酵工艺的单位容积的产气率比较低。此外在湿式反应器内，盐分等物质能够更加快速和均匀地扩散到整个反应器内，因而更容易对微生物产生抑制作用，而干式反应器内因盐分扩散速度慢反而对微生物起到一定的保护作用。由于湿式反应器在处理城市有机废物上的这些不适应性，欧洲60%以上的厌氧系统都采用干式反应器。干式厌氧消化器多采用推流式进料方式，但由于物料本身的黏度较高，新进物料不容易与反应器内已有的物料混合，可能会造成新进物料接种的失败从而导致局部酸浓度过高。因此，大多数消化器有预接种设计，使得新物料与部分反应过的物料充分混合后，再进入厌氧消化器。

2. 几种典型发酵工艺

表5-4列出了目前世界范围内应用比较广泛的几种厌氧发酵工艺及其主要工艺参数。由该表可知，世界上有超过160个厂采用厌氧发酵工艺处理生活垃圾、厨余垃圾、庭院垃圾等废物。本节着重对应用最为广泛、最有代表性的Valorga工

艺、Kompogas 工艺、Linde－KCA/BRV 工艺、BTA 工艺进行介绍。

表 5-4　世界范围内主要的厌氧发酵工艺及其工艺参数

工艺名称[1]	建厂数量[2]	处理能力（t/年）	阶段数		固体物质含量		操作温度	
			1	2	<20%	>20%	35℃	55℃
AAT	8	3000～55000	√		√		√	
Arrobio	4	90000～180000		√	√		√	
BTA	23	1000～150000	√	√	√		√	√
Biocel	1	35000	√			√	√	
Biopercolat	1	100000		√		√	√	
Biostab	13	10000～90000	√		√			√
DBA－Wabio	4	6000～60000	√		√		√	
DRANCO	17	3000～120000	√			√		√
Entec	2	40000～150000	√		√		√	
Haase	4	50000～200000		√	√		√	√
Kompogas	38	1000～110000	√			√		√
Linde－KCA/BRV	8	15000～150000	√	√	√	√	√	√
Preseco	2	24000～30000						
Schwarting－Uhde	3	25000～87600		√	√			√
Valorga	22	10000～270000	√			√	√	√
Waasa	10	3000～230000	√		√		√	√

数据来源：主要来源于公司网页，部分来源于 Nichols，2004。

注 1：工艺名称可能会随着工艺的改善而发生一定的变化。

注 2：包含正在运行的和建设中的厌氧发酵厂，接收的废物类型包括城市生活垃圾、厨余垃圾、庭院垃圾等，不包含工业食物加工产生的废物和废水。可能包含少量的其他有机废物如污水厂污泥等。不包含示范性工程和半工业规模的厂。

（1）Valorga 单阶段干式厌氧发酵工艺

本工艺是由法国 Steinmueller Valorga Sarl 公司开发，采用圆柱形消化器（见图5-22）。消化器内含固率为 25%～35%，停留时间 22～28d，产气率 0.08～0.16 m^3/kg 湿物料。消化后的残渣需要进行 10～21d 的好氧堆肥使其稳定化。反应器内的物料采用改进的推流进料方式，通过加压生物气对反应器内的物料进行搅拌，以防止物料发生酸的局部累积。该工艺采用渗滤液部分回流与沼气压缩搅拌技术，具有比较好的经济与环境效应。Valorga 工艺最大的特点是反应器内部没有任何机械转动设备，反应器的运转更加可靠、维护更加方便。

目前法国、荷兰、德国、瑞士、比利时、西班牙、意大利等国家有十几个采用该工艺的垃圾处理厂。国内由百玛士环境投资公司投资建设的上海某生活垃圾综合处理厂和北京某生活垃圾综合处理厂均采用该工艺。

(2)Kompogas 单阶段干式厌氧发酵工艺

Kompogas 工艺是由瑞士 Kompogas AG 公司开发的。该工艺采用高温厌氧发酵反应器，物料停留时间为 15～20d。生物气产生率为 0.11～0.13 m^3/kg 湿物料。与 Valorga 工艺中的消化器不同，Kompogas 工艺使用了水平推流式厌氧消化器(图 5-22)。消化器内置旋转轮片以促进物料的均质化并加速生物气的排出，且反应器内含水率需要维持在 72%～77%以保证反应器内物料能够畅通流动。Kompogas 工艺采用部分物料回流的方式对新进物料进行预接种，以保证消化器内物料能够快速、彻底地消化。

目前，欧洲至少有 30 多个固体废物处理厂采用了 Kompogas 工艺，其他地方如日本也有两座采用该工艺的处理系统。中国尚无采用该工艺的固体废物处理厂。

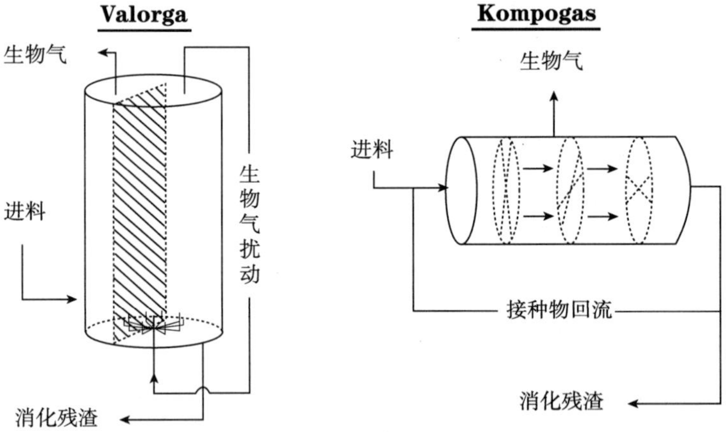

图 5-22　Valorga 工艺和 Kompogas 工艺采用的厌氧消化器结构

(3)Linde—KCA/BRV 两阶段干式厌氧发酵工艺

BRV 厌氧发酵工艺最早是由瑞士的一家环保公司研制开发的，该公司后被德国 Linde 公司收购。Linde 公司对该工艺进行了改进，于 1996 年首先在德国的

Eurasburg Quarzbichl 进行了处理规模为 4 t/d 的小试，并于 1997 年在德国的 Ravensburg 进行了处理规模为 1500 t/年的中试，以确保该技术在实际运行中的适用性和可靠性。

在该工艺中，有机垃圾在进入消化反应器之前首先需要经过分拣、破碎等预处理，然后与部分已经消化的物料混合后再送入消化反应器内。消化器内物料的含固率在 20%～35%，物料经过 25～30d 的厌氧消化后，残渣由出料系统排出后进行脱水处理（图 5-23）。在消化期间大约有 60%的有机物被转化为生物气体，可进行能源利用。BRV 工艺是德国最新的厌氧消化工艺，已经在欧洲多个垃圾处理厂实施，并取得了良好的运行效果。该工艺不仅可以处理城市生活垃圾，还可以处理园林垃圾、工业有机垃圾、渔业垃圾、农业垃圾等。

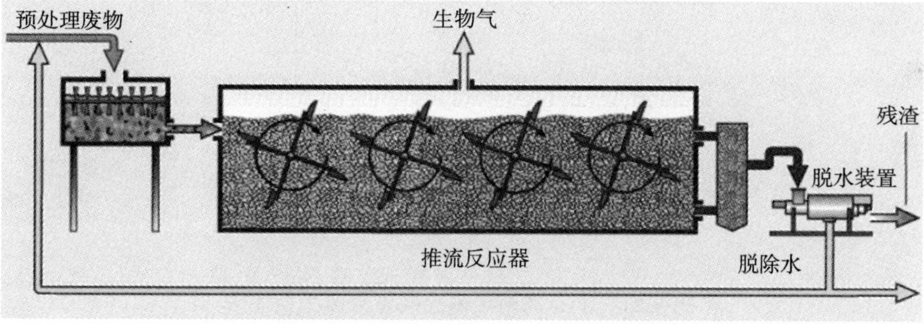

图 5-23　Linde－KCA/BRV 两阶段干式厌氧消化工艺

（图片来源于 Linde－KCA 公司网页）

(4)BTA 两阶段湿式厌氧发酵工艺

BTA 工艺是由德国开发的最古老的、最成熟的工艺之一。除少数的小规模 BTA 工艺采用单级反应器外，大多数 BTA 工艺采用两级，湿式预处理－湿式厌氧发酵处理单元。典型的 BTA 工艺如图 5-24 所示。BTA 工艺湿式预处理部分使用拌浆机和水力旋流器。经过搅拌的城市固体废物在固液分离单元内进行固液分离，分离后的液体送入产甲烷反应器，而固体物质与处理水混合后调节其含水率为 75%，然后用泵打入水解反应器内。经过为期 4d 的水解反应后，水解液被导入甲烷产生器内。水解后的残渣物质或好氧处理或直接填埋。文献显示，加拿大某使用该工艺的废物处理系统产气率为 0.12～0.15m^3/kg 湿物料。

该工艺在西欧及加拿大、日本等国家都有应用。

(5)填埋场厌氧发酵系统

垃圾填埋场实际上是一个大型的、未优化的厌氧发酵系统。填埋气的收集处理既具有环境效益,又具有经济效益。填埋气的组分与工程化的厌氧发酵系统产生的生物气类似。填埋气体的产生可以通过良好的管理系统得到优化,如垃圾破碎、渗滤液回灌等。这些促进填埋气产生的各种操作同时也加速了填埋场本身的稳定性,如我国杭州天子岭垃圾填埋场和深圳下坪垃圾填埋场都开展了填埋气体的收集和利用。

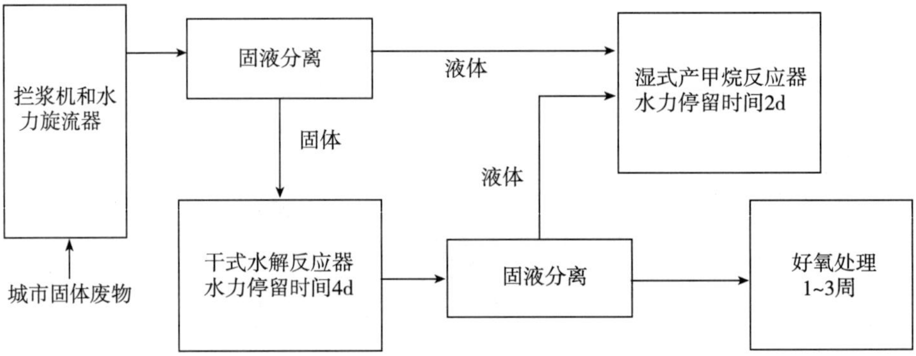

图 5-24　BTA 两阶段湿式厌氧发酵工艺流程

四、厌氧发酵产物及其用途

厌氧发酵反应器产生的沼气甲烷含量一般在 55%～60%。其余成分主要为 CO_2,此外还含有少量的一氧化碳(CO)、氢气(H_2)、硫化氢(H_2S)气体、氧气(O_2)、氮气(N_2)、氨气(NH_4)、磷化氢(PH_3)和碳氢化合物(C_mH_n),总量不超过 5%。沼气产生量随原料不同而不同。人们把由 60%甲烷和 40%二氧化碳组成的沼气称为标准沼气。沼气具有可燃性,是优良的燃料,具有热效率高,环境污染小等特点。沼气通常通过在锅炉中燃烧产生热和蒸汽,或者通过燃气轮机产生电能。

沼气作为一种具有较高热值的可燃气体,把它作为动力机的燃料,带动发电机运转,将得到高品位的电能。沼气发电技术在沼气工程中的引入,不但提升了沼气工程整体技术水平,而且可以通过出售电能带来较高的资金回报。沼气发电是一个系统工程,它包括沼气生产、沼气净化与储存、沼气发电及上网等多项单元技术的优化组合,也涉及国家对沼气发电的扶持政策和技术法规等。

近年来,上海、北京、青岛等城市逐渐建立起一些大型的垃圾厌氧发酵工程。随着大型填埋场的兴建和人们环境意识的日益提高,我国已经开始对垃圾填埋场产生的生物气体进行利用。国家相关政策的出台将为打通包括沼气发电在内的绿色电力上网的瓶颈。2006年国家颁布的《可再生能源发电价格和费用分摊管理试行办法》和《可再生能源发电有关管理规定》等政策,为垃圾厌氧发酵沼气发电产业的发展筑起了良好的交易平台。此外,国内数家有实力的研究院所和大型企业进行了强强合作,针对市场需求开发出不同规格的沼气发电机组系列产品。因此,在发电设备方面国内已可为沼气发电的实施提供有力支持。

由以上分析可以看出,无论是沼气产量潜力、政策导向、发电技术水平,还是市场需求,都会催生沼气发电的大发展。

五、机械生物处理技术

1. 机械生物处理

机械生物处理(MBT)是废物的中间处理设施,而不是最终处置场所。MBT不是单一的处理技术,而是不同工艺单元的组合,因此有多种组合方式。不同的组合其功能、运行方式等各有不同。每种组合工艺都有其优点和缺点。在具体应用过程中应根据废物的特点来选择具体的组合方式。垃圾的机械生物处理主要包含两个核心部分:机械处理(包括分选、破碎等)和生物处理(厌氧消化、好氧堆肥等)。MBT工艺可作为垃圾填埋预处理,或垃圾焚烧预处理。MBT工艺作为填埋预处理手段,可以大大缩短垃圾在填埋场中的稳定化时间。

(1)机械处理阶段

机械处理一般有两个主要目的：一是尽量回收垃圾中可资源化、但又不可生物降解的物质，如金属、塑料、玻璃等；二是为接下来的生物处理提供条件，如去除砂石、把物料破碎成比较小块物质。机械处理阶段要尽可能去除不能生物降解的物质。不同的 MBT 工艺其侧重点不同，有个更侧重于能量物质（如甲烷气体）的回收，而有的侧重于分拣可回收物质。

(2)生物处理阶段

生物处理一般包括好氧堆肥和厌氧消化。厌氧消化系统是以产生可利用的能源气体（沼气）为目的的。利用沼气可发电或供热。好氧堆肥系统主要是为了使垃圾稳定成可利用的肥料，并回收塑料等物质（经堆肥处理后，塑料上附着的残余食物等被去除掉）。

2. 机械生物处理在现代垃圾管理系统中的作用——以德国为例

垃圾填埋一直是英国、德国、意大利等西欧国家及大多数发展中国家最主要的垃圾处理方式。垃圾填埋场中渗滤液和填埋气体的产生在很大程度上受垃圾中可生物降解物质的影响。此外，有机物质的降解会造成垃圾填埋场表面沉降，一般为填埋高度的 20%～25%。表面沉降会引起填埋场覆盖材料、填埋气和渗滤液收集系统的破坏。随着经济的发展和环保意识的提高，欧洲的废物管理策略越来越强调物质和能源的回收利用，减少垃圾填埋。近年来欧盟（EU）颁布了新填埋指令，该指令设定了阶段性的目标，旨在降低进入填埋场的垃圾中可生物降解物质的含量。达不到规定目标的国家将被罚款处罚。

为实现“填埋垃圾低有机物质含量”这一目标，欧盟各国分别采用了一系列的措施，其中一项重要措施就是通过机械生物处理降低垃圾中可资源化物质及可生物降解物质的含量。垃圾经过机械生物处理之后再填埋，可大大缩短垃圾的稳定化时间，还可以降低填埋气的产生量。目前，欧洲有 70 多个 MBT 设施在运行（包括投入商业运行设施的和示范性工程），其中有一半以上设施位于德国，此外奥地利、瑞士、瑞典等国家也有很大的垃圾机械生物处理市场。下面以德国为例来介绍机械生物处理在整个城市垃圾管理系统中的作用。

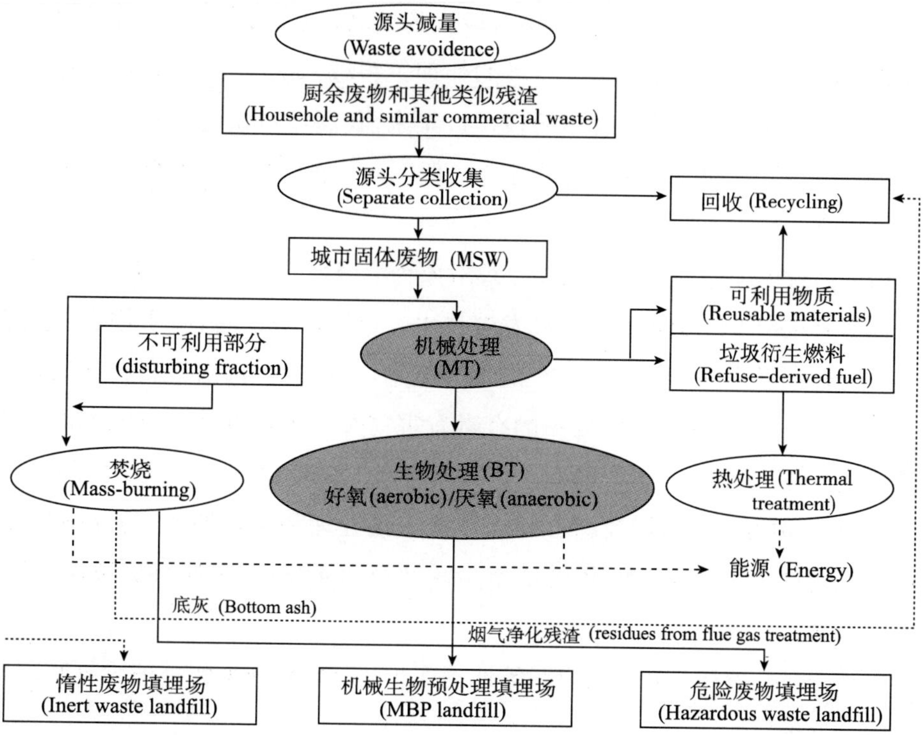

图 5-25 德国城市固体废物管理概念流程(MSW: municipal solid waste; MT: mechanical treatment; BT: biological treatment; MBP: mechanical biological pretreatment)

在德国,MBT 技术已成为城市生活垃圾管理和处理处置环节中的重要组成部分。图 5-25 为德国城市废物管理概念流程。由该图可知,德国垃圾处理的方式有:机械生物处理(MBT)、堆肥、焚烧、热处理和填埋等。其中 MBT 处理是德国废物处理过程中的重要环节。德国的机械生物处理技术是首先利用机械分选设备,把垃圾中的高热值物质、金属和玻璃等有用物质分离出来加以利用,垃圾中的有机质部分经过生物的好氧或厌氧处理后实施填埋。德国厌氧发酵后的固体残渣一般经好氧处理后直接填埋处理而不是二次利用,这主要是考虑到固体残渣中含有高浓度的重金属,在应用过程中可能造成环境污染。2006 年,德国共有 36 个典型的 MBT 处理厂,年处理能力达 380 万 t。

3. 机械生物处理工艺在国内的发展

国内厌氧消化技术最近20多年有较大的发展，但主要集中在污泥消化、粪便处理、高浓度有机废水处理、农业垃圾的处理等领域，城市生活垃圾处理行业应用厌氧产沼并回收利用还处于起步阶段。近年来，我国逐步建起一些以垃圾的机械处理+厌氧发酵生物处理为核心的综合处理厂。下面以某生活垃圾综合处理厂为例进行介绍。

该生活垃圾综合处理厂的主要处理对象为混合城市生活垃圾和厨余垃圾。生物处理部分采用 Valorga 干式厌氧发酵技术。根据垃圾的特性，采用人工与机械相结合的分选工艺，利用滚筒筛选、磁选等技术，尽可能拣选出金属、纸张、玻璃等可回收物，并拣选出混杂在垃圾中的有毒有害物及建筑垃圾等不可发酵的物质送填埋场或焚烧厂处置，垃圾中的有机部分则进入厌氧消化罐进行生物处理。图5-2和图5-26分别为该生活垃圾综合处理厂机械预处理和生物处理工艺流程。该工艺设计处理能力为227500t/年的城市生活垃圾和41000t/年的有机垃圾，可允许10%的波动。

此外，北京、青岛、内蒙古、贵阳等地正逐步建起以机械生物处理为核心的城市垃圾综合处理厂。

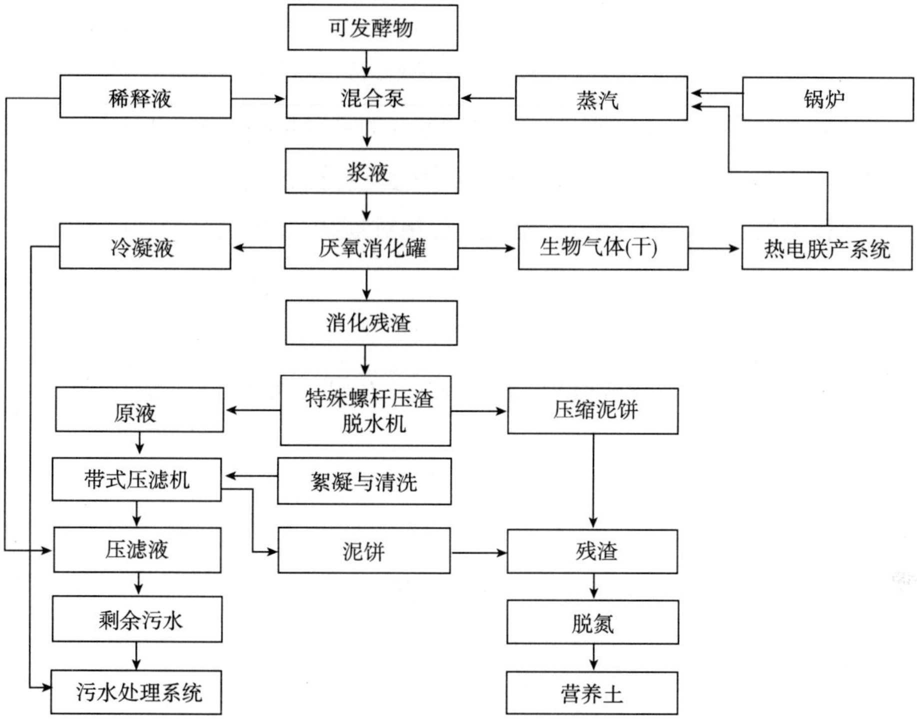

图 5-26　某以厌氧发酵为核心的生活垃圾综合处理厂工艺流程

4. 城市生活垃圾机械生物处理的制约因素

机械生物处理技术的关键步骤是生物处理。以厌氧消化为例,厌氧消化处理城市垃圾是一种古老的方法,其消化过程是一个动态、多相、多介质的物理、化学和生物反应紧密相关的复杂过程。厌氧消化处理技术在城市垃圾处理应用中的制约因素主要表现在:

①城市垃圾的分选需投入大量的人力物力,系统工程复杂。现阶段要对城市垃圾作较系统的分选很难,城市垃圾分选效率将直接影响到后续产品的质量(如产沼、堆肥),故垃圾收集分区、分类收集和建立垃圾收费制度将是影响今后我国垃圾厌氧发酵产业进一步发展的关键因素。

②厌氧微生物对垃圾中复杂有机物的降解能力对整个发酵过程起决定性作用,选用优良的厌氧菌种是厌氧消化技术的核心。因此,发酵厌氧微生物的筛选、培养和鉴定也成为制约因素之一。

③厌氧过程中温度、pH值、营养物质和底物毒性对发酵过程有较大的影响，操作人员要不断监视发酵过程、判断和调整各种参数，很难实现实时监控。

④消化产品的腐熟度是衡量厌氧消化过程的最终指标。未腐熟的产品中有机物和毒性物质会造成植物生长的缺氧和间接毒性，危害作物生长。目前，对堆肥产品的腐熟检测缺乏统一的标准，且检测过程相对复杂，无法进行现场检测。

第五节　有机固体废物热解气化技术

一、概述

1. 关于热解气化的几个基本概念

热解是利用有机固体废物的热不稳定性，在完全没有氧气的条件下通过外部加热使得有机物受热分解，生成燃料气、燃料油和固体残渣的不可逆过程。热解产物与有机物的种类、热解温度等因素有关。热解技术在化学工业上用途广泛，如用木材生产活性炭、甲醇等产品。

气化是利用有机固体废物的热不稳定性，控制反应环境内空气（或氧气）供应量在理论值之下，使部分有机物被燃烧，燃烧产生的热量保持反应环境内具有一定温度，最终生成可燃气体（一氧化碳、氢气、碳氢化合物、甲烷等）和其他一些产物的物理化学反应过程。

由以上定义可知，热解、气化都是把有机废物转化物气、液、固三种产物的过程。但是二者之间有着明显的区别：首先，热解过程是一个吸热的过程，而气化是放热过程；其次，热解是在完全无氧的条件下进行的，而气化过程需要部分空气或氧气。

2. 热解气化基本原理

(1)热解气化焚烧

热解气化焚烧是在传统焚烧技术上发展起来的新的垃圾热处理技术。在欧洲,热解气化技术被看作是焚烧技术的一种。热解汽化焚烧是基于热解、气化概念,以有机废物的减量化、无害化为目的的热处理技术。固体废物热解气化处理工艺的基本原理是在无氧或缺氧条件下使固体废弃物得到完全处理并充分回收能源。热解气化工艺包括以下步骤:干燥、热解、气化和燃烧。前面三道工序是在一燃室进行,而气体燃烧是在二燃室进行的。一燃室充满了惰性气体,并始终保持负压环境,以防垃圾直接焚烧,保证内部的惰性状态,使垃圾能充分热解。通过控制二燃室空气供应量(较低的过量空气系数),整个热处理系统废气产生量也比较少,对大气的污染也就相应减少。此外,热解气化焚烧能使垃圾得到充分燃烧,即使是水分含量高的低热值垃圾,也不像直接焚烧炉那样须经常采用辅助燃料,因而降低了能耗。垃圾中的大部分有害物质在热解气化过程中已被分解,再经过二燃室高温燃烧(1000℃左右),有毒有害物质更彻底地得到去除,实现垃圾完全无害化处理。

热解气化和传统焚烧都属于热处理工艺。然而,热解气化与传统焚烧又有很多区别。通俗地讲,垃圾直接焚烧就如直接烧煤,而垃圾热解气化焚烧则犹如将煤气化后再燃烧。图 5-27 为传统焚烧与热解气化技术的概念图。简单来说,热解气化和传统焚烧的区别主要表现在以下几个方面:

①热解气化对垃圾热值要求较高,以废塑料为主要成分的高热值垃圾的处理更具优势;

②对于传统焚烧工艺,垃圾一般不需要破碎等预处理,而热解气化工艺一般需要简单分选、破碎等预处理;

③从理论上说,焚烧只能对垃圾焚烧产生的热能进行回收利用,而热解气化可以回收除热能之外的燃料油和燃料气等产品;

④由于热解气化所需要的空气量少,产生的烟气量也少;

⑤垃圾焚烧过程中二恶英的产生是限制焚烧技术的一个关键因素，而热解气化技术往往有二次燃烧室对热解气体进行高温燃烧，降低了二恶英产生的可能性和浓度；

⑥相比于传统焚烧炉，热解气化焚烧设备结构较复杂，初期投资费用和运行费用都比传统焚烧工艺高。

热解气化焚烧工艺首先在北美获得应用，这种焚烧炉被称为 SAU（Starved Air Oxidation），意思是缺氧炉。在加拿大被称为 CAO（Controlled Air Oxidation），意思是控制空气氧化，即通过控制两个燃烧室的供风量和温度来实现热解气化和完全燃烧。在借鉴国外热解气化先进经验的同时，我国也积极促进热解气化设备的国产化。

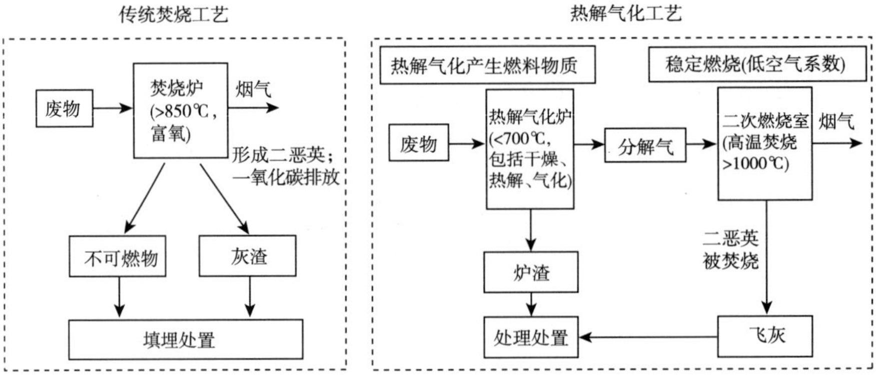

图 5-27　传统焚烧工艺与热解气化工艺概念图

(2)热解气化熔融

在热解气化焚烧基础上发展起来的热解气化熔融技术，是指垃圾除了干燥、热解、气化和燃烧之外，最后再高温熔融处理。从广义上来说，热解气化熔融属于热解气化焚烧的一种。垃圾热解气化熔融技术实质上是垃圾中有机物的热解气化和无机物的高温熔融的联合处理技术。热解气化熔融技术以日本的最具有代表性。图 5-28 为日本热解气化熔融技术的典型流程。垃圾被投入热解气化炉中，在无氧状态下被热分解；垃圾中的铁、铝等金属物质在热解气化炉内被有效分离；热分解气体和焦炭进入高温熔融炉，在高于 1300℃ 的温度条件下被充分燃烧，剩下的无机物被熔融、冷却固化；熔融炉排出的烟气经热回收利用、无害化处理后，排入大气。热解气化熔融技术的优点是：

①因控制热解气化炉和熔融炉的供风量，烟气量少；

②热分解气体在1300℃以上的高温状态下进行燃烧，有效抑制了二恶英类物质的产生；

③熔融残渣减为原垃圾量的1/200，延长了垃圾填埋场的使用寿命；

④熔融残渣可以作为建材二次利用；

⑤可回收利用铁、铝等金属资源。

缺点：

①因为在高温、高压状态下运行，可燃性气体有发生爆炸的危险性；

②初期工程造价高。

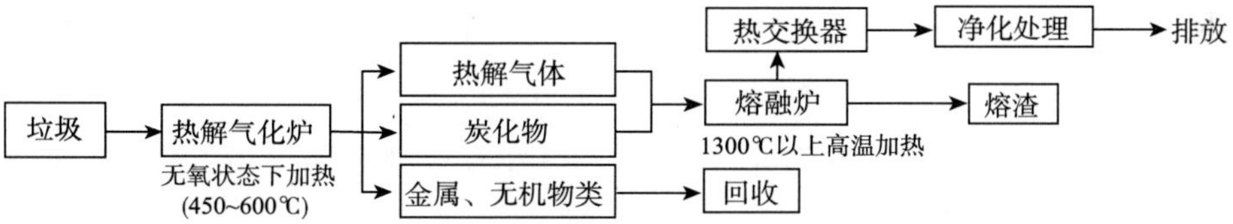

图 5-28 日本热解气化熔融工艺基本流程

二、热解气化技术在国外应用现状

虽然热解气化法在煤的干馏和化工炼油等行业的应用已有相当长的历史，但是城市固体废物的热解气化处理还是在近几十年来才发展起来的。自20世纪60年代以来，各国经济生活的不断改善使得生活垃圾中的有机物含量越来越多，其中纸张、木质纤维、塑料等可燃成分的比例有了较大的提高，而且垃圾的热值也在日益增加，这就为垃圾热解气化处理提供了基础条件。近年来，热解气化技术得到了迅速的发展，特别是一些发达国家垃圾的热值愈来愈高，热解气化技术已由小试、中试向实用化方向发展。热解气化技术可适应多种固体废弃物的处理，不仅可处理生活固体废物，还可处理工业固体废物，特别能处理不适合直接焚烧，或直接焚烧难以应付的各种危险性固体废物(包括医疗废物)。目前世界上基于热解和气化概念的废物处理设施有 100 多个,年处理量达 400 万 t。尤其是在欧洲和日本,一些热解气化工艺已经有近 10 年的商业化运行经验。然而,许多热解气化工艺目前还停留在小规模应用上。总体上来说,其应用范围还远不如传统的焚烧技术广泛。

1. 美国

美国早在 1929 年就对垃圾进行了高温分解的试验研究。经过近半个世纪的发展,到了 20 世纪 70 年代,重点研究开发并投资建成的有两种工艺:一是以有机物气化为目标的回转窑式 Landgard 工艺;二是以有机物液化为目标的 Occidental 工艺。这两种工艺都是单纯以回收贮存性能源为目的。经过上述两种工艺的开发,明确了热解技术开发和应用中存在的问题及其改进方向,达到了示范工程的目的,但最终并没有实现工业化生产。后期,美国环保局(EPA)将生活垃圾资源化处理的方向转到了垃圾衍生燃料(Refuse Derived Fuel - RDF)技术的开发。20 世纪 80 年代后期,美国能源部(Department of Energy - DOE)推出了一系列对固体废物实施资源和能源再利用的技术开发计划,其中包括以生活垃圾为原料制造中、低热值燃料气或 NH_3、CH_3OH 等化学物质的气化热解技术。因此,总体上美国的热解气化技术的研究方向主要围绕垃圾的资源化利用展开。

2. 日本

与美国不同,日本的热解气化技术是将垃圾热解气化产物进一步燃烧或熔融处理,同时回收利用其热能。其主要目的是垃圾的减容减量,同时减少二恶英等二次污染物。图 5-29 为日本热解气化熔融设施数及其处理能力的统计数据。该图表明,近 10 年来日本的热解气化熔融技术已经得到越来越广泛的应用。热解气化熔融技术是有机废物在低温状态下热分解(450～600℃),热分解产生的气体和焦炭在熔融炉中被 1300℃以上的高温熔融、冷却固化成熔渣,并对热量进行回收利用的过程。目前,世界上以日本的热解气化熔融技术最为成熟,应用最为广泛。热解气化熔融技术将在本节后续内容进行详细介绍。

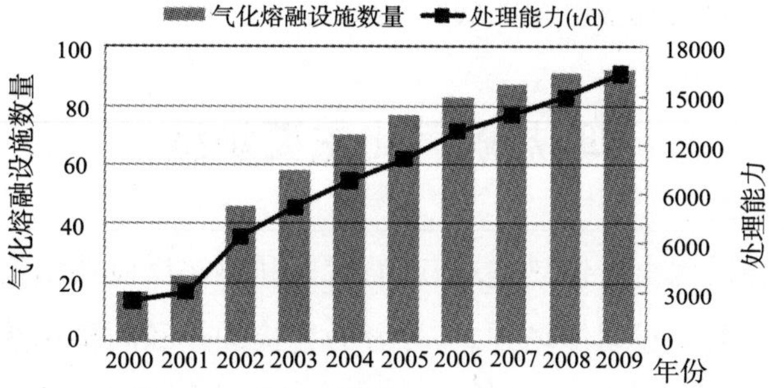

图 5-29　日本热解气化熔融设施数及处理能力(日本环境省,2009)

三、热解气化技术在国内应用现状

目前我国对热解气化技术的研究和应用还主要集中于对各类生物质如农作物秸秆、甘蔗渣、木屑等废物的资源化处理处置。城市生活垃圾的热解气化应用还比较少。随着经济的发展和人们生活水平的提高,城市生活垃圾中有机组分的含量越来越高,纸张、塑料以及合成纤维等占有很大的比重。《中国城市社区生活垃圾管理现状分析及发展方向报告》显示,上海市从 1990 年到 2003 年, 垃圾中塑料从 4.0%升至 13.33% ,纸类从 4.0%升至 9.23% ,果类从 10.8%升至 14.08%;北京市 2003 年垃圾成分中厨余、纸类和塑料分别占 40%、14%和 13%。无机物含量不断降低和有机物含量持续增加,显著提高了垃圾的热值,使我国城市生活垃圾采用热解气化处理成为可能。

热解气化作为一种新的有机固体废物热处理技术,已逐步得到研究和应用。建设部在《建设行业垃圾处理科技发展"十五"计划和 2010 年规划大纲》中将此项技术的研发列入 2006—2010 年的科技发展目标中。1999 年,我国深圳某垃圾焚烧发电厂引进加拿大 CAO 工艺建成了 300t/d 垃圾热解气化焚烧发电厂,是我国第一座垃圾热解气化焚烧发电厂。2002 年,东莞市某焚烧处理厂采用回转炉床热解气化工艺,处理规模为 600t/d,2010 年,该垃圾处理厂二期工程建成投产,处理规模为 900t/d。

我国目前运行的热解气化焚烧设施多数是在"非典"之后建设的,且多用于处理医疗垃圾。随着经济的发展、热解气化技术的完善和环保标准的提高,热解气化技术必将在更广泛的领域内得到应用。

四、热解气化主要炉型

垃圾热解气化过程由于供热方式、产品状态和热解反应器结构等方面的不同，热解工艺也各不相同。根据供热方式，可分为直接加热和间接加热；根据热解反应器的结构，可分为移动床、流化床和回转窑等；根据热分解与燃烧（熔融）反应是否在同一设备中进行，热解过程可分成单塔式和双塔式。目前使用比较广泛的热解气化熔融炉大体分为两类：气化和焚烧或熔融一体型，即垃圾的气化和焚烧或熔融在同一炉体内进行，如竖式热解气化熔融炉；气化和焚烧或熔融分离型，即垃圾的气化和焚烧或熔融分别在不同的炉体内进行，如回转窑式热解气化熔融炉和流化床式热解气化熔融炉。本节着重介绍几种主要的热解气化系统。

1. 竖式热解气化熔融系统

该系统是热解气化和熔融一体化的设备，因此也被称为直接熔融技术。竖式热解气化熔融炉整体结构紧凑，通过控制炉温和供氧条件，使垃圾在同一炉体内完成干燥、热解气化、燃烧和熔融。竖式热解气化熔融炉又可以细分为炼焦熔融炉（coke－bed melting furnace）、纯氧式熔融炉（pure oxygen melting furnace）和等离子体熔融炉（plasma melting furnace）。

(1)炼焦熔融炉

图 5-30 为典型的炼焦热解气化熔融炉，这类炉型包括 4 个反应区域：

①干燥、预热区（300℃～400℃）：通过与热解气接触，垃圾被干燥。

②热解气化区（300℃～1000℃）：在无氧状态下，垃圾中的有机物被高温分解成一氧化碳、氢气、甲烷等可燃气体，可燃气体在二燃室内被焚烧。

③燃烧区（1000℃～1700℃）：垃圾热分解后的可燃残渣在富氧条件下被充分燃烧。

④熔融区（1700℃～1800℃）：燃烧后的灰渣在高温下被熔融，生成高品质的熔

融物。熔融物经冷却处理后分离为熔渣和金属两类再生资源。

垃圾由炉顶投料口进入炉内，为了防止空气的混入和热解气体的泄漏，投料口采用双重密封阀结构。进入炉内的垃圾在竖式炉内由上向下移动，通过与上升的高温气体换热，垃圾中的水分受热蒸发，逐渐降至热解段，在缺氧状态下有机物发生热解，生成可燃气和灰渣。有机物热解产生可燃性气体导入二燃室进一步燃烧。灰渣进一步下移进入燃烧区，灰渣中残存的热解炭黑等固相产物与从炉体下部通入的空气发生燃烧反应，但其产生的热量不足以满足灰渣熔融所需温度，故需要添加焦炭来提供炭源。灰渣熔融后形成玻璃体和铁，体积大大减少，重金属等有害物质也被完全固定在固相中。玻璃体可以直接填埋处置或作为建材加以利用，磁分选分离出的铁也有足够的利用价值。

目前世界上有 34 座焚烧厂采用新日铁公司开发的竖式气化熔融炉（其中包括韩国的两座垃圾焚烧厂），主要处理城市生活垃圾、焚烧残渣、污泥、还有少量工业废物。最大处理规模为 720t/d，最大单炉处理量为 265 t/d。

（2）氧气式熔融炉

氧气式熔融炉是日本的川崎技术研究公司通过结合美国 UCC 公司开发的垃圾热解气化熔融技术和自身的垃圾处理技术开发出来的一项新技术。该技术最大的特点是使用高浓度的氧气、利用垃圾本身的热值实现热解气化和熔融。氧气式熔融炉不需要添加焦炭等辅助燃料。此外，通过控制氧气的供给，可快捷地实现系统的启动和停止，从而使得整个系统的操作运行和维护管理都十分简便。

垃圾经压缩后投入炉内。投入的垃圾通过与上升热气体接触而被干燥、热分解和炭化。垃圾热分解产生的可燃性气体在燃烧室内完全燃烧。炭化作用产生的焦炭在炉底部供给的高浓度氧气作用下被充分燃烧、熔融。一部分焦炭与水蒸气发生反应，生成氢气等可燃性气体。熔融物经骤冷处理后分离为熔渣和金属，可以回收利用。图 5-31 为典型的氧气式熔融炉。

从 1998 年到 2011 年，日本共有 8 座焚烧厂采用氧气式熔融炉，最大处理规模为 212t/d，最大单炉处理量为 106t/d。

（3）等离子体熔融炉

垃圾从炉体的中上部被推入炉内，从上到下依次经过干燥、预热、热分解、燃烧、熔融这一系列的过程后，垃圾熔融残渣从炉体底部的出渣口排出。等离子体式热解气化熔融炉最显著的特征是，通过高温等离子体对空气进行加热。整个系统可以通过调控送风量和等离子体热来实现炉体内垃圾的有效热分解、燃烧和熔融。热分解气体在炉体上部的二次燃烧区内被充分燃烧。图 5-32 为典型的等离子体熔融炉。

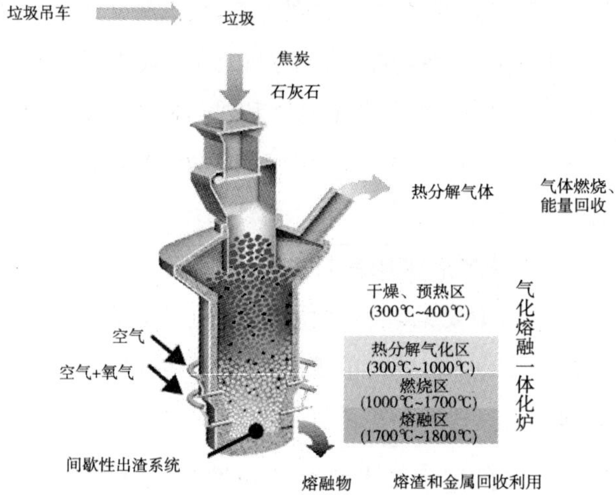

图 5-30　炼焦熔融炉结构

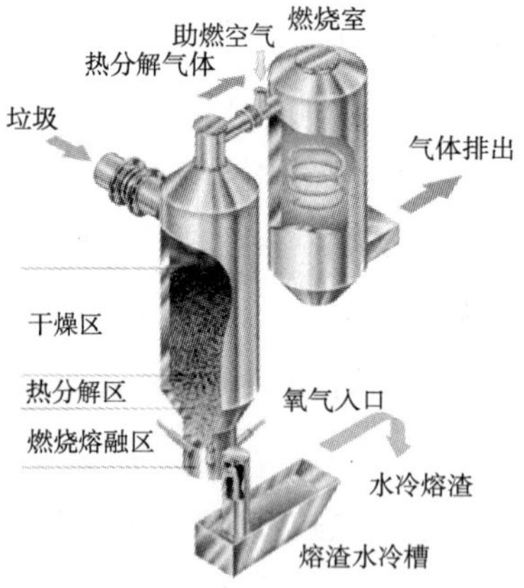

图 5-31　氧气式熔融炉

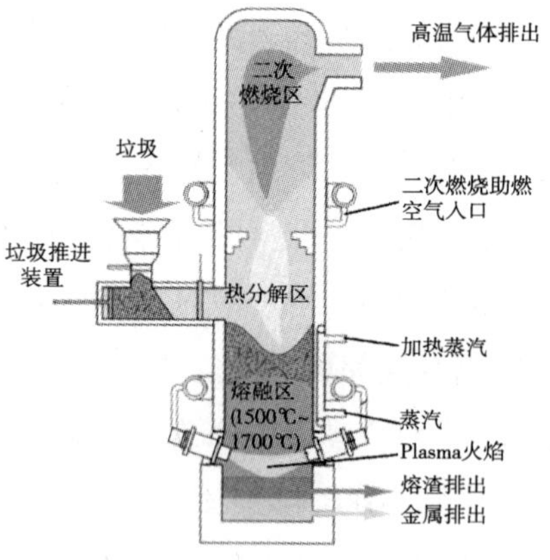

图 5-32　等离子体熔融炉

2. 回转窑式热解气化熔融系统

该系统主要由回转窑式气化炉和熔融炉构成(图 5-33)。回转窑内部有加热管,回转窑通过旋转使加热管和窑内的垃圾充分接触,保证垃圾热分解能顺利进行。回转窑内的热分解温度一般为 450℃～600℃。热分解产物主要包括热分解气体和固体残渣。热分解气体直接导入熔融炉进一步高温燃烧处理(温度为 1300℃);热分解固体残渣则从回转窑尾部出口排出,分离出铁、铝等金属物质,分离后剩余的炭残渣经细化处理后再投入熔融炉内进行燃烧。垃圾燃烧产生的灰分熔融后以熔渣的形式排出。熔渣可以用作路基材料。同时,该系统还利用燃烧产生的高温气体来加热空气,加热后的空气作为回转窑加热源。因此,整个气化熔融系统利用垃圾本身含有的热量维持垃圾热分解、燃烧和熔融,而基本不需要外部能源。

目前,日本采用回转窑式气化熔融系统的垃圾焚烧处理厂共有 12 座。最大处理规模为 450t/d,最大单炉处理量为 150 t/d。最具有代表性的是三井造船株式会社和 Takuma 株式会社开发的回转窑 + 旋回熔融炉工艺,如图 5-34 所示。在该工艺中,烟气除尘系统中收集的飞灰也被送入熔融炉内进行熔融处理。这不仅可以分解飞灰中含有的二恶英等有害物质,还可以减少整个系统的最终残渣处分量。此外,本系统还配有脱盐袋式过滤器,通过喷洒脱盐剂,降低烟气中的氯化氢等物质浓度。被截留的盐类物质还可以回收利用,制成氯化钠等化工用品。

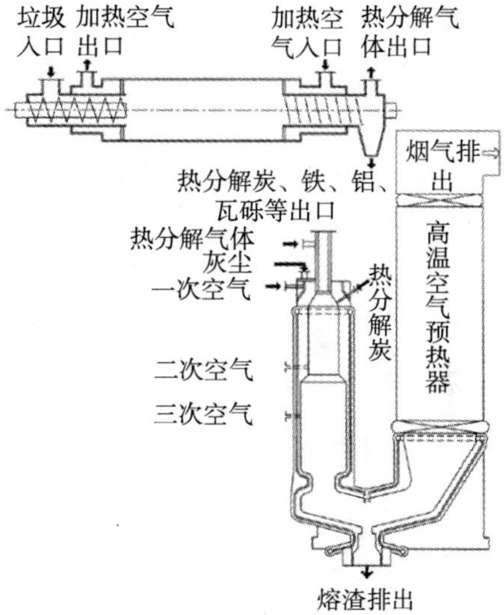

图 5-33　回转窑式气化炉＋熔融炉

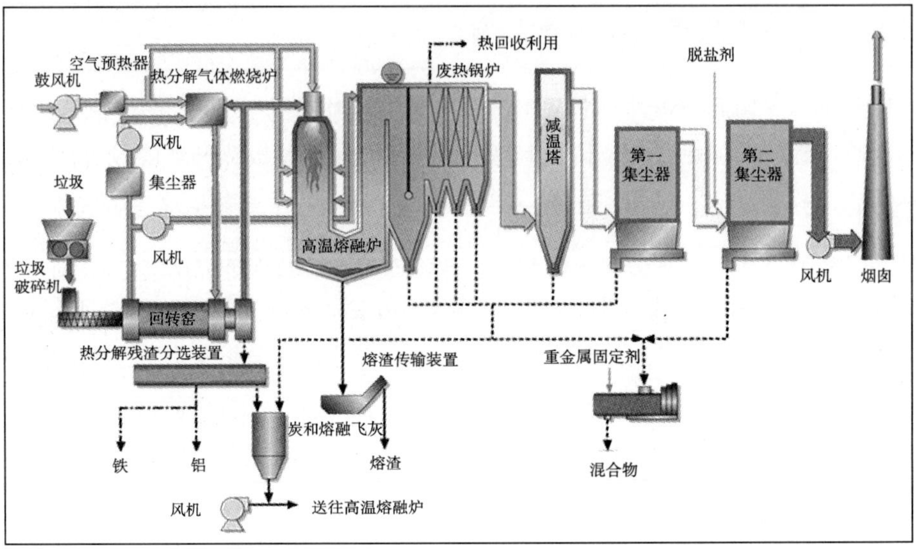

图 5-34 典型的回转窑式热解气化熔融工艺

3. 流化床气化熔融系统

流化床气化熔融炉一般包括流化床气化炉和旋回式熔融炉，如图 5-35 所示。投入气化炉的垃圾，与 450℃～600℃的惰性砂层接触而被热分解。热分解产物包括 CO 等可燃气体和焦炭、铁、铝等不可燃物。热分解生成的气体和焦炭进入熔融炉内，通过气体和焦炭燃烧产生的热量维持熔融炉的连续运行，燃烧产生的灰分高温熔融后，以熔渣的形式排出。垃圾热分解产生的铁、铝等不可燃物，经过惰性砂层后以未氧化态排出。

(1)流化床气化炉

流化床气化炉内，通过外部通入空气使惰性砂层处于流动状态。进入气化炉内的垃圾在流动砂层的作用下分散开来。垃圾一部分被燃烧，利用产生的热量使得垃圾中的可燃物被分解为可燃性气体、未燃组分和灰分。气化炉只在启动时需要添加燃料，运行时不需要辅助燃料。垃圾中含有的铁、铝等不可燃物从气化炉底部排出，可进一步被资源化利用。

(2)旋回式溶融炉

气化炉内生成的可燃性气体、未燃组分和灰分进入熔融炉内，在外部供给空气的作用下完全燃烧，使整个熔融炉内的温度在1200℃以上。燃烧后剩余的灰分经高温熔融，以熔渣的形式排出。熔融炉充分利用垃圾自身含有的热量维持熔融反应的进行，不需要辅助燃料等外加能源。此外，熔融炉内的高温还能保证二恶英等物质被完全分解。

在日本，流化床式垃圾焚烧炉已经有30多年的运行经验，而旋回式熔融炉也有20多年的运行实践。基于这些实际运行经验开发出来的流化床气化熔融系统具有较高的可信赖性。目前日本约有25家垃圾焚烧厂采用流化床气化炉+旋回式熔融炉组合处理技术。图5-36为日本Kobelco Eco－solution公司开发的典型的流化床气化熔融工艺流程。在该工艺中，熔融炉排出的高温烟气，经废热锅炉回收其热量，用于发电、热水供应等用途。烟气经热回收系统后，再依次经过减温塔、袋式除尘器等烟气净化系统，最后从烟囱排出。

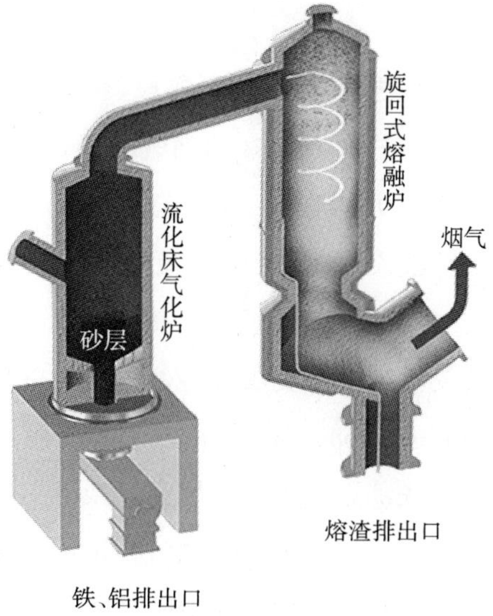

图5-35 流化床气化炉＋旋回式熔融炉

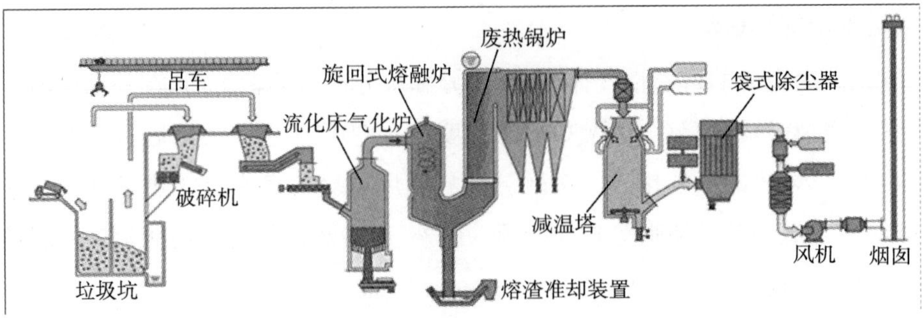

图 5-36　流化床气化熔融工艺流程

4. 国产化立式旋转热解气化焚烧系统

代表性的国产立式热解气化焚烧炉有深圳某环保公司开发的 LXRF 立式热解气化焚烧炉和 VPG 立式连续热解气化焚烧炉。立式连续热解气化焚烧系统由自动进料单元、焚烧单元、尾气处理单元、自动检测与控制单元、余热利用单元等构成。

(1)焚烧机理

热解气化炉(一燃室)从上往下,依次为干燥段、热解气化段、燃烧段、燃烬段和冷却段。垃圾首先在干燥段由热解段上升的烟气干燥,其中的水分挥发。干燥后的垃圾在热解气化段(约 600℃)分解为一氧化碳、氢、甲烷等可燃物进入混合烟气中。热解气化产生的焦油等液态残留物、固态炭以及垃圾本身含有的不可燃物进入燃烧段(＞1000℃)。燃烧段产生的热量用来提供热解段和干燥段所需的热量。燃烧段产生的残渣经过燃烬段继续燃烧后,进入冷却段,由热解气化炉底部的一次供风冷却(同时达到了预热一次风的目的),经炉排的机械挤压、破碎后,由排渣系统排出炉外。由热解气化炉底部送入的一次风穿过残渣层,给燃烬段、燃烧段及热解气化段提供充分的助燃氧。空气在上行燃烧过程中消耗了大量氧,经过燃烬段、燃烧段及热解气化燃烧段这几段燃烧区域后,氧含量大大降低,从而形成贫氧(亦称欠氧)环境,满足了热解气化工况。

热解气化炉产生的混合烟气进入二燃室燃烧。烟气进入二燃室采用切向进口,增加二燃室湍动程度;二燃室进口处采用二次补风,补充烟气中的氧气,通过燃烧器的助燃，使热解过程产生的可燃物在二燃室的富氧、高温条件下充分燃烧。烟气在二燃室的停留时间超过2s，焚烧温度为850℃～1000℃。二燃室烟气螺旋流动状况同时起到了旋风除尘的作用，烟气夹带的粉尘很大一部分在二燃室的底部收集起来，由排灰装置排出二燃室。

(2)工艺特点

垃圾焚烧彻底、无遗漏。一燃室炉膛中部高温燃烧区域的温度达1000℃以上。垃圾中的有机物与病原体焚毁彻底，焚烧后全部形成结焦状残炭，热灼减量<3%。

一燃室的热解气化还原性工况，炉压低，空气扰动小，因此烟气中尘含量低。

由于炉内的还原性工况使得炉内对污染物生成有催化作用的物质的生成量大大降低，加之通过控制二燃室的温度和助燃空气过剩系数，从而使得二恶英、CO、NO_x、CH_4等污染物质的生成得到很大程度的抑制。

竖式炉内物料的向下移动和气体的相对向上移动，使炉内的能量分布合理，热解气化区利用了焚烧段的高温缺氧气体，热分解产生的残炭、焦油等又参与焚烧段的富氧燃烧反应，残渣被一次风冷却，排灰过程热损失量小，整个过程对垃圾自身热能的利用效率最高，大大降低了二燃室辅助燃油量，减轻了处理费用。

(3)应用状况

包括东莞市医疗废物处理中心、深圳市医疗垃圾集中处置中心、济南生活垃圾处理厂在内的十几家固体废物处理厂。

五、热解气化技术在我国垃圾处理过程中的应用展望

我国城市生活垃圾的基本特点是无机物含量高于有机物含量，不可燃成分高于可燃成分，且含水量较高。有机成分中厨余物质所含比例较大，纸张较少，而国外垃圾中纸张所占比例较大。无机成分中，以灰土为主，玻璃、金属等含量很低。此外，我国城市生活垃圾中的很大一部分可资源化物质如塑料、纸张等被拾荒者捡

走，造成垃圾中可热解气化的物质含量很少，我国城市生活垃圾是否适合采用热解气化工艺还有待考察。

即使采用热解气化工艺，由于我国垃圾组成成分不同，决定了我国热解处理技术的发展，绝对不能纯粹依靠引进国外垃圾热解处理技术，必须对其深入研究，开发出适合中国国情，具有较大经济效益的工业化实用装置。如果引进国外一些热解技术设备用于我国的垃圾处理，一方面设备投资和运行费用很高，地方财政难以承受。更重要的是由于生活习惯、自然条件、环保政策及经济结构的差别造成了我国与发达国家在垃圾特性上的不同。如果不从我国垃圾本身的特性出发，直接采用国外热解技术和设备并不能有效解决我国垃圾处理问题。另外，对于含水率过大且性质不同的垃圾混合物，在热解过程中需要吸收大量热量，要增加补充燃料，特别是热解前期干燥阶段需消耗较多的外部加热能源。即使是同类有机物，若数量不足以发挥处理设备能力的规模优势，也是不经济的。因此，选择热解技术时，必须充分研究废物性质、组成和数量，充分考虑经济性。

世界上对热解气化技术的应用也存在不少反对的声音，如英国的知名环保组织 Friends of The Earth 和美国的 Greenaction 就指出，虽然很多热解气化设备生产商都宣称自己的技术“无污染”或是“零排放”，但是根据美国对加利福尼亚州一个热解设施的监测数据，该设施二恶英、VOCs、NO_x的排放量比传统的焚烧设施还要高。自 2003 年，美国有多个垃圾处理设施提案采用解热、气化或催化裂解等工艺，但这些项目因不能满足公众和政府的安全要求最终没有能通过审批。

综上可知，垃圾的热解气化技术尤其是热解气化熔融技术是垃圾处理领域的新成就，我们应关注该领域的新动态，争取在垃圾处理的新技术方面有所突破。然而，我国在采用热解气化等新兴垃圾处理工艺的时候，应采取比较审慎的态度，不应盲目追求高新技术。

第六节　建筑废物处理技术

一、概述

1. 建筑废物的定义及其组成特性

建筑废物一般为固体废物，通常也被叫做建筑垃圾。根据住房和城乡建设部2010年7月1日施行的《建筑垃圾处理技术规范》，建筑垃圾是指"对各类建筑物和构筑物及其辅助设施等进行建设、改造、装修、拆除、铺设等过程中产生的各种固体废弃物，主要包括渣土、废旧混凝土、碎砖瓦、废沥青、废旧管材、废旧木材等"。

据调查，建筑废物主要来自于建筑活动中的两个环节：建筑物的施工和建筑物的拆除。不同建筑活动中产生的废物其成分相差较大。以我国香港特别行政区为例（如表5-5所示），建筑施工废物与旧建筑物拆除废物主要组成成分为混凝土、石块和碎石、泥土和灰尘三大类，三大类组分在建筑施工废物与建筑物拆除废物中所占比例分别达到77.9%和72.84%，其他组分百分含量较少。一般而言，建筑物拆除垃圾中废混凝土块成分较多，而建筑物建设施工垃圾中石块和碎石、泥土和灰尘成分较多。需要指出的是，不同年代、不同国家和地区的建筑物其建筑垃圾的组分各不相同，比如日本民居建筑多以木质结构为主，拆除时必定会产生大量的废木材；再比如我国年代较久远的建筑多为砖瓦结构，拆除时产生的废砖瓦比例最高，而现代建筑的拆除则产生更多的混凝土。除了建筑物的施工和拆除过程中产生的废物，建筑物和构筑物的修缮和装修、道路的开挖等过程也会不同程度的产生建筑废物。

表 5-5 中国香港特别行政区建筑施工废物和建筑拆除废物组成对比

成分	百分比(%)	
	建筑施工废物	建筑拆除废物
沥青	0.13	1.61
混凝土	18.42	54.21
石块、碎石	23.87	11.78
泥土、灰尘	30.55	11.91
砖块	5.00	6.33
沙	1.70	1.44
玻璃	0.56	0.20
金属(含铁)	4.36	3.41
塑料管	1.13	0.61
竹、木料	10.95	7.46
其他有机物	3.05	1.30
其他杂物	0.27	0.11
合计	100	100

2. 建筑废物对环境的影响

建筑废物具有数量大、组成成分种类多、性质复杂等特点，如不加以合理的处理处置会造成污染，带来一系列的环境问题：

①侵占土地，污染土壤及水体。目前国内还没有专门的厂家或行业来对建筑垃圾进行处理，大量城市建筑垃圾未经处理就被转移到郊区露天堆放，占用了大片的生产用地。而且，垃圾中的有害物质(其中包含城市建筑垃圾中的油漆、涂料和沥青等释放出的多环芳烃类物质、重金属等)在雨水淋溶作用下进入土壤中或地表、地下水体，对土壤和水体造成污染。

②破坏市容，恶化环境卫生。城市中建筑垃圾杂乱堆放，与城市整体形象极不协调。城市内部空间有限，城市绿地往往成为城市建筑垃圾的临时集散地。此外，工程建设过程中未能及时转移的建筑垃圾堆放场地往往也成为生活垃圾的堆放场地。混有生活垃圾的建筑垃圾处理起来更加复杂和困难。

③安全隐患。大多数城市建筑垃圾堆放地的选址在很大程度上具有随意性，留下了不少安全隐患。施工场地附近区域多成为建筑垃圾的临时堆放场所。由于只考虑施工方便和缺乏应有的防护措施，在外界因素的影响下建筑垃圾堆出现崩塌，阻碍道路甚至冲向其他建筑物的现象时有发生。在郊区，坑、塘、沟渠多是建筑垃圾的首选堆放地，这种随意的堆放方式不仅降低了其原有的水体调蓄能力，也将导致地表排水和泄洪能力的降低。

二、国外建筑废物管理经验——以日本为例

1. 有关建筑废物的主要法律法规

日本真正意义上对建筑废弃物的管理始于20世纪90年代，日本通过制定相应的法律、法规及政策措施等，以促进建筑废弃物的转化和利用。

1991年日本政府制定了《资源有效利用促进法》，规定建筑施工过程中产生的渣土、混凝土块、沥青混凝土块、木材、金属等建筑垃圾。必须送往“再资源化设施”进行处理。这是日本最初的有关建筑废物处理的法律。

1994年4月制定了“建筑废弃物对策行动计划(再生利用技术21)”，积极推进建筑废弃物再循环政策，建立有关建筑废弃物处理的制度和措施，由建筑工程业主、施工者和废弃物处理单位三者组成一体，共同推进该项政策的执行。

1997年10月，制定了“建筑副产物再生利用推进计划97”，该计划从建立资源循环型社会的观点出发，要求建筑工程从规划、设计到施工的各个阶段需贯彻三项基本政策：抑制建筑副产物的产生；促进建筑副产物的再生利用；对建筑副产物进行妥善处理。

日本2000年颁布并于2002年实施了《建筑材料再生利用法》，该法的主要目的是促进建筑物拆除或新建过程中产生的特定建筑废物(包括废混凝土块、废沥青混凝土和废木材)的资源化处理。

日本2002年制定了“建筑副产物再生利用推进计划2002”，基本理念包括：建筑废物循环再利用是构筑循环社会的重要组成部分；建筑产业与其他产业联手促

进循环社会构筑；建筑废物循环再利用要从“量”走向“质”。

此外，日本还多次开展建筑废物循环再利用的推广、促进和普及活动，有效推动了建筑废物资源化进程。

2. 日本建筑废物资源化现状

日本建筑废物的排出量，占所有产业废物排出量的20%（约8000万t）。日本的建筑废物主要包括废混凝土块、废沥青混凝土、废木料、建筑污泥、混合建筑废物和其他一些废物，如图5-37所示。其中废混凝土块和废沥青混凝土所占的比例最大，分别占42%和35%。随着日本有关建筑废物资源化利用法律法规的实施，日本建筑废物资源化率显著提高。表5-6列举了近年日本各种建筑废物回收利用状况。由该表可知，近年来日本建筑废弃物回收与再利用处于世界领先水平，2005年日本建筑废物资源化利用率达到了92%。其中，废混凝土块和废沥青混凝土的资源化率一直比较高。1995年，废混凝土块、废沥青混凝土的资源化率都超过了65%。2000年以后，二者的比例都超过了96%。此外废木材和建筑污泥的资源化率也有不同程度的升高，2005年分别达到了91%和74%。混合建筑废物的资源化率比较低。

在日本，不同的建筑废物其资源化途径不同。对于废沥青混凝土块，一般作为再生沥青骨料或作为再生碎石路基材料使用。而废混凝土块一般作为再生碎石路基材料或作为混凝土骨料使用。建筑工程产生的废木料，除了作为模板和建筑用材再利用外，也可将其破碎成碎屑作为造纸原料或作为燃料使用。建筑污泥一般需要经过脱水处理后再进行利用。混合建筑废物由砖瓦、纸屑、木屑、废塑料、石膏板、玻璃、金属等多种物质混杂在一起组成，其利用过程比较复杂，需要经过一系列的分选处理才能够利用。建筑废弃物作为再生资源使用时，前提条件是：再生资材的品质和不含有害物质；而在资源化处理过程中，则注意环境保护，防止噪声、振动、粉尘和水质污染等问题的产生。

此外，日本建筑废物管理上的成功还在于：通过优化建筑物结构，延长其使用期限，达到抑制建筑废物产生的目的；对建筑废物再生产品进行JIS（日本工业规格）认定，以促进再生产品的市场再利用。

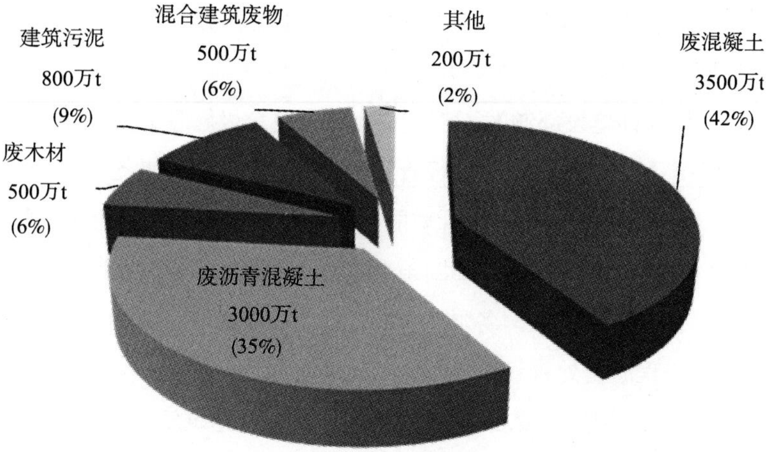

图 5-37　日本建筑废物中各种废物所占比例

（数据来源：日本国土交通省，2001）

表 5-6　1990 年到 2005 年日本建筑废物再生利用率

年份	1990	1995	2000	2002	2005
废混凝土块	18%	65%	96%	98%	98%
废沥青混凝土	50%	81%	99%	99%	99%
废木材	56%	39%	83%	89%	91%
建筑污泥	21%	14%	41%	69%	74%
混合建筑废物	21%	11%	9%	36%	28%
其他	36%	33%	36%	71%	85%
建筑废物	42%	58%	85%	92%	92%

数据来源：日本国土交通省

三、我国建筑废物管理现状

1. 法律法规的制定

我国从 20 世纪 80 年代末 90 年代初开始制定有关建筑垃圾的管理政策、法律和法规：

1995 年 10 月 30 日全国人大第十六次会议通过了《中华人民共和国固体废物污染

环境防治法》,该法规定:"施工单位应当及时清运、处置建筑施工过程中产生的垃圾,并采取措施,防止污染环境。"

1996年2月26日建设部颁发了第一部有关建筑垃圾管理方面的专门性规章《城市建筑垃圾管理规定》,它包含了建筑垃圾管理中最基本的内容,如:建筑垃圾及建筑垃圾管理的定义(第二条);城市建筑垃圾管理的归属部门(第三条);管理的方式:排污申报、排污收费、监督检查和违规处罚等(第四条至第九条)。

同时,自20世纪90年代起,各城市(如北京、上海、天津、宁波等)分别制定了地方性的建筑垃圾和工程渣土处置管理规定。

但是,这些法律法规的主要目的是为了更好地管理建筑施工过程中产生的建筑废物,使之能够被顺利清运、减少环境污染、杜绝建筑废物乱堆乱弃等问题,并没有真正涉及建筑废物的处理及资源化再利用问题。直到2003年6月,建设部出台了《城市建筑垃圾和工程渣土管理规定(征求意见稿)》,该规定才真正涉及了建筑垃圾资源化等方面的内容,如"第十四条　城市人民政府应采取措施,鼓励建筑垃圾、工程渣土的资源利用,采取渣土回填、围海造田、堆山造景、废渣制砖等途径,实行建筑垃圾、工程渣土资源化、减量化"。这一规定为建筑垃圾资源化处理提供了法律保障。

2. 建筑废物处理现状——以北京为例

自20世纪90年代,随着城市建设的进行,城市建筑废物产量猛增,建筑垃圾乱堆乱倒、污染堵塞道路等现象较为严重。自21世纪以来,这种情况得以初步改善。部分大、中城市根据管理的实际需要,相继颁布了建筑垃圾或工程渣土管理规定,初步建立了建筑垃圾申报及审批制度,收运车辆也得以初步规范化。目前,我国各个省市在建筑废物的实际管理过程中,工作重点也主要是加强建筑废物的有效清运、防止乱倾乱倒。总体来说建筑废物的资源化利用率不高,只有少数城市还建设了建筑废物资源化处理厂和建筑废物填埋场等消纳设施。现以北京为例对国内城市建筑废物处理现状进行简述。

北京于2002年颁布的《北京市路面沥青混凝土旧料再生利用管理办法(试行)》中明确规定,"道路、场坪、桥梁等设施拆除产生的沥青混凝土旧料进行收集,集中运送至沥青混凝土旧料再生企业,经加工后制成符合路用质量标准的沥青混凝土混合料，再度用于路面建设施工的活动”，“沥青混凝土旧料再生企业必须具备对沥青混凝土旧料实验、分析、破碎、筛分、再生的实验手段、生产设备、生产工艺和质量保证、环境保护措施，并且具有一定规模的生产能力。沥青混凝土旧料再生企业由市经委、市建委、市环保局联合确定。未被确定的企业不得从事回收利用沥青混凝土旧料的活动。接收沥青混凝土旧料不得收取任何费用”。2006 年 12 月起，北京市规定渣土砂石运输车辆必须持有绿色环保标志，并安装机械式全密闭装置，施工单位要优先选用有绿色环保标志的车辆承担渣土砂石等的运输工作。北京的建筑废物末端处理方法主要是将现有的大坑、窑地等设为建筑废物消纳场。到 2012 年年底，将有 4 座建筑废物再生厂建成，处理能力 400 万 t，本市四成的建筑废物将能被回收再利用。图 5-38 为北京市建筑废物处理工艺流程。

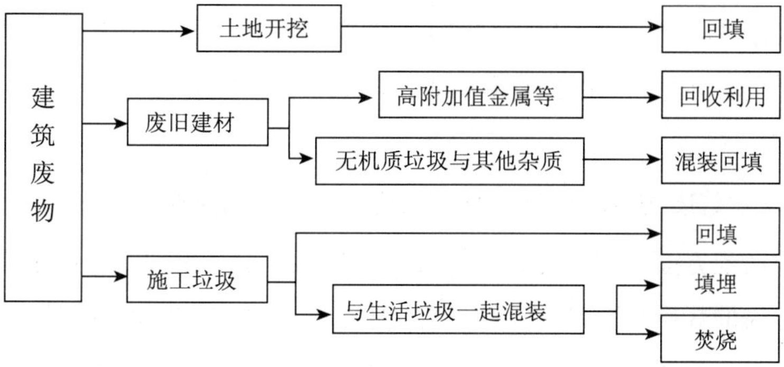

图 5-38　北京市建筑废物处理流程

3. 建筑废物管理中存在的问题及对策

(1)建筑废物管理过程中存在的主要问题：

①管理体系不健全。我国对建筑废物的管理尚属起步阶段，现有管理体制中也存在一些不合理方面。从建筑废物对环境的危害而言，从其产生、运输、处置的各个环节，都应在管理范畴之内。此外，我国目前的管理体系重点是从城市环境卫生的角度出发对建筑废物进行管理，而对建筑废物的资源化管理做得还不够。此外，管理体系中还存在政企不分、政事不分等现象。如某些城市的环卫部门自己负责建筑废物清运等具体工作，这种做法在短期内可能会取得一定成效，但又使其监

督、检查、执法的职能被削弱。

②法律法规和技术规范不健全。我国关于建筑废物管理的法律法规存在很多空白和漏洞，使得很多城市建筑垃圾乱堆乱倒现象得不到有效治理。此外，现有的法律法规并没有对建筑废物进行定量化管理，也缺少环境污染控制标准，资源化处理方面的规定不够具体翔实，并且也缺乏建筑废物再生产品再利用方面的技术指标和使用规范。如：在建设施工或拆除过程中，产生的扬尘等污染如何控制？建筑垃圾的产生量有无定量标准？有无对各种建筑废物进行分类收集堆放？各种建筑废物的资源化率有无规定？再生产品质量如何，在哪些范围内可使用？

③建筑废物资源化利用方面的科研投入不足。作为建筑材料用量最大的水泥及混凝土的原材料资源正在逐渐减少，因此加强建筑废物的资源化循环利用，是社会可持续发展的必然方向。目前，我国对建筑废物资源化利用方面的科研投入与日本、美国等发达国家相比还有很大的差距，造成建筑废物资源化过程中缺少必要的技术支撑。

(2)对于建筑废物管理体系中存在的问题应采取的措施

①法律法规方面。国家有关部门应在全国建筑施工企业中，对施工过程中产生的建筑垃圾的数量状况，进行一次大范围的定量定性综合调查统计，以此制定相应的建筑垃圾允许产生数量和排放数量标准，并将其作为衡量建筑施工企业管理水平和技术水平高低的一个重要考核指标。这样才能真正引起人们对于建筑垃圾进行综合利用的足够重视，建筑垃圾大量产生的源头才有可能得到有效的控制。

应通过建立相应的建筑垃圾处理法规来禁止填埋还可再生利用的建筑垃圾，制定鼓励建筑业回收和利用建筑垃圾的政策、法规和行业标准，促使企业自行妥善处理。

规定建筑垃圾必须进行分类存放和回收，尽量避免混合收集，成立专门资源化处理建筑垃圾的单位。

②标准规范方面。要保证建筑垃圾资源化的质量和效果，必须要制订一系列的标准规范，为建筑垃圾资源化过程中每一个技术环节提供技术依据，找到质量控制点，使产品有合格、验收的依据，这样建筑垃圾资源化才有章可循。

③科研方面。科研工作是建筑垃圾变废为宝的基础，没有科学的技术方案，建筑垃圾的再生利用就无从谈起。比如要提高再生混凝土的强度，就必须花费时间和精力去进行科学研究。应大力发展建筑垃圾作为建筑材料的工艺和技术；提高再生材料的强度、耐久性等研究，以及有利于减少建筑垃圾的施工技术、施工工艺和施工方法的研究。

④经济方面。政府要从政策上加大引导和扶持力度，运用政策、价格、财税、奖励等多种手段，保证建筑垃圾处理企业有一定的收益，才能培育建筑垃圾资源化产业。例如，要采用必要的经济手段鼓励产生建筑垃圾的单位将建筑垃圾分类收集和存放，即混合建筑垃圾的收集价格要远远高于分类垃圾，使废物处理起来更加容易。另外对建筑垃圾资源化的产品，政府工程要首先带头使用，鼓励房地产商积极使用，提高建筑垃圾再生产品的市场占有率，才能推动建筑垃圾综合利用的产业化。

⑤宣传教育方面。做好建筑垃圾再生利用的宣传教育工作，使人们明确建筑垃圾是一种可再生利用的资源，建筑垃圾的随意丢弃不仅是资源的浪费，也是对环境的污染。

四、建筑废物的资源化处理技术

1. 建筑垃圾的源头减量和分类收集

建筑垃圾的减量化是指减少建筑垃圾的产生量和排放量，是对建筑垃圾的数量、体积、种类、有害物质的全面管理，亦即开展清洁生产。它不仅要求减少建筑垃圾的数量和减小其体积，还包括尽可能地减少其种类、降低其有害成分的浓度、减轻或消除其危害特性等。

建筑垃圾，按其来源可分为土地开挖垃圾、道路开挖垃圾、旧建筑物拆除垃圾、建筑施工和建材生产垃圾。土地开挖垃圾，分为表层土和深层土，前者可用于种植，后者主要用于回填、造景等；道路开挖垃圾，分为混凝土道路开挖和沥青道路开挖垃圾，包括废混凝土块、沥青混凝土块，可全部再生用于道路路面或道路基层；建材生产垃圾，主要是指为生产各种建筑材料所产生的废料、废渣，也包括建材成品在加工和搬运过程中所产生的碎块、碎片等，可全部在建材生产厂家再生利用；而旧建筑物拆除和建筑施工垃圾的产生是无法避免的，所以，如何减少旧建筑物拆除和建筑施工垃圾的产生量、提高其分类收集率，是建筑垃圾管理的关键环节。

因为混合的建筑垃圾资源化利用十分困难，所以日本一直十分重视建筑垃圾的源头分类收集。图 5-39 为日本《建筑材料再生利用法》中规定的建筑废物拆除、分类、处理及资源化利用流程。

2. 废旧混凝土再生利用技术

废旧混凝土再生技术是将废弃混凝土块经过破碎、清洗、分级后，按一定的比例混合形成再生骨料，部分或全部代替天然骨料配制成混凝土的技术。再生骨料按来源可分为道路再生骨料和建筑再生骨料，按粒径大小可分为再生粗骨料（粒径 5～40 mm）和再生细骨料（粒径 0.15～2.5 mm）。利用再生骨料作为部分或全部骨料配制的混凝土，为再生骨料混凝土，简称再生混凝土。图 5-40 展示了再生骨料的生产工艺流程。

由于实际的废弃混凝土块中不可避免地夹杂着钢筋、木块、塑料碎片、玻璃、建筑石膏等杂质，为确保再生混凝土的品质，必须采取一定的措施将这些杂质除去。如用手工法除去大块钢筋、木块等杂质；用电磁分离法除去铁质杂质；用重力分离法除去小块木块、塑料等轻质杂质。但由于废弃混凝土各方面的性质不同于天然骨料，因此必须根据废弃混凝土的特点，通过选择合适表观密度、饱和吸水率和粒径的再生骨料，并通过调整搅拌工艺、水灰比等参数，才可获得与普通混凝土相同级别的强度、弹性模量、抗裂、热工、耐久、抗冻、收缩性能的再生混凝土。

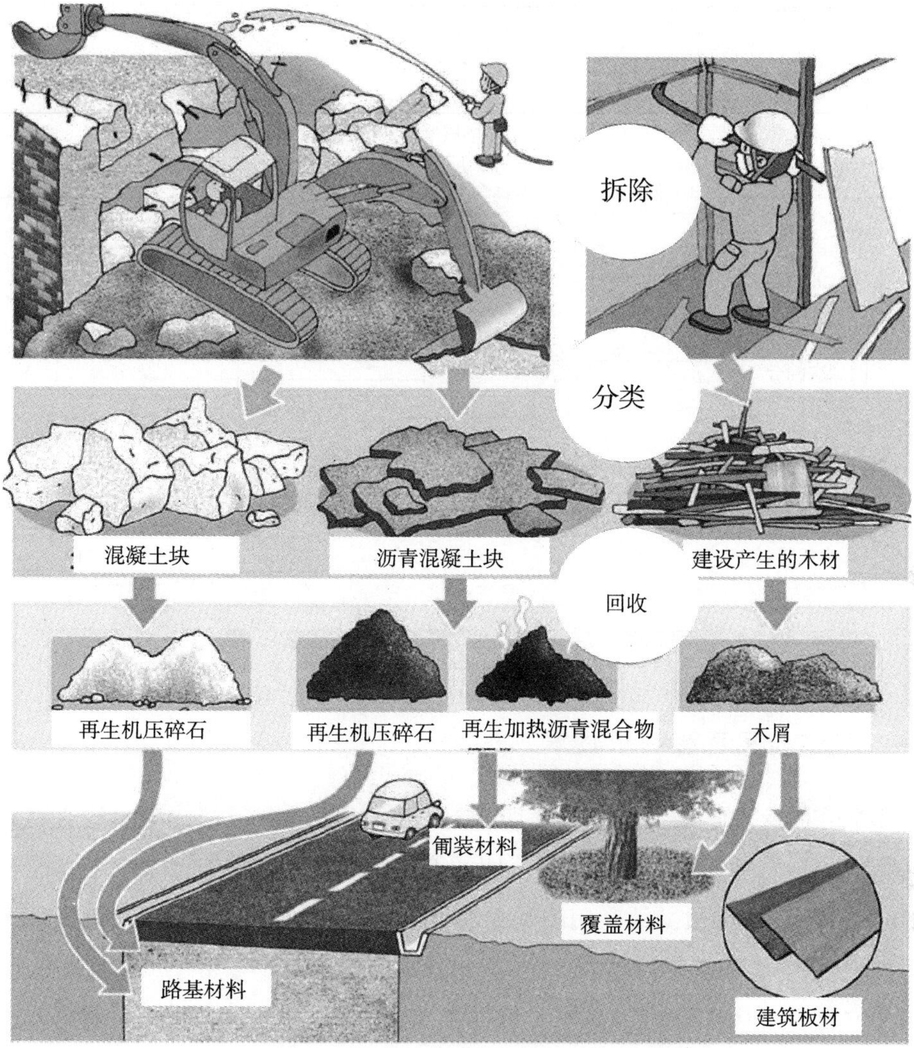

图 5-39 日本《建筑材料再生利用法》中规定的建筑废物拆除、分类、处理及资源化利用流程

（图片来源：日本环境省）

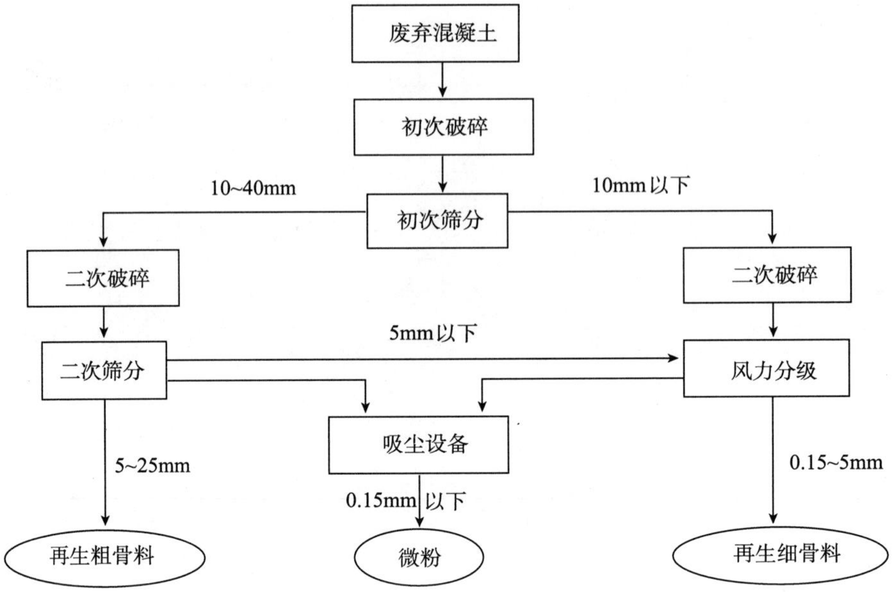

图 5-40　废混凝土生产再生骨料的工艺流程

3. 废旧砖瓦再生利用技术

化学分析及 X 射线衍射分析表明，经长期使用后的废旧红砖与青砖矿物成分十分相似。它们都有烧结时未进行反应的 SiO_2 大量存在，此外青砖中还含有较多的 $CaCO_3$，因而存在被继续利用的基础与价值。目前国内已有一些以废旧砖瓦为材料的轻质/空心砌块、骨料配制再生轻集料混凝土的技术取得了成功。

研究表明，利用碎砖块与碎砂浆块生产多排孔轻质砌块，砌块的保温隔热性能较好。经测量，厚度为 190 mm 的砌块墙体热阻值为 0. 393 K/W，优于厚度 240 mm砖墙的隔热性能。此外，将废黏土砖进行破碎处理后替代骨料，配制了再生轻集料混凝土，经过试验测试表明，通过掺加适宜的塑化剂、粉煤灰和采取对集料的预湿等技术措施，可改善和提高混凝土拌和物的黏聚性、保水性和流动性等工作性能，再辅以高效减水剂、活性矿物原料，在水泥用量不变的条件下全部采用破碎废砖作骨料，制备的再生混凝土强度可达 40～50 MPa。除此之外，破碎废砖块作骨料生产耐热混凝土、作免烧砌筑水泥原料、作水泥混合材也是可行的处理再生利用途径。

4. 废旧沥青混凝土再生利用技术

沥青混凝土路面在沥青混合料拌制、运输、施工和沥青路面使用过程中，由于加热和各种自然因素的作用，沥青逐渐老化，胶体结构改变，导致沥青针入度减小、黏度增大，延度降低，反映沥青流变性质的复合流动度降低，沥青的非牛顿性质更为显著。沥青的老化削弱了沥青与骨料颗粒的黏结力，造成沥青混凝土路面的硬化，进而使路面粒料脱落、松散，降低了道路耐久性。

沥青混凝土路面再生技术是将需要翻修或者废弃的旧沥青混凝土路面，经过翻挖、回收、破碎、筛分，再添加适量的新骨料、新沥青，重新拌和成为具有良好路用性能的再生沥青混合料，用于铺筑路面面层或基层的整套工艺技术。沥青混凝土路面再生利用，能够节约大量的沥青和砂石材料，节省工程投资。同时，有利于处理废料，节约能源，保护环境，因而具有显著的经济效益和社会效益。

5. 废旧木材、木屑的再生利用技术

从建筑物拆卸下来的废旧木材，有相当一部分可以直接重新利用，如较粗的立柱、椽、托梁以及木质较硬的橡木、榉木、红杉木、雪松等材质的木材。对于建筑施工产生的多余木料/木条，清除其表面污物后可根据其尺寸直接利用，而不用降低其使用等级，如加工成楼梯、栏杆/栅栏、室内地板、护壁板（或地板）和饰条等木材。建筑垃圾中不含有毒物质的碎木、锯末和木屑，如没经防腐处理的废木料、无油漆的废木料，可直接作为燃料利用其燃烧释放的热能。此外，建筑垃圾中的碎木、锯末和木屑，也可作为堆肥原料和侵蚀防护工程中的覆盖物而得到利用。

经化学防腐剂防腐处理过的废木材，因其含有砷、铬、铜等重金属成分及硼酸盐等化学成分，必须按相关不同成分分别处理。经硼酸盐防腐处理的废木材可以作为堆肥原料。经测试证明，当堆肥原料中含不超过5%的经硼酸盐防腐处理的废木材时，堆肥化产品中硼的含量可达到一般规定标准。而经CCA（含铬酸盐的砷酸铜溶液简称CCA，其中含铜约20%，含铬35%～60%，含砷15%～45%，是最常用的防腐剂)处理的废木材可用于生产木料—水泥复合材料，而且其性能优于由其他未经 CCA 处理木材生产出的复合材料。亦有研究证明，经 CCA 处理的废木材的锯末可作为土壤改良剂，在施配适当的土壤上种植花卉和蔬菜时，蔬菜中的砷、铬、铜的含量很低，不影响食用。

五、建筑废物资源化处理实践

1. 国外建筑废弃物资源化——以日本为例

(1)日本长崎县平山组株式会社沥青混凝土和水泥混凝土资源化处理设施

处理废物种类：废沥青混凝土和水泥混凝土。

废物来源地：主要来源于半径 40km 范围内产生的建筑废物，包括长崎县和左贺县。

工艺流程：道路拆除过程中产生的沥青混凝土和建筑物拆除过程中产生的水泥混凝土首先被运到资源化处理场；经两级粉碎后，用磁选机去除铁质异物；破碎后的混凝土颗粒被分为两种：一种作路基材料，另一种作再生骨料。再生骨料被运至沥青生产厂，与新骨料一起被加热后再与一定比例的沥青、石粉等材料混合，最后生成再生沥青混凝土混合材。工艺流程见图 5-41。

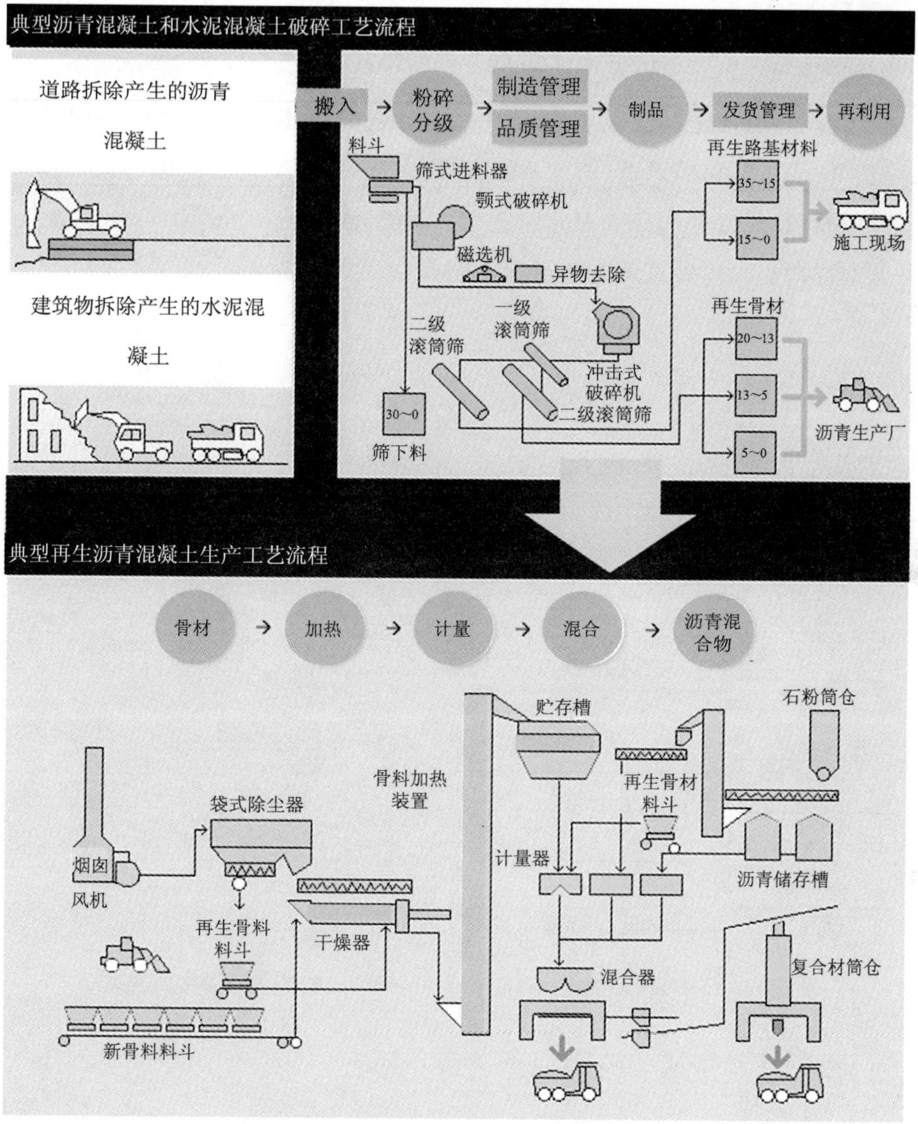

图 5-41　典型沥青混凝土和水泥混凝土资源化处理工艺流程图

（图片来源：日本株式会社平山组）

(2)日本北九州生态城混合建筑废物中间处理设施

处理能力：10 万 t/年

处理废物种类：混合建筑废物（废塑料、纸类、木材类、纤维类、橡胶类、金属类、

玻璃类、矿渣类、渣土类共9种）

废物来源地：北九州市及周边地区

工艺流程：混合建筑废物首先经过手工分选分拣出纸类、木材、金属、废石膏板、废塑料、碎瓦砾和玻璃类；对于不能直接分拣的废物则先经过破碎，然后再依次经过磁力分选、风力分选和重力分选选出金属类、沙土类和可燃物。分选出来的废物再分别进行资源化处理。工艺流程见图5-42。

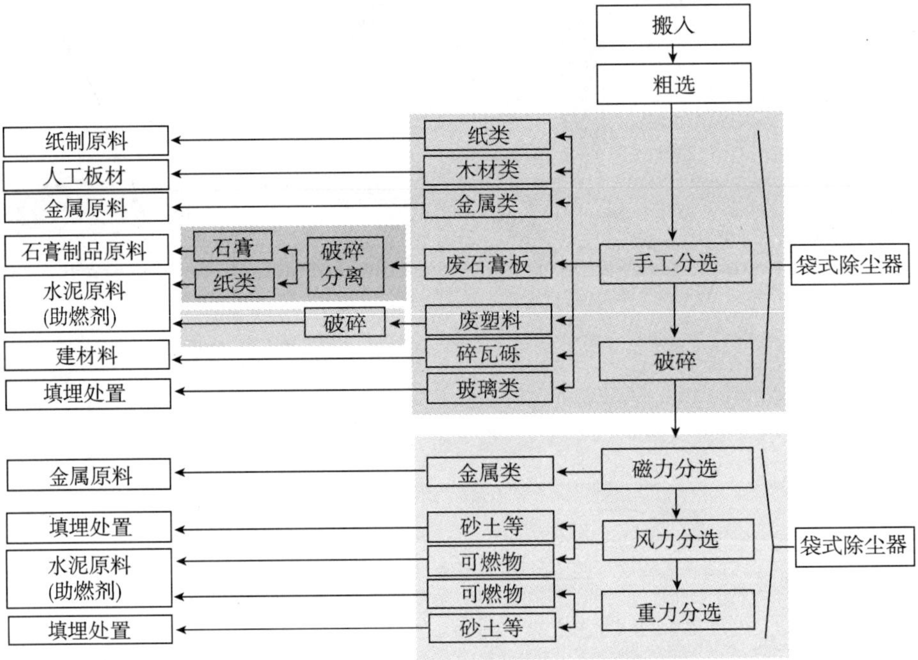

图5-42　日本北九州生态城(Eco—town)混合建筑废物资源化处理流程

2. 国内建筑废物(建筑垃圾)资源化实践

海德滨环保科技有限公司、同济大学等单位共同研发和应用了年处理与资源化利用100万t都江堰地震灾毁建筑废物资源化利用技术工程。根据灾毁建筑垃圾处理及资源综合循环利用工艺流程的要求，将结合地形状况，在总平面布置中将功能区域划分成如下几个区域。

(1)建筑垃圾处理站

①建筑垃圾预处置场:建筑垃圾预处置场四周设 8m 高挡墙,中间设分隔墙,分别堆放砖混结构建筑废渣和框架结构废渣,平均堆高 4m。

②再生集料制备:采用 SEF 技术封闭模块式建筑垃圾处理系统,建筑垃圾处置在封闭模块里进行,以避免建筑垃圾处置粉尘、噪音污染。建筑垃圾自动化处置,一次同时出粗、中、细三种骨料。建筑垃圾由自卸车运到加料平台,倒入大料斗,通过振动给料机连续均匀地喂入颚式破碎机。经过破碎的混凝土粒径在 150 ㎜左右。颚式破碎机出料口有平型皮带输送机,输送机前端配置一台电磁除铁器,可将混凝土中遗留的短钢筋清除。输送机两侧可安排值班人员分检木块、塑料等异物。

二级破碎采用反击式破碎机,该型产品适用于混凝土破碎,具有进料规格大、处理能力强等优点。二级破碎后的产品,经皮带输送机送入下道工序,筛分分级。筛分系统根据其工艺要求配置了二套振动筛,经过振动筛,可将产品分成三个规格不同的产品;如改变振动筛筛网规格,即可取得不同规格的成品料。设计大于 40mm 规格的产品仍由皮带输送机送回反击式破碎机继续破碎。

再生集料产品分别为 0.16～5mm、5～15mm、15～40mm,由皮带输送机送至再生集料库。生产线每天实际运转 12h,年工作日 252 天。年处理建筑垃圾能力达到 100 万 t 左右。

③再生集料储库:再生集料储库采用全封闭钢结构或钢筋混凝土结构,中间设分隔墙,上设胶带输送机,占地面积约为 5760m^2,物料平均堆高 5m,储存再生集料 25000t,储存期 12 天。

(2)再生集料混凝土制品生产

本项目采用生产方式为搅拌楼(单阶式)。即将混凝土原材料一次提升至拌和楼最高处的贮存仓。然后通过配料称量,放至搅拌机进行搅拌,制成混凝土。其特点是凭借物料的自重下落而形成的一种垂直生产工艺系统。拌和主楼自上而下分为:仓顶层、称量层、搅拌层和出料层。各层间的设备衔接紧凑,自动控制效率高,称量精度高,而且操作条件好,扬尘点少。混凝土拌合用主机选用双卧轴强制式搅拌机两台,出料容积 2m^3/台,理论上单机生产能力为 90m^3/h。该设备搅拌均匀,搅拌时间短，能适应生产不同性能的再生混凝土，相对能耗低，维修方便。搅拌楼控制室除控制搅拌机操作外，并能控制各种物料的输送。

考虑到受运输、装卸料、设备保养周期和生产不均衡性等条件的制约，本搅拌站按年产量为 60 万 m^3 计算，每台搅拌机平均每小时产量为 $67m^3$。

①生产车间：搅拌好的再生集料混凝土通过吊车或供料车(叉车)运至成型车间，通过行车料箱加料，中型挤压机通过叉车料箱加料。建筑板材是由挤压机挤出的，挤压机运行方式是在预制生产床上自动运行挤出板材。制品生产车间还配备有二套砌块、多孔砖压制机械化生产线。车间面积约 $19296m^2$，采用轻质钢结构厂房；车间内设有 8 台 5t 吊车，轨面标高约 6m。

②养护车间：本项目再生集料混凝土制品采用太阳能热泵加热系统养护工艺。养护车间面积约 $4320m^2$，采用轻质钢结构厂房；在其内设的活动养护罩中通入热水喷雾，控制温度在 60℃～85℃之间，通常养护时间需 6～8h，对制品就地进行养护。

③成品堆场：完成养护后的制品，将用尼龙带进行捆扎包装，并由叉车运至成品堆场叠码堆放。成品堆场总面积为 $32000m^2$，为露天场地；如以堆高 2.5m 计，堆场储存期 30 天。

(3)再生集料混凝土生产

按骨料在混凝土生产流程中需要提升的次数分为混凝土搅拌楼和混凝土搅拌站，或称为单阶式和双阶式。骨料经一次提升到搅拌站最高层的储料斗，然后配料称量，直到搅拌成混凝土而形成的生产流程称为搅拌楼(单阶式)。它具有生产效率高、能耗小、机械化和自动化程度高、布置紧凑等特点，但其设备较复杂、投资较大，常用于大型搅拌工厂。骨料经二次或二次以上提升而形成的生产流程称为搅拌站(双阶式)。它具有设备简单、投资少、建设快等优点。主要用于中小型搅拌工厂。

本项目采用双阶式布置，即将各种骨料通过配料称量后，提升至拌和楼最高处的贮存仓与也经称量后的水泥、外加剂等再放至搅拌机进行搅拌，制成混凝土。混凝土拌合用主机选用双卧轴强制式搅拌机 2 台，出料容积 $3m^3$/台，理论上单机生产能力为 $150m^3/h$。考虑到搅拌站受运输、装卸料、设备保养周期和生产不均衡性等条件的制约，本搅拌站按年产量为 50 万 m^3 计算，每台搅拌机平均每小时产量为 $120m^3$。

为保证拌和楼生产混凝土所需的水泥、粉煤灰正常供应，在拌和楼旁设置钢板筒仓 10 个，其中水泥筒仓 6 个，储存量 1500t；矿渣粉筒仓 2 个，储存量 500t；粉煤灰筒仓 2 个，储存量 200t。各筒仓下设置管式螺旋输送机。

(4)生产控制

本项目再生集料混凝土搅拌生产系统均采用双机双控形式电控系统，该系统各由两台计算机组成，一台作为主控生产系统，另外一台作为管理及监控系统(兼作主控生产机的备份机)。作为主控机系统，具有手动及自动功能。计算机通过外部采样，经过计算、比较、处理，输出控制外部驱动元件，从而真正实现了搅拌楼计算机控制。管理及监控计算机系统作为整套电控系统的备用系统，一旦控制机出现问题时，可以转换到备份机系统工作，保证系统的持续运行。动态面板显示搅拌楼各部件的运行情况，同时可以存储搅拌楼的各种数据，按要求打印各类报表资料，存储配方可达 3 万个以上。

(5)洗车台、砂石分离及泥浆回收

本项目设计采用专门的砂石浆分离和泥浆回收设备，将冲洗搅拌机和搅拌车后的砂石浆加以分离。分离后的砂石重新进入生产系统，泥浆水经搅拌后，按比例重新用来搅拌混凝土。如遇搅拌设备检修或其他原因，泥浆水可进入沉淀池，泥浆水经沉淀变清后，清水循环冲洗搅拌车，泥浆渣定期清理，作低标号混凝土制品的配料。

建筑垃圾资源化产品全部为生态环保型节能建材产品，骨料以建筑废渣加工而成再生集料为主，具有重量轻、保温隔热性能优越等特点，是节能建筑材料。

工艺流程详见图 5-43～图 5-46。

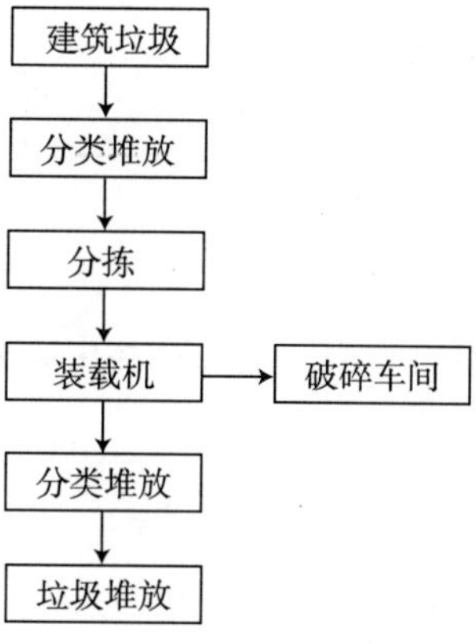

图 5-43　建筑垃圾预处理

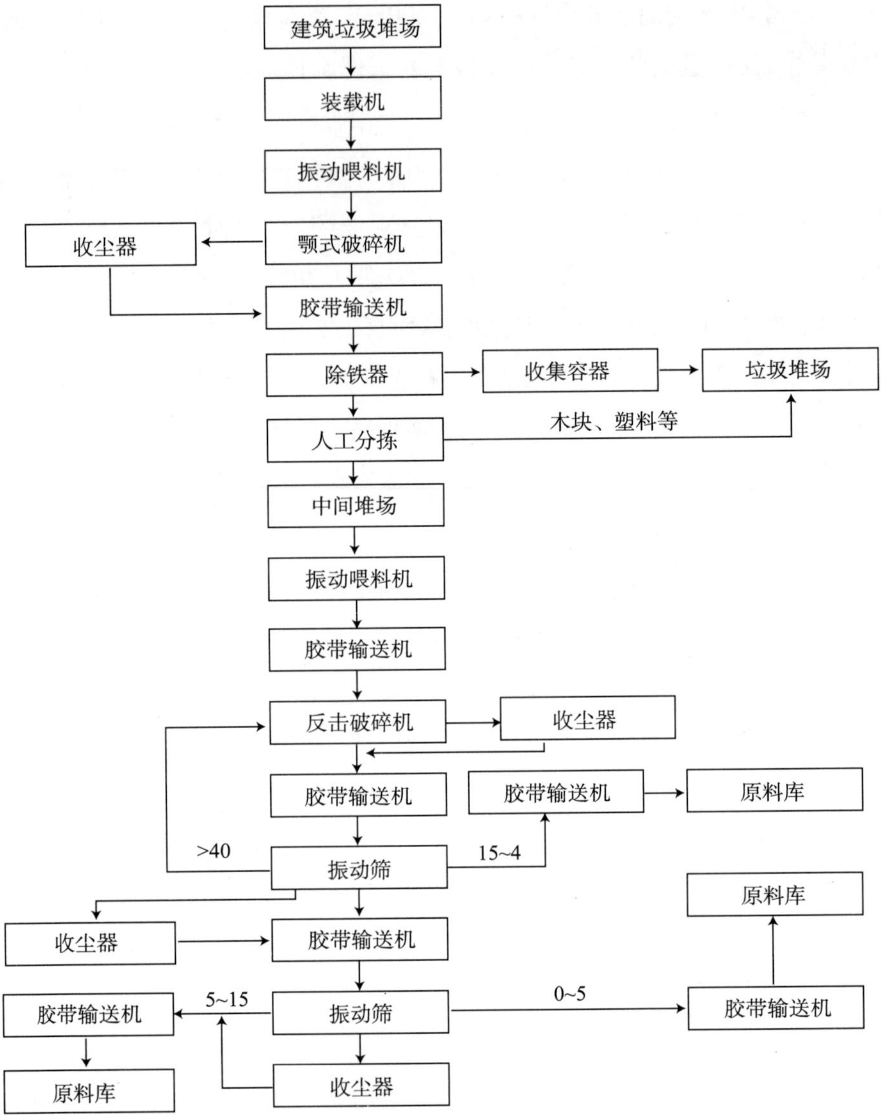

图 5-44　建筑垃圾处理及再生集料制备

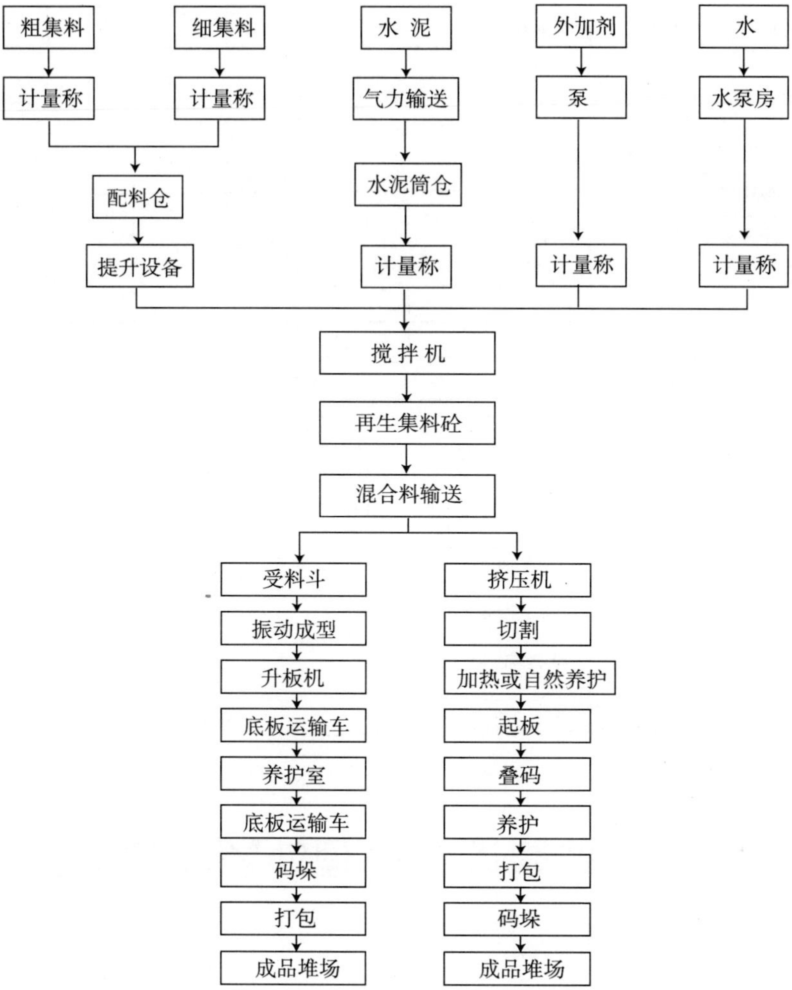

图 5-45 再生集料混凝土制品生产工艺流程图

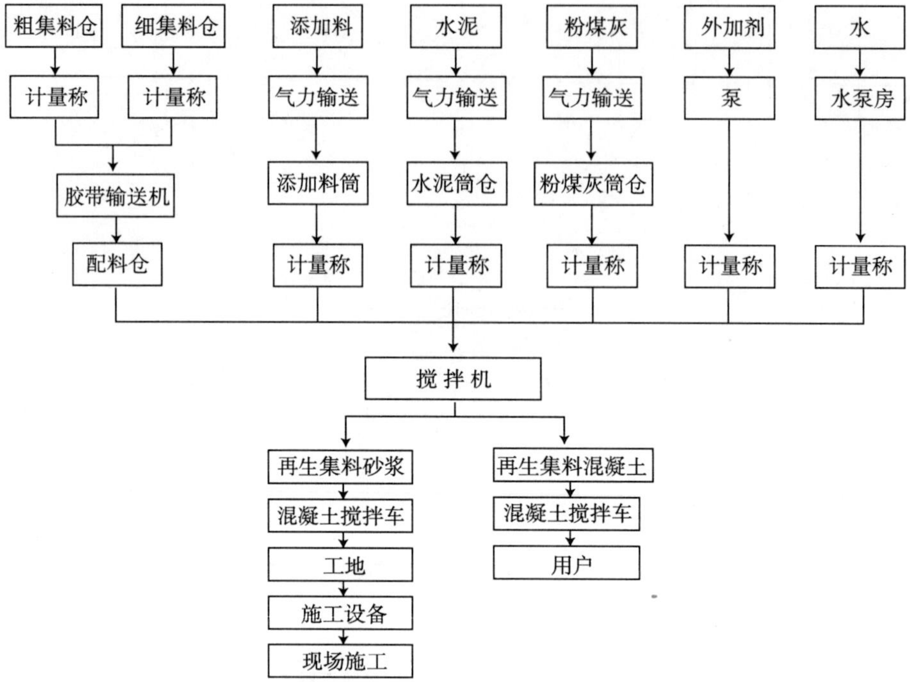

图 5-46　再生集料砂浆和混凝土搅拌系统工艺流程

第七节　危险废物处理处置与资源化

一、概述

1. 危险废物的定义

危险废物是指列入国家危险废物名录或者根据国家规定的危险废物鉴别标准和鉴别方法认定的具有腐蚀性、毒性、易燃性、反应性和感染性等 1 种或 1 种以上危险特性，以及不排除具有以上危险特性的固体废物。

2. 危险废物名录及其分类

根据2008年最新颁布的《国家危险废物名录》(以下简称《名录》),危险废物包括医疗废物、医药废物、废药物药品、农药废物、木材防腐剂废物、有机溶剂废物、热处理含氰废物、废矿物油、油/水、烃/水混合物或乳化液、多氯(溴)联苯类废物、精(蒸)馏残渣、染料涂料废物、有机树脂类废物、新化学药品类废物、爆炸性废物、感光材料废物、表面处理废物、焚烧处理残渣、含金属羟基化合物废物、含铍废物、含铬废物、含铜废物、含锌废物、含砷废物、含硒废物、含铬废物、含锑废物、含碲废物、含汞废物、含铊废物、含铅废物、无机氟化物废物、有机氰化物废物、废酸、废碱、石棉废物、有机磷化合物废物、有机氰化物废物、含酚废物、含醚废物、废卤化有机溶剂、废有机溶剂、废多氯苯并呋喃类废物、含多氯苯并二恶英废物、含有机卤化物废物、含镍废物、含钡废物、有色金属冶炼废物、还有其他废物,共49大类。

危险废物种类繁多,成分复杂,这就给危险废物的管理带来了一定的困难。《名录》中列出的危险废物可以按照其物理特性、热能特性、危险特性等进行系统分类。按照危险废物的物理特性形态不同,可以细分为固态、液态、气态、污泥状、泥浆状危险废物等。根据危险废物的热能特性,可以把危险废物分为可燃废物和不可燃废物。可燃废物是指不需要任何辅助染料就能够维持燃烧的废物,一般这类废物的热值较高。不可燃废物是指没有辅助染料就不能维持燃烧的废物,这类废物的热值较低。按危险废物的危险特性可以分为易燃性危险废物、腐蚀性危险废物、反应性危险废物、毒性危险废物和感染性危险废物。危险废物的系统分类对于危险废物的识别、管理、运输、处置技术以及未来规划等提供依据。

3. 危险废物来源及产生量

我国危险废物具有产生源多、分布行业广泛、产生量相对集中的特点。从行业分布来看,危险废物来自国民经济的几乎所有行业。危险废物的主要来源是工业。表5-7列出了我国工业中各行业危险废物产生情况。2009年,我国工业生产活动中产生的危险废物总量为1429.84万t。其中化学原料及化学制品制造业、有色金属冶炼及沿压加工业、有色金属矿采选业危险废物产生量最大,分别产生521.88

万 t、169.87 万 t 和 158.08 万 t。这三个行业产生的危险废物占整个工业领域产生危险废物总量的一半以上。除了表 5-7 中列出的工业行业之外，其他的一些工业生产过程，如皮革毛皮羽毛及其制品业、印刷业和记录媒介的复制、塑料制品业、非金属矿物制品业等也会不同程度的产生危险废物。

虽然工业生产是危险废物的主要来源，但居民的生活、商业机构、农业生产、医疗服务、甚至包括不完善的环保设施都不同程度的产生危险废物，如日常生活中使用过的废电池、废旧家电、下水道疏通机等，商业机构中打印机油墨、干洗店的溶剂等物质，农业生产过程中的杀虫剂、除草剂等。此外，医疗过程中产生的废物也是危险废物的重要组成部分。医疗废物的产生、处理处置将在本章第十二节中进行阐述。

表 5-7　工业各行业危险废物产生情况

行业类别	危险废物产生量（万 t）	行业类别	危险废物产生量（万 t）
石油和天然气开采业	12.31	黑色金属冶炼及压延加工业	62.13
有色金属矿采选业	158.08	有色金属冶炼及压延加工业	169.87
非金属矿采选业	72.75	金属制品业	36.19
纺织业	18.48	交通运输设备制造业	15.01
造纸及纸制品业	8.67	电气机械及器材制造业	10.84
石油加工、炼焦及核燃料加工业	141.27	通信计算机及其他电子设备	79.56
化学原料及化学制品制造业	521.88	仪器仪表及文化办公用机械	11.40
医药制造业	31.93	电力、热力的生产和供应业	15.67
化学纤维制造业	41.49	通用设备制造业	6.49

数据来源：中国统计年鉴 2010 年

4. 危险废物对自然环境和人类社会的危害

危险废物具有毒性、易燃性、爆炸性、腐蚀性、反应性和传染性的特点。危险废物如果处理不当，可能对周围的环境和人类社会造成严重的危害。危险废物中的污染物质在风吹、雨雪渗透、风化等各种作用下，对周围土壤、水体和大气环境造成危害。危险废物对环境的污染既有即时性，又有长期性和潜伏性。危险废物对人体的危害包括慢性的危害和急性的危害。进入自然环境又不能被微生物降解的污染物质如重金属和持久性有机污染物，可能在环境圈中富集。这些富集的污染物质通过生物链作用或通过人类的各种生活和生产活动进入人体而对人们的健康造成危害。这种危害一般为慢性的危害。危险废物与人体直接接触过程、或危险废物爆炸、燃烧产生的危害属于急性危害。

近年来，由于危险废物泄漏而造成的危险事件多有发生。2005 年 11 月 13 日，中石油吉林石化分公司双苯厂发生爆炸，硝基苯和苯等化学物质造成松花江水体污染；2009 年 12 月，安徽亳州市涡阳、利辛两县境内发现非法倾倒的危险废物 1047 桶。经监测，其中均含有三乙基胺、甲苯、苯酚等成分复杂的大量有毒有害污染物。这些污染物质对当地土壤环境造成了危害。2010 年 7 月 3 日，福建省紫金山铜矿厂 9100m^3 废水外渗引发汀江流域污染，造成大批鱼类死亡。2011 年 8 月 16 日，云南省陆良化工实业有限公司的 5000t 铬渣随意堆放造成南盘江污染，并对周围居民身体健康造成危害。这些事故多是由于对危险废物管理不善造成的。

此外，随着垃圾焚烧业在我国的发展，垃圾焚烧过程中由于燃烧不完全产生的二恶英类污染物质已经越来越引起人们的重视。

二、危险废物管理

1. 危险废物的管理原则

2001 年由国家环保总局发布的《危险废物污染防治技术政策》上明确指出，对于危险废物技术政策的总原则是减量化、资源化和无害化。

①危险废物的减量化不仅指的是企业在生产过程中应该防止和减少危险废物的产生，对于已经产生的危险废物，在处理处置过程中，应采取措施减少危险废物的体积、重量和危险程度。

②生产过程中产生的危险废物，应积极推行生产系统内的回收利用，生产系统内无法回收利用的危险废物，通过系统外的危险废物交换、物质转化、再加工、能量转化等措施实现回收利用。

③已经产生的、必须单独处理的危险废物，其处理程序首先是通过物理、化学和生物方法，把危险废物中的有毒有害成分分离出来并加以利用，使之转化为无毒无害废物；其次是减容化，尽可能采用一些方法来减小危险废物的体积，如焚烧法；最后是把危险废物中的有毒有害成分通过固化或稳定化处理，降低这些有毒有害成分的迁移能力，同时采取永久性措施加以贮存，如在危险废物填埋场中填埋处置。

2.我国危险废物管理现状

(1)处理处置设施建设方面

2003年《全国危险废物和医疗废物处置设施建设规划》(以下简称《规划》)经国务院正式批准实施，2004年开始，国家环保总局在326座城市规划医疗废物集中处置中心，并发行国债来支持该行业的规范发展。据环保部环境规划院负责人在“第五届固体废物管理与技术国际会议”上的报告，截至2010年年底，全国危废集中处置设施投运项目共94个，危废7个，医废87；基本建成项目144个，危废15个，医废128个；在建项目49个，危废17个，医废32个；初步设计项目共37个，危废9个，医废28个；仍处在前期的项目共10个，危废8个，医废2个。

此外，根据2005年国家环保总局开展的全国危险废物和医疗废物处置设施普查工作的调查结果，498个危险废物处理处置企业共有危险废物集中处理处置设施(包括综合利用、焚烧和填埋)512座，包括424座综合处理设施、79座焚烧设施、9座填埋设施。设施中绝大多数为综合利用类型的设施，占全国设施总数的82.8%，焚烧和填埋设施分别占设施总数的15.4%、1.8%。综合利用是目前危险废物处理处置的主流技术和主要去向。全国498个处理处置企业中有493个上报了设计处理能力，合计为570万t/年。其中，综合利用设计年处理能力503万t/年(88.2%)，焚烧设计年处理能力52万t/年(9.1%)，安全填埋设计年处理能力15万t/年(2.7%)。

(2)技术政策、标准体系方面

2001年12月颁布了《危险废物污染防治技术政策》，该政策适用于危险废物的产生、收集、运输、分类、检测、包装、综合利用、储存和处理处置等全过程污染防治的技术选择，并可以指导相应设施的规划、立项、选址、设计、施工、运营和管理，引导相关产业的发展。

从2004年开始至2010年，我国先后颁布21项技术标准，涵盖了焚烧、安全填埋、非焚烧等各种不同的处理技术，不断规范项目建设、运行，从无到有基本建立了危险废物、医疗废物处理处置技术、标准体系。如2007年国家环境保护总局和国家质量监督检验检疫总局颁布了《危险废物鉴别标准 通则》(GB5085.7—2007)和一系列的具体鉴别标准。此外，各个省市也相应出台了各种技术标准，如北京市于2007年颁布了《危险废物焚烧大气污染物排放标准》。

(3)产业化政策方面

2003年11月由国家发改委、国家环保总局、卫生部、财政部和建设部发布《关于实行危险废物处置收费制度，促进危险废物处置产业化通知》，加大危险废物处置力度，推进危险废物处置产业化进程。广东、江苏、湖北、河南、宁夏等省(区)也出台了升级危险废物和医疗废物处置收费标准。危险废物处置收费制度已经建立，依据国家发改委等5部委颁布的通知要求，绝大多数地级城市制定医疗废物集中处置收费标准。

(4)经营许可管理

“十一五”期间，全国危险废物处理处置能力大幅提高，截至2009年年底，全国共有持危险废物经营许可证单位1251家，危险废物利用处置能力达到1883.3t/年。纳入持环保部门颁发危险废物经营许可证的单位利用处置危险废物数量呈大幅上升趋势，从2006年的290万t上升到2009年的700多万t。

3.危险废物管理中存在的主要问题及对策

近年来，我国为促进危险废物规范化管理颁布了一系列法律法规和技术政策。此外，还颁布了《全国危险废物和医疗废物处置设施建设规划》以促进危险废物的安全化处理处置。但目前还存在着各种各样的问题，主要表现在以下几个方面：

(1)收费政策不落实，优惠政策不明确

危险废物产生企业或单位的缴费意识欠缺，收费难，保障措施不到位，影响危险废物经营企业的可持续发展；应该明确对危险废物经营单位的某些优惠政策，如减免所得税、营业税、过路过桥费等。

(2)监管力度不足

危险废物非法转移、倒卖、流失、简易处置仍然存在，导致环境污染。近年来，我国出现数起危险废物非法转移倾倒污染环境事件，暴露了我国危险废物监管工作还存在很多薄弱环节。

(3)申报统计工作薄弱

我国的危险废物申报登记工作薄弱，对产生源的监管不够。目前，在全国范围内，只有1995年的申报统计数据，没有详细的危险废物类别、行业分布、流向等方面的数据可供参考。此外，危险废物统计资料误差较大，家底不清，造成管理起来比较困难。

(4)处理处置设施达产率低

根据危险废物处理处置设施普查报告，2004年全国综合处理设施达产率为35.4%，焚烧设施达产率为41.3%，填埋设施达产率为44.2%。3种技术路线的设施有50%以上的设计能力处理闲置状态，闲置现象比较严重。

(5)危险废物处理处置技术水平总体不高

危险废物处理处置设施对废物适应能力、配伍能力、自控能力、稳定运行能力、节能降耗能力有待提高；医疗废物处置技术水平受制于少数厂家设备水平的总体局面没有显著改善。

针对危险废物管理过程中存在的问题，首先应该健全法律法规体系，加强监管力度，使危险废物的管理法律化、规范化，并落到实处；加强源头控制，促进危险废物的减量化；加大危险废物处理处置及资源化技术的研发力度，提高危险废物综合利用率；加强宣传教育，利用全民的力量形成社会监督，促进危险废物的污染防治；加强国际合作与交流，充分利用国外先进技术和资金，进行危险废物处理处置设施和环境战略规划建设。

三、危险废物处理技术

危险废物种类繁多，处理方法各异，如焚烧、固化和稳定化、去毒化、安全填埋等。在选择危险废物的处理方法时，应该根据处理对象的物化性质、生物特性确定处理方法。

1. 焚烧处理

(1)焚烧机理

对危险废物进行焚烧处理是指将危险废物置于焚烧炉内，在高温和有足够氧气含量的条件下进行氧化反应，分解或降解危险废物的过程。危险废物的焚烧处理与普通垃圾的焚烧处理不同，其首要目的是通过焚烧，最大限度的降解和去除危险废物中的有毒有害物质；其次是通过焚烧反应来减少危险废物的体积和质量；最后是回收利用焚烧过程中产生的热能资源。与一般废物焚烧处理系统相比，危险废物的焚烧处理系统要更加复杂、严格和苛刻。

(2)焚烧技术要求

危险废物焚烧系统必须按照国家有关法规和政策、危险废物的特性、技术成熟程度、使用和管理的要求以及现有地方经济技术条件等方面的要素进行设计。由于危险废物的种类繁多、来源复杂多变，所以实际上危险废物的处理技术的设备或系统很难设计或生产成为通用型产品。根据我国危险废物处理技术有关规定，危险废物的处理必须保证在处理过程中无泄漏、焚烧彻底、净化达标、无二次污染等内容。表 5-8 为危险废物焚烧炉的技术性能指标。

表 5-8　危险废物焚烧炉的技术性能指标

指标 废物类型	焚烧炉温度(℃)	烟气停留时间(s)	燃烧效率(%)	焚毁去除率(%)	焚烧残渣的热灼减率(%)
危险废物	≥1100	≥2.0	≥99.9	≥99.99	<5
多氯联苯	≥1200	≥2.0	≥99.9	≥99.9999	<5
医院临床废物	≥850	≥1.0	≥99.9	≥99.99	<5

(3)焚烧处理基本流程

对于不同的危险废物，焚烧处理时需要配置不同的设备和辅助系统，由此焚烧过程及其运行特点不同。但总体来说，危险废物的焚烧系统构成与一般废物焚烧处理系统构成类似，也包括前处理、炉内焚烧、热能利用、烟气净化、灰渣处理、废水处理、控制管理 7 个部分。这里只对危险废物焚烧处理系统的一些主要特征进行讲述。

①危险废物焚烧的前处理系统不能采用敞开式、自然堆放式、人手接触式和设备混用式的前处理工艺。在运送、计量、堆放过程中一般以包装袋或包装箱为基本单元，不打开不混合，不允许有任何泄漏或二次污染现象存在。

②危险废物的焚烧一般需在封闭的焚烧炉内进行。焚烧炉内温度不低于850℃，烟气焚烧的有效时间大于 2s，焚毁率大于 99.99%。通过外加燃料对危险废物进行强制焚烧，以彻底焚毁有毒有害物质。

③热能利用对于大规模的焚烧系统具有较好的经济实用性，对于微型和小型焚烧炉，因其排放烟气量小，故进行热能回收的价值不大。

④烟气净化处理主要是除尘、去除酸性气体、重金属和二恶英类剧毒物质。

⑤焚烧系统中由于烟气降温、洗涤、脱除污染物质等操作中产生的废水需要净化处理。废水的性质根据危险废物的种类而不同，因此处理工艺也千差万别。

⑥危险废物焚烧产生的灰渣不能直接排放或直接填埋，需要专门处理后，由专业人员进行管理和填埋。

⑦控制管理主要是对焚烧炉内焚烧状况、烟气净化情况进行监控管理，保证焚烧系统的安全、稳定的运行。

(4)焚烧炉

国外用于处理危险废物的焚烧技术已相当成熟，可用于处理工业危险废物的焚烧炉型有：旋转窑焚烧炉、液体喷射焚烧炉、热解焚烧炉、流化床焚烧炉、多层焚烧炉等多种炉型。我国《危险废物污染防治技术政策》规定，“危险废物的焚烧宜采用以旋转窑炉为基础的焚烧技术，可根据危险废物种类和特征选用其他不同炉型，鼓励改造并采用生产水泥的旋转窑炉附烧或专烧危险废物”。下面以回转窑焚烧炉为例对危险废物的焚烧处理进行介绍。

回转窑焚烧炉是由水泥回转窑演变而来，其主体是一卧式并可旋转的圆柱形筒体，外壳用钢板卷制而成，内衬耐火材料；筒体的轴线与水平面保持一定的倾角，固体、半固体物料通过上料机由高的一端（头部）进入窑内，随着筒体的转动缓慢地向尾部移动，窑体的转动使物料在燃烧的过程中与助燃空气充分接触，完成干燥、燃烧、燃尽的全过程，最后由尾部将燃尽的渣排出。固体物料由推进式送料机送入旋转窑内，助燃空气由尾部进入转窑，辅助燃料由装在尾部的燃烧器喷入炉内助燃，炉膛温度控制在800℃～1200℃；高温下有毒物体分解；焚烧后的灰渣由尾罩下端排出。

回转窑焚烧炉广泛适用于化工、制药、电子、印染、汽车、机械等行业工业废弃物、危险废物处理，也可用于医用垃圾的焚烧处理；可同时处理固态、液态、半固态等多种形态的废弃物。例如：污泥、高浓度有机废液、油墨、化工废渣的焚烧等。到目前为止，北京市危险废物处置中心焚烧项目（30t/d）、安徽某危险废弃物焚烧处置工程（32t/d）、杭州某危险废物焚烧处理系统（15t/d）、大庆某化工厂化工废物焚烧处理项目（12t/d）等20多个项目均采用了回转窑焚烧炉。此外，日本多采用回转窑焚烧炉处理含多氯联苯（PCB）的废物。

2. 危险废物的固化/稳定化

危险废物的固化/稳定化处理是指通过添加适当的添加剂，使危险废物中的所有污染组分呈现化学惰性或被包容起来，降低废物的毒性并减少污染物在生物圈的迁移，以便运输、利用和处置。通常危险废物的固化/稳定化途径包括：将污染物通过化学转变，引入到某种稳定固体物质的晶格中去；通过物理化学过程把污染物直接渗入到惰性基材中去。目前常用的固化/稳定化方法主要包括：水泥固化、石灰固化、塑料材料固化、熔融固化、自胶结固化和药剂稳定化。这些方法往往只能适用于处理一种或几种类型的废物。

(1)水泥固化

水泥是最常用的危险废物稳定剂，由于水泥是一种无机胶结材料，经过水化反应后可以生成坚硬的水泥固化体。在用水泥做稳定剂时，要将废物与水泥混合起来，如果废物中没有足够的水分，还要加水使之水化。水化后的水泥形成与岩石性能接近的坚硬的晶体结构。以水泥为基本材料的固化技术最适用于无机类型的废物，尤其是含有重金属污染物的废物，如电镀工业产生的污泥。由于水泥具有高pH，使得几乎所有的重金属形成不溶性的氢氧化物或碳酸盐形态而被固定在水泥固化体中。

用水泥固化处理电镀工业污泥是一个典型的应用实例：固化材料为425号普通硅酸盐水泥，水/水泥质量比分别为0.47和0.88、水泥/废物质量比分别为0.67和4.00。固化体的浸出实验证明，铅、镉、铬的浸出浓度都低于相应的浸出毒性鉴别标准。

水泥固化也较多的被应用于处理垃圾焚烧厂产生的焚烧飞灰。瑞士、德国、日本等多个国家都采用水泥固化法处理垃圾焚烧飞灰。

(2)石灰固化

石灰固化是指以石灰、水泥窑灰和熔矿炉炉渣等具有波索米反应(Pozzolanic Reaction)的物质为固化材料，将污泥中的重金属成分吸附于所产生的胶体结晶中，从而使危险废物稳定化的操作。但因石灰固化处理所能提供的结构强度不如水泥固化，因而较少单独使用。常用的石灰固化是用熟石灰稳定污泥。

(3)塑性材料固化

塑性材料固化法属于有机性固化/稳定化处理技术。根据使用有机材料的不同分为热固性塑料包容和热塑性包容两种方法。热固性塑料是指在加热时会从液体变成固体并硬化的材料。实际上它是一种由小分子变成大分子的交链聚合过程。通过塑料固化在要处理的危险废物颗粒周围形成不透水的保护膜，达到废物稳定化处理的目的。该法由于价格昂贵、过程复杂，一般可用于处理剧毒废物、放射性废物等。热塑性材料包容时可以用熔融的热塑性物质在高温下与危险废物混合，以达到对其稳定化的目的。如用沥青固化处理放射性废物。

(4)熔融固化

熔融固化也称之为玻璃化。与常规的固化技术不同，熔融固化不需要加入稳定剂。该技术是将待处理的危险废物与细小的玻璃质混合，经混合造粒成型后，高温熔融形成玻璃固化体，借助玻璃体的致密结晶结构，确保固化体的长久稳定。熔融固化最大的优点是可以得到高质量的建筑材料，如日本采用高温熔融技术处理垃圾焚烧产生的灰渣（飞灰和底灰），以稳定其中的重金属类污染物。

(5)自胶结固化

自胶结固化是利用废物自身的胶结特性达到固化目的。该技术只能用来处理含有大量硫酸钙和亚硫酸钙的废物，如磷石膏、烟道气脱硫废渣等，应用面较为狭窄。

(6)药剂稳定化

药剂稳定化是利用化学药剂通过化学反应使有毒有害物质转化为低溶解度、低迁移性、低毒性物质的过程。如美国多家垃圾焚烧厂采用磷酸盐稳定焚烧残渣里的重金属。

表 5-9 对各种固化/稳定化技术的适用对象和优缺点进行了比较。总体来说，对于有毒有害废物进行固化/稳定化处理不能减少有毒有害污染物质的总量，但可以降低这些污染物的渗漏能力，从而使填埋或堆置区域附近的危险风险降到最低。危险废物在经过固化/稳定化处理后是否真正达到了标准，需要根据其最终处理处置方法或利用途径对其浸出性、抗干湿性、抗冻融性、耐腐蚀性、机械强度等指标进行测试。

表 5-9　各种固化/稳定化技术的适用对象和优缺点

技术	适用对象	优点	缺点
水泥固化技术	含重金属、氧化物、废酸的废物	水泥搅拌、处理技术相当成熟；对废物中化学物质的变动具有相当承受力；可由水泥与废物的比例来控制固化体的结构缺点与不透水性；无须特殊的设备，处理成本低；废物可直接处理，无须前处理	废物中含有特殊盐类会造成固化体破裂；有机物的分解造成裂缝，增加渗透性，降低结构强度；大量水泥的使用增加固化体的体积和质量
石灰固化	重金属、氧化物、废酸	所用物料价格便宜，容易购得；操作不需要特殊设备及技术；在适当的处置环境可维持波索米反应的持续进行	固化体的强度较低，且需要长时间的养护；有较大的体积膨胀，增加清运和处置的困难

续表

技术	适用对象	优点	缺点
塑性固化	部分非极性有机物、氧化物、废酸	固化体的渗透性较其他固化法低；对水溶液有良好的阻隔性	需要特殊的设备和专业的操作人员；废物中若含有氧化剂或挥发物质，加热时可能会着火或逸散，废物需先干燥，破碎后才能进行操作
熔融固化	不挥发的高危害性废物，核能废物	玻璃体的高稳定性，可确保固化体的长期稳定；可利用废玻璃屑作为固化材料；对核能废料的处理已有相当成功的技术	对可燃或具挥发性的废物并不适用；高温熔融能耗大；需要特殊的设备及专业人员
自胶结固化	含有大量硫酸钙和亚硫酸钙的废物	烧结体的性质稳定，结构强度高；烧结体不具生物反应性及着火性	应用面较为狭窄；需要特殊的设备及专业人员
药剂稳定化	重金属废物	增容比小	投资较为昂贵

3. 危险废物的去毒化处理

危险废物的去毒化处理主要针对含重金属的废物的处理。含重金属废物的去毒化一般通过浸取来实现。浸取是指用适当的溶剂处理固体废物，选择性地溶解其中一种或几种有价金属，使之与固体物料中不溶性组分分离的过程。重金属的浸取一般是在化学或生物的作用下来完成的。化学浸取是通过酸、氨等化学溶剂选择性地与重金属发生反应，然后再通过一系列的溶解、沉淀过程分离重金属。而生物浸取是通过生物的新陈代谢作用、吸附作用、转化作用等达到去除重金属的目的。微生物浸取是一种从低品位矿石和矿物浓缩物中提取有价金属的简单而有效的方法。此外，微生物浸取在采矿场地的治理、矿业废物的处理、城市污泥的解毒、污染土壤治理等方面也有广泛的应用前景。这里仅以炼钢厂含锌烟尘的锌金属的回收处理技术为例介绍重金属废物的去毒化处理。

一般情况下，冶炼 1t 钢要产生 10～15kg 的烟尘。烟尘中含有 10%～32%锌，1%～5%铅，10%～40%铁，及少量其他重金属。由于高含量锌、铅等重金属，炼钢烟尘属于危险废物，需进行适当处理。根据烟尘中锌、铅的化学存在形态，采用碱浸/碱熔－电解法从含锌烟尘中提炼高纯度的金属锌。使用该工艺，锌和铅的提取率均可高于 85%～95%。整个浸取过程完成后剩余的渣滓用碱液和水洗涤后，可作为一般固体废物进行处理。

4. 危险废物的安全填埋

安全填埋场是一种将危险废物放置或贮存在土壤中的处置设施，主要是采用工程措施来控制、减少和消除危险废物的危害，填埋处置适用于不能回收利用其有用组分、不能回收利用其能量的危险废物，如垃圾焚烧飞灰等。安全填埋的综合目标是要尽可能将危险废物与环境隔离，降低其环境风险。国家环保总局和国家质量监督检验检疫总局于2001年颁布了《危险废物填埋污染控制标准》(GB 18598—2001)，该标准对危险废物填埋的入场条件，填埋场的选址、设计、施工、运行、封场及监测等各个方面做了环境保护要求。要点如下：

(1)入场条件

有害物质的浸出浓度(主要是重金属)在规定浓度范围之内，且 pH 须在 7～12，否则需要预处理才能进场；含水量高于 85%的废物和液体废物、反应性和易燃性的废物需预处理才能进场；医疗废物、与填埋场衬层有不相容反应的废物禁止入场。

(2)选址

安全填埋场选址应根据城市建设总体规划、气象气候、水文地质条件、填埋容积、交通便利等因素来综合考虑。

(3)设计、施工

应包括危险废物的预处理设施；不相容废物应分区填埋；填埋场材料与废物应相容，且抗腐蚀性好；根据地质条件选择合适的衬层，如天然黏土衬层饱和渗透系数大于 10^{-6}cm/s 时，应选择双人工衬层(即双层 HDPE 材料衬层)；合理设计渗滤液排水系统、雨水排水系统和集排气系统。

(4)运行管理

在运行方面，包括分区填埋、及时覆盖、记录填埋运行情况等要求。

(5)封场和监测

填埋处置的废物数量达到填埋设计容量时，应实行填埋封场。封场后应继续进行30年的维护管理工作。监测包括对安全填埋场产生的渗滤液、地下水和大气进行定期监测。

安全填埋场是危险废物的最终处理场所。然而，安全填埋场造价昂贵，同时，填埋后的危险废物将永远存在。安全填埋场建设要求十分严格，所用材料均需是最牢靠的，但即使最牢靠的材料也有使用寿命（如安全填埋场经常采用的高密度聚乙烯防渗膜的使用寿命一般小于100年），而危险废物的存在年限可能远远超过人工防渗膜的使用寿命。因此，要尽可能地减少进入安全填埋场的危险废物数量，以降低安全填埋场的环境风险。

第八节　餐厨垃圾处理技术

一、餐厨垃圾的定义及其特点

1. 餐厨垃圾的定义

餐厨垃圾，是指宾馆、饭店、餐馆和机关、部队、院校、企业事业单位等在食品加工、饮食服务、单位供餐等活动中产生的食品加工废料、食物残余、不可再食用的动植物油脂以及各类油水混合物。本书所说的餐厨垃圾（特别说明除外），不包括个体家庭消费过程中产生的食物残渣。目前，我国家庭消费过程中产生的食物残渣等废物被作为一般城市固体废物与其他废物混合收集处理。

2. 餐厨垃圾的特点

餐厨垃圾的组成和性质受社会经济条件、地区差异、居民生活习惯、饮食结构、季节变化等因素影响有所不同，但总体来说我国的餐厨垃圾具有以下特点：

①感官性状油腻，影响人的视觉、味觉等的舒适感；

②含水率高，80%～90%；

③有机物量高，易腐败；

④油脂及含盐量高；

⑤存在病毒、致病菌和病原微生物；

⑥组成相对简单，有毒有害物质(如重金属等)含量少。

二、餐厨垃圾国内外管理现状

发达国家对厨余垃圾的管理与处理处置技术的研究多开展于 20 世纪 90 年代，其中日本在餐厨垃圾管理及处理处置方面积累了丰富的经验。我国近年对餐厨垃圾问题也逐渐重视，一些大城市逐步开始对餐厨垃圾实行规范化的收集及处理处置。本节主要介绍日本以及国内主要大城市餐厨垃圾管理与处理处置状况。

1. 日本

根据日本农林水产省的统计数据，日本年产食品垃圾(不包括家庭产生的厨余垃圾)1100 万 t 以上。为促进循环社会的建立，日本 2001 年颁布实施了《食品再生利用法》。该法的实施对象包括食品制造加工业、食品流通销售业(超市、小菜店、鱼市等)和餐饮行业(食堂、宾馆、饭店等)共 3 个行业。根据日本《食品再生利用法》，食品再生利用的优先顺序是，源头减量、再生利用、热回收和减量处理。源头减量是指在食品的制造、流通、消费等各个阶段抑制废物的产生；再生利用是指将食品废物资源化处理，如用于堆肥或生产饲料；热回收是指不能再生利用的食品废物，通过焚烧对其产生的热量进行回收利用；对于不能再生利用也不能热利用的食品废物，则通过脱水、干燥等操作对其进行减量处理。

日本农林水产省《食品循环资源再生利用实态调查报告》显示，自《食品再生利用法》实施以来，从 2002 年到 2008 年，日本食品垃圾的再生利用率从 37%上升到 54%。日本食品垃圾主要分为两大类，动植物残渣(95%)和废食用油(5%)。不同的食品垃圾其再生利用的方式不同。动植物残渣的再生利用方法以堆肥和生产饲料为主，2008 年这二者的比例达到 81%。少量动植物残渣用于提炼油脂和生产甲烷。废食用油的再生利用方法为生产油脂及油脂制品(生物柴油)、饲料、肥料为主,其比例分别为46%、12%、5%。

2. 国内

我国餐厨垃圾一直作为喂生猪的饲料,并一直是通过市场渠道自行寻找出路的。随着社会经济的发展,人民生活水平的提高,餐厨垃圾的产生量越来越大,由餐厨垃圾引发的环境、安全等问题也日益严重。在没有全国性的专门的法律法规可供遵循的情况下,一些城市制定了自己的餐厨垃圾管理政策。

上海是最早实施全方位餐厨垃圾管理的城市,其餐厨垃圾处理处置体系也是目前国内最为完善的。上海市市容环境卫生管理部门先后制定颁布了《上海市废弃食用油脂污染防治管理办法》(1999年起实施,2005年废止)、《上海市餐厨垃圾处置和管理试行办法》(2001年起实施)、《上海市餐厨垃圾处理管理办法》(2005年起实施)等政策法规,明确了餐厨垃圾产生、收集运输、处理处置、处置收费、管理部门职责等方面,制定了各项工作具体程序、收费标准,建立起整个餐厨垃圾运行管理与处理处置体系,使餐厨垃圾处理真正可实施化。截至2006年5月,上海全市餐厨垃圾申报单位超过7300家,申报率超过75%。通过宣传教育和加大监督管理,申报率正在稳步上升,越来越多的餐厨垃圾被纳入有序收集运输体系中。已建成10多家餐厨垃圾处置单位(主要为堆肥和加工宠物饲料),基本可以满足餐厨垃圾无害化和资源化的处理处置要求。

北京餐厨垃圾尚没有具体的产生量统计,一般以平均每人每日生产垃圾0.1kg进行测算。北京城区每日估计最少有1200t餐厨垃圾产生。北京市已经制定了自己的餐厨垃圾管理办法《北京市餐厨垃圾收集运输处理管理办法》(2006年起实施)。餐厨垃圾运输因餐厨垃圾的高含水率、易腐烂特性,应配备专门的收运车辆和收集容器,北京地区餐厨垃圾收集车实行准运证制度。北京市餐厨垃圾采用集中处理和分散(就地)处理相结合的方式,规划在全市建设4座集中的餐厨垃圾处理厂(南宫餐厨垃圾处理厂、南宫堆肥厂、高安屯餐厨垃圾处理场以及六里屯餐厨垃圾处理厂),全部投入运行后总处理能力可达1200 t/d,基本能满足餐厨垃圾的处理需求。

除上海、北京以外，厦门、杭州、重庆、深圳、兰州等城市均对餐厨垃圾处理处置开展了不同程度的探索、试点工作。然而，目前国内对餐厨垃圾实行分类处理处置的范围仍较小，工作进展缓慢、且存在很多问题需要解决。最为突出的问题是餐厨垃圾规范收运量不高、非法收运现象在各区尚未杜绝。近年来被广为报道的由餐厨垃圾派生的“垃圾猪”“潲水油”“地沟油”等问题，危害人民健康，引起了社会的极大关注。

为了完全消除或尽可能降低餐厨垃圾对人体健康、市容环境的影响，2010 年《国务院办公厅关于加强地沟油整治和餐厨废弃物管理的意见》（以下简称《意见》），要求各地方和中央政府部门开展地沟油专项整治，加强餐厨废弃物管理，推进餐厨废弃物资源化利用和无害化处理工作，其中对餐厨垃圾的收运管理、管理台账制度以及资源化处理处置等方面进行了初步规定。如，《意见》提出“推行安装油水隔离池、油水分离器等设施”，“探索适宜的餐厨废弃物资源化利用和无害化处理技术工艺路线及管理模式，提高餐厨废弃物资源化利用和无害化处理水平”，“不得用未经无害化处理的餐厨废弃物喂养畜禽”。这些措施的落实，无疑将为我国餐厨垃圾规范化处理处置提供有力保障。

需要指出的是，我国对餐厨垃圾的管理策略还存在一定的局限性。如“垃圾猪”“地沟油”等事件的暴露促进了国家和地方对餐饮行业餐厨垃圾的监管力度，但家庭产生的食品垃圾以及食品制造加工行业、食品流通贩卖过程中的食品垃圾并没有被列入监管范围；《意见》中更加强调的是收运及资源化处理，而对资源化产品（如堆肥产品、生产的饲料）的品质保障及销路方面缺乏有力的监管和引导。需要明确，资源化产品的出路问题是资源化处理设施能够持续运行的保障。此外，《意见》中缺乏对餐厨垃圾源头减量方面的要求。

总体来说，鉴于餐厨垃圾可能引发的健康、安全、环境、经济等多方面的问题，借鉴国外及国内一些已施行餐厨垃圾资源化管理的城市的经验，实现餐厨垃圾的减量化、资源化、无害化势在必行。

三、餐厨垃圾处理技术

餐厨垃圾由于其水分含量常常高达90%左右，发热量较低为2100～3100kJ/kg，盐分含量很高，和其他垃圾一起进行焚烧，不但不能满足垃圾焚烧发电的发热量要求（即5000kJ/kg以上），反而会因含氯物质的存在致使焚烧炉产生一些剧毒性物质；如果将餐厨垃圾与一般生活垃圾一起进行填埋，会因为混入的餐厨垃圾水分含量高而不宜处理，同时会导致大量有机物的浪费；此外，《国务院办公厅关于加强地沟油整治和餐厨废弃物管理的意见》明令规定"不得用未经无害化处理的餐厨废弃物喂养畜禽"，"禁止将餐厨废弃物直接排入公共水域或倒入公共厕所和生活垃圾收集设施"。利用餐厨垃圾直接养禽畜对动物及人体的健康安全均带来不利影响，存在不可确定的安全隐患。餐厨垃圾如果直接排入污水管网然后集中收集到污水处理厂进行处理也存在着堵塞管网、加重污水处理厂负荷等一系列的问题。

随着我国餐厨垃圾产量的增长以及由餐厨垃圾不适当处理引发的一系列社会及环境问题的暴露，我们有必要采用新的管理策略及处理手段对其进行集中的、规范化、无害化处理。针对我国餐厨垃圾有机物含量高等特点，目前餐厨垃圾处理的方法主要包括好氧堆肥、厌氧发酵、生产饲料和生产生物柴油。

1. 好氧堆肥

好氧堆肥技术原来主要用于处理农业垃圾、粪便、污水厂污泥等有机废物。近年来好氧堆肥工艺才开始应用于餐厨垃圾的处理。

(1)原理

好氧堆肥是在有氧的条件下，借好氧微生物（主要是好氧菌）的作用，人为地促进可生物降解的有机物转化为稳定的腐殖质的微生物过程。在堆肥过程中，餐厨垃圾中的溶解性有机物质透过微生物的细胞壁和细胞膜而为微生物所吸收，固体的和胶体的有机物先附着在微生物体外，由生物所分泌的胞外酶分解为溶解性物质，再渗入细胞。微生物通过自身的生命活动——氧化、还原、合成等过程，把一部分有机物氧化成简单的无机物，并释放出生物生长活动所需要的能量，把另一部分有机物转化为生物体所必需的营养物质，合成新的细胞物质，于是微生物逐渐生长繁殖，产生更多的生物体。一个完整的堆肥过程基本包括 4 个阶段：升温阶段（15℃～45℃）、高温阶段（45℃～70℃）、降温阶段、腐熟阶段。在堆肥的每个阶段，不同种类的微生物（如细菌、放线菌、真菌等）发挥主导作用。微生物利用废物和阶段产物作为食料和能量的来源，这种过程一直持续到稳定的腐殖质形成为止。

(2)餐厨垃圾堆肥工艺

餐厨垃圾有机物含量高，营养元素全面，C/N 比较低，是微生物的良好营养物质，非常适于做堆肥原料；厨垃圾中含有大量的微生物菌种，易于堆肥过程的正常进行；另外，餐厨垃圾中惰性废物（如废塑料、玻璃等）含量较少，利于堆肥产品的推广应用。

现代化堆肥生产，通常由前（预）处理、主发酵（亦可称一次发酵）、后发酵（亦称二次发酵）、后处理及销售贮存等工序组成，如图 5-47 所示。

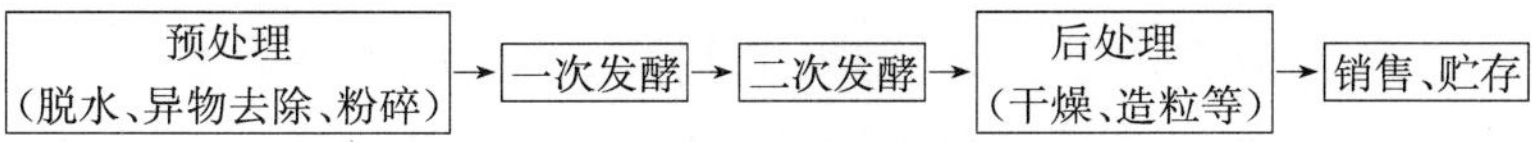

图 5-47　餐厨垃圾堆肥基本流程

前处理过程首先针对餐厨垃圾高含水率和高含盐量等特性进行调整，以利于堆肥过程的快速、正常进行。如厨余垃圾在堆肥前必须进行水分调节，降低含水率到 60%左右同时去除部分盐分。同时前处理还应该有异物去除（如竹筷、一次性塑料杯和盘碟等）、粒度调整等步骤。发酵过程中要对发酵温度、通风条件、菌种接种等参数进行控制。厨余垃圾中杂物少，后处理主要有造粒、储存等步骤，旨在提高堆肥产品的品质及利用价值。

北京某餐厨垃圾处理厂采用堆肥技术。主要工艺流程是：收集的餐厨垃圾经过固液分离机，将大体积物料挤压脱水并提出，分离出的固体物质和絮凝脱水产生的污泥，可作为堆肥原料进入堆肥厂进行好氧堆肥；餐厨垃圾处理分离出的筛下物运到垃圾卫生填埋场进行填埋；液态物质送入油水分离器，油脂回收利用；处理过程中产生的污液通过厌氧生物处理工艺达到污水三级排放标准，在厂内得到处理。

然而，单一餐厨垃圾堆肥存在着较大的技术难点：含水率高、有机质含量高，导致堆肥升温慢、容积效率较低，而且易腐，颗粒机械稳定性差，需要经过脱水或添加大量的填充剂调理含水率；此外餐厨垃圾中含有的大量油脂和盐分会进一步影响微生物对有机物的分解速率。虽然日本广泛采用了堆肥技术处理食品垃圾，但日本的食品垃圾大部分来源于食品制作加工及流通过程中，含水率低，油脂含量也较低，和我国餐厨垃圾的特性有很大的不同。总体上，好氧堆肥工艺处理我国的餐厨垃圾工艺复杂、运行成本较高，不利于大规模的餐厨垃圾的处理。

2. 厌氧发酵

(1)原理

厌氧发酵是指在缺氧条件下厌氧微生物分解有机废物并产生 CH_4、CO_2 和 H_2S 等气体。厌氧发酵工艺，是人为创造厌氧微生物所需要的营养与环境条件，使发酵罐内积累高浓度的厌氧微生物，并利用这些微生物分解有机废物的方法。如本章第四节所述，厌氧发酵过程基本分为 4 个阶段：水解阶段、发酵阶段、产酸阶段和产甲烷阶段。与好氧堆肥不同，厌氧发酵的目的除了有效降解待处理的有机废物之外，最主要的是产生可回收利用的可燃性气体甲烷。对于厌氧发酵后的沼渣，可以进一步通过好氧堆肥处理后制成肥料或脱水后填埋或焚烧。

(2)餐厨垃圾厌氧发酵典型工艺

厌氧微生物能强化餐厨垃圾中油类的分解，耐盐毒性较强；此外，不需供氧，节省能耗。因此，从技术分析上，餐厨垃圾废物的厌氧发酵处理具有节能、高效、资源回收的优势，但亦存在发酵周期长、初期投资大的不足。但从总体来看，厌氧发酵依然在我国餐厨垃圾处理市场占有重要地位。

以重庆市某餐厨垃圾处理厂为例，该处理厂采用瑞典普拉克公司的高温厌氧消化技术，一期处理规模 167t/d，气产量 13000m^3/d，发电装机 1MW，二期处理规模 333t/d，气产量 26000m^3/d，发电装机 2MW。

该餐厨垃圾处理厂主要由餐厨垃圾预处理系统、厌氧发酵系统、沼气发电系统、沼气净化系统、生物柴油制取系统等几部分构成。进场的餐厨垃圾由螺旋输送机输送至沉淀分离池顶部破碎机内进行破碎，破碎后小于 12mm 的物料进入沉淀分离池；然后在沉淀分离池内经搅拌沉淀后，分离物料中的重质，运送至填埋场处置；最后剩余垃圾浆液输送至污泥均质池，在均质池内进行浆液碳氮比、含固率、温度等各项指标的调整，以保证进入发酵罐的浆液稳定、均质；经破碎、分选、沉淀、充分混合后的浆液进入厌氧发酵罐，在高温厌氧环境下，通过多种细菌的新陈代谢，将处理物质分解转化为甲烷、二氧化碳及发酵残余物。产出的甲烷经沼气净化系统净化除杂后，进行热电联产利用；发酵残余物通过堆肥稳定化后，成为高品质的有机肥料，得到再利用。图 5-48 为该餐厨垃圾处理厂的工艺流程。

除重庆餐厨垃圾处理项目外，青岛胶南市政垃圾处理项目（300 t/d）、昆明餐厨垃圾处理项目（200t/d）、深圳城市生物垃圾处置工程（餐厨垃圾 200t/d，城市污水厂污泥 300t/d）、鄂尔多斯市东胜区餐厨垃圾处置工程（100t/d）等多个可生化垃圾处理项目均采用了厌氧消化技术。

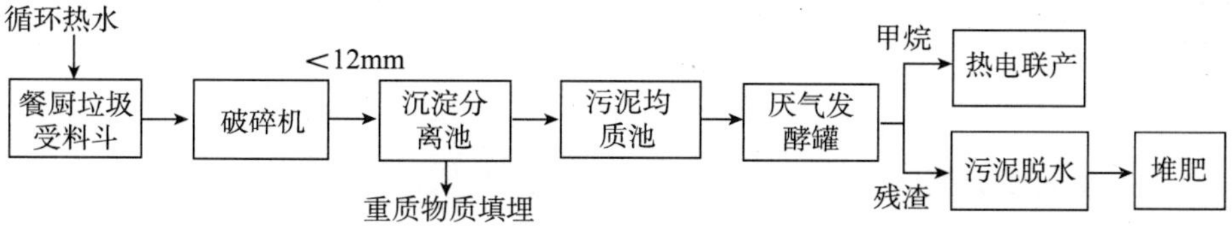

图 5-48　重庆市某餐厨厌氧发酵垃圾工艺流程

3. 生产饲料

餐厨垃圾本身是废弃的食物，从营养角度讲，其富含蛋白质、脂肪及各种微量元素，是一种高能高蛋白优质饲料原料。传统的餐厨垃圾生产饲料的方法是通过高温消毒制饲料。其过程是首先是通过高温消毒，杀除病毒，然后经干燥、粉碎后加工成饲料。这种方式是目前应用比较广泛的一种餐厨垃圾处理技术。

但餐厨垃圾经高温消毒和干化处理后，生成的饲料中的动物蛋白被同种动物食用后存在着引起动物疫情的潜在危险。尤其是我国的餐厨垃圾中植物残渣和动物残渣往往是混合收集的，加之如果在饲料产品检验检疫上的不严格控制，更加大了这种潜在的危害。因此，餐厨垃圾制饲料在国外已逐步被禁止。如加拿大制定了《动物饲料限制和禁止规定》，明确规定禁止反刍动物蛋白提炼产品作动物饲料。

欧盟于从 2003 年开始正式执行动物副产品条例，严禁在饲料生产中使用同类动物的任何部位生产饲料。

目前新发展的一种技术是通过生物处理，将餐厨垃圾转化为微生物蛋白饲料。其原理是：在一定的环境条件下将培养出的菌种加入餐厨垃圾密封贮藏，菌种通过代谢活动对饲料原料中的某些物质进行分解和转化使原料中不易被牲畜和家禽利用的大分子物质转变成为易于消化吸收的小分子物质。同时，微生物菌种得到增殖，由于微生物菌体的单细胞蛋白含量很高，因而提高了成品饲料的蛋白质含量。目前北京、上海、宁波、济南、乌鲁木齐、厦门等地进行了一些探索，但微生物发酵的方法关键是菌种，目前使用的菌种有些是国内外未批准在饲料和食品中使用的菌种，那么一旦这些菌种在饲料中广泛使用，可能造成整个食物链上的问题。因此专家们认为，目前我国因为技术层面还不是完全成熟，不宜推广使用。

4. 生产生物柴油

(1)生物柴油的概念及特点

生物柴油(biodiesel)是指以动植物油或废食用油脂为原料、通过酯交换生产的柴油，是一种再生燃油。生物柴油的原料来源包括：植物油脂、动物油脂、餐饮业的地沟油、食品加工用过的废油脂等。生物柴油可以用作农机、锅炉等的燃料，如果和化石柴油按照一定的比例混合，还可以用于汽车动力。生物柴油代替传统化石燃料具有良好的环保性。与化石燃料相比，每升生物柴油可减少 2.58kg 二氧化碳的产生，同时使用生物柴油的车辆黑烟排放量可降低为 1/6～1/3，此外还不产生 SO_x 类气体。

(2)餐厨垃圾制生物柴油技术

日本近年对以废食用油为原料生产生物柴油技术进行了大量研究，并逐步将其推向工业化应用。现以日本京都废食用油燃料化设施为例来介绍如何用餐厨垃圾制生物柴油。该设施是日本最大的废食用油燃料化设施，其主要生产过程如下：

①前处理：通过过滤和加热去除混杂在食用油内的杂质和水分。

②反应阶段：向废食用油内加入甲醇和催化剂，在加热条件下生成脂肪酸甲酯

和副产物丙三醇(甘油)。

③分离阶段:通过密度差将脂肪酸甲酯和甘油分离。

④甲醇回收:分离丙三醇后,对脂肪酸甲酯中残留的甲醇进行回收。

⑤温水洗净:向甲醇中加入洗净水,加热,将残留在脂肪酸甲酯中的甘油和催化剂等物质去除。

⑥分水去除:通过密度差异将脂肪酸甲酯和洗净废水分离,然后再通过加热将残留水分去除。

⑦加入添加剂:加入添加剂以改善燃料在低温状态下的流动性。

⑧杂物去除:最后通过过滤进一步去除脂肪酸甲酯中的杂质,以获得高纯度的产品。采用氮气封存以防止脂肪酸甲酯被氧化。

该设施主要以家庭和餐饮行业排出产生的废食用油(如油炸食品用油)为原料,每天生产 5000L 生物燃料。产生的生物燃料可以供市内 220 台垃圾运输车和 80 台市营公车的运行。

(3)我国废食用油燃料化进展

我国柴油需求量很大,每年需求量超过 1 亿 t,为此,国家每年需要进口大量的柴油或原油。于 2006 年开始实施的《中华人民共和国能源法》指出:“国家鼓励清洁、高效开发利用生物质燃料、鼓励发展能源作物”,“生物液体燃料,是指利用生物质资源生产的甲醇、乙醇和生物柴油等液体燃料”。发展生物柴油有了法律保障,政府鼓励与市场需求,为开发生物柴油提供了广阔的发展前景。

国内对餐厨垃圾生产生物柴油的研究也比较多,上海某环保有限公司发明了“一种利用餐厨垃圾中回收的地沟油生产生物柴油的方法”专利技术,该技术通过预处理、酯化－酯交换、甘油分离、脱色 4 个步骤将废食用油转化为生物燃料。目前重庆、郑州、三亚等地都拟将餐厨垃圾中的废油脂用于生产生物柴油。

四、餐厨垃圾处理面临的主要问题及对策

餐厨垃圾堆肥、厌氧发酵、生产饲料或生物柴油等资源化处理设施,目前存在

的主要问题是管理部门(企业)在统一收集餐厨垃圾时遇到餐饮企业较大的阻力。餐厨垃圾去向问题似乎成为餐饮行业的潜规则,餐馆—个体收运户—餐厨垃圾非法加工点已形成一个完整的地下利益链条。政府管理部门及正规企业的介入,使餐馆及收运户、加工点的利益受损,尤其是餐馆由原来向个体收运户收费到向正规的收运单位缴费。因此,餐馆、收运户、加工点以各种方式逃脱监管,三者之间的交易由明变暗,这给餐厨垃圾的集中收运带来极大的困难。实践证明,餐厨垃圾的收运管理已成为其资源化处理的瓶颈。

针对这一问题,政府引导、社会参与、市场化运作是加强餐厨垃圾收运工作的基本思路。在具体操作上,各地政府应结合实际,采取更加灵活的策略,规范餐厨垃圾的收运、处理;对餐厨垃圾"地下经营"市场进行规范、改造,变取缔、打击为引导其合法化经营;同时加大餐饮行业食品质量的监管,防止"地沟油"的市场回流,切断餐厨垃圾非法加工产品的销路。

第九节　塑料再生利用技术

随着世界塑料工业的迅速发展,塑料已经广泛应用于工业、农业、商业及人们日常生活的各个领域。世界范围内的塑料产量(包含热塑性塑料、聚氨酯、热固性材料、合成橡胶、密封剂、涂料、黏合剂和 PP 纤维等,不包括 PET-、PA-和聚丙烯纤维)从 1950 年的 150 万 t 上升到 2008 年的 24500 万 t(如图 5-49 所示)。与此同时,大量的塑料废弃物也随之而生。然而,由于废旧塑料难以自然降解,不为自然环境所亲和,所造成的环境污染日趋严重。特别是农用塑料、包装塑料、日用和医用塑料的使用周期比较短,到处散落,形成"白色污染"。其中相当部分废旧塑料最终进入了城市垃圾,若不加处理,直接填埋,不仅是资源的浪费,还会对环境造成长期危害。因此,废旧塑料的回收利用,既是塑料工业持续发展的关键所在,又是解决生态环境污染的重要举措。

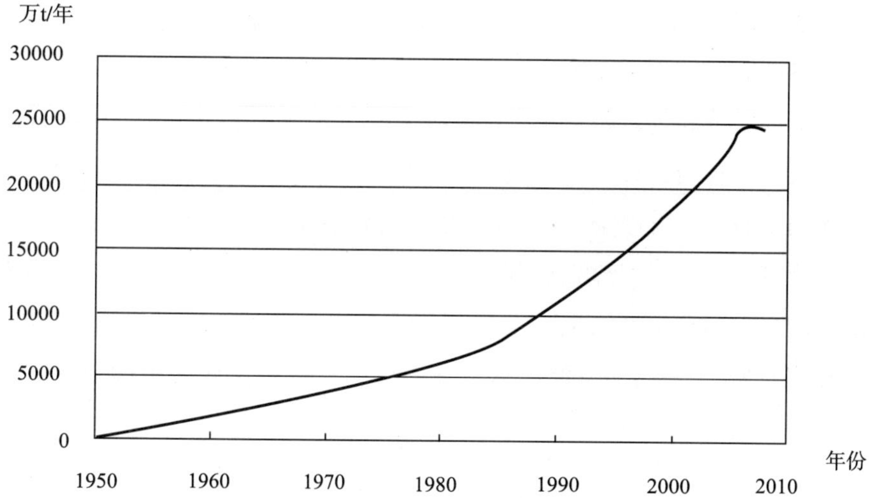

图 5-49　1950—2008 年世界塑料产量变化状况

一、废塑料的来源、产量及分类

1. 废塑料的来源及产量

废塑料的来源主要有两个:消费前塑料和消费后塑料。

消费前塑料　消费前塑料指的是塑料合成、塑料制品加工过程中产生的边角料。消费前塑料由于品种单一,品质均匀,较少被污染,此类废塑料便于回收利用。

消费后塑料　消费后塑料是使用、消费和流通过程中产生的废塑料。消费后塑料是废旧塑料的主要来源,也是研究回收利用方法的基本点,主要包括容器包装用塑料、建筑行业、汽车行业、农用塑料、日用品等。本节所有数据如无特殊说明,均指的是消费后塑料。

不同国家根据其经济水平,废塑料的来源组成各有不同。根据日本塑料处理促进协会公布的数据,2009 年日本消费后塑料产生总量为 846 万 t,其来源组成为,容器和包装塑料 44.6%、电子电气设备 16.9%、建筑 11.9%、交通 10.1%、日用品 9.5%。2008 年欧盟 27 国、挪威和瑞典的消费后塑料产生总量为 2490 万 t,

其来源组成为，包装用塑料63%、建筑行业6%、汽车行业5%、农用塑料5%、废电子电气设备5%、日用品等3%。

与发达国家不同，我国消费后废塑料主要以包装塑料、农用塑料和日用品为主。其回收工作有两大难点：一是农用薄膜用量大、分布广、回收难，残留在土壤中的塑料薄膜对农田危害严重；二是日用塑料制品品种多，且废旧塑料品与其他生活垃圾混杂为城市垃圾，其分离及回收工作难度大。可操作措施是应当立足于实施家庭废旧塑料专用分类垃圾袋并与经济效益挂钩，实施从立法到奖励相结合的措施。另外，塑料和塑料制品生产厂家应该在产品上依照世界通用标记标明塑料的种类，以方便对废塑料的回收利用。

2. 塑料的分类及其应用

塑料通常可分为热塑性塑料和热固性塑料两大类：热塑性塑料受热时可以塑化和软化，冷却时则凝固成形，温度改变时可以反复变形。如聚乙烯（PE）、聚氯乙烯（PVC）、聚苯乙烯（PS）、聚碳酸酯（PC）等。热固性塑料受热时塑化和软化，发生化学变化，并固化成形，冷却后如再加热时，不再发生塑化变形，如果温度继续升高就会发生分解。如酚醛塑料、脲醛塑料等。一般所说的回收利用主要是指热塑性塑料的回收利用。表5-10对几种通用热塑性塑料的优缺点进行了总结。

不同种类塑料其使用比例不同。2008年世界范围使用比例最大的是PE，占所有塑料使用量的29.1%。其次是PET、PP、PVC和PS，分别占20.0%、18%、15.3%和7.8%。

表 5-10 几种主要的热塑性塑料的性能特点及典型产品

类型		特点	典型产品
聚乙烯(PE)	高密度聚乙烯(HDPE)	密度较小,质轻,柔性,耐寒性、耐冲击性较好	生产各种瓶、罐、盆、桶等容器及渔网,捆扎带,并可用作电线电缆覆盖层、管材、板材和异型材料等
	低密度聚乙烯(LDPE)	具有较高的使用温度,硬度、机械强度和耐化学药品的性能	广泛应用于生产薄膜、管材、电绝缘层和护套
	线性低密度聚乙烯(LLDPE)	透明性较差,表面光泽好,具有低温韧性,高模量、抗弯曲和耐应力开裂性,低温下抗冲击性比 LDPE 有较大的提高	主要用于制作薄膜
聚丙烯(PP)		具有优良的机械性能,比聚乙烯坚韧、耐磨、耐热,并有卓越的介电性能和化学惰性。最大缺点是耐老化性能比聚乙烯差	聚丙乙烯的用途很广泛,可用于制作周转箱、容器、手提箱、汽车部件等
聚苯乙烯(PS)		具有较大的刚性,最大的缺点是质脆	大多用作生产透明日用器皿、电气仪表零件、文教用品、工艺美术品,高抗冲击聚苯乙烯是用于冰箱内衬里的理想材料
ABS 树脂		ABS 树脂是 PS 系列(丙烯腈、丁二烯、苯乙烯)的共聚物。兼有高的坚韧性、刚性和化学稳定性	主要用于制造汽车零件、电器外壳、电话机、旅行箱、安全帽等
聚氯乙烯(PVC)		PVC 树脂的主要特点是耐腐蚀、自熄阻燃、强度较高。其主要缺点是加工性、热稳定性、耐冲击性差	主要用于制造薄膜、板材、管材、线材、大型板材、工业零件等
对苯二甲酸乙二(醇)酯(PET)		PET 薄膜是热塑性树脂薄膜中韧性最大的,在较宽的温度范围内能保持其优良的物理机械性能,此外,还具有优良的透光性、耐化学性和电性能。主要缺点是加工性能差	广泛用于生产中空容器,被人们称为"聚酯瓶"

二、国外废塑料回收利用现状

"白色污染"已受到社会的广泛关注,寻求切实可行的废旧塑料综合防治对策已迫在眉睫,而解决这一难题的关键是如何对其进行处理和回收利用,并开发出新型环境友好材料。发达国家的经验和做法值得借鉴,解决塑料发展与环境问题的成功策略是实施"3R"战略,即塑料制品的减量(Reduce)、再使用(Reuse)和塑料废弃物的回收利用(Recycle)。

1. 日本

日本1996年颁布了《容器与包装物再生利用法》,这部法律的宗旨是要减少废物最终填埋量并促进废物再循环,目的在于促进资源循环型社会体系的建立。根据《容器与包装物再生利用法》,容器的制造商,或销售带有容器和包装的产品的工商企业,应当负责按照其制作或使用的体积再循环一定数量的容器和包装中所用材料,如果它们无法达标,则他们有责任为此缴纳费用;地方政府负责废弃包装容器的回收、分类和堆存。此外,日本于2001年实施的《家电再生利用法》、2002年实施的《建筑材料再生利用法》以及2005年实施的《汽车再生利用法》等有效促进了废塑料的回收再利用。

在这些法律法规的支持下,日本废塑料(包括消费前塑料和消费后塑料)的再生利用率从2001年的53%(共535万t)上升到2009年的79%(共718万t)。在再生利用的技术和装备方面,日本已具备研制和生产能力。废塑料再生利用方法包括:机械再生、化学再生(主要包括油化法、气化法、高炉还原剂法和焦炭炉化学原料法)、燃料制备等。2009年日本废塑料的再生利用及处理处置情况如下:其中机械再生22%,化学再生4%,塑料衍生燃料5%,焚烧且能源回收36%;其余21%的废塑料被焚烧处理(无能源回收)或填埋处置。日本在废塑料的化学再生方面的研究处于比较领先的水平。2009年日本有大型油化厂2家,年处理能力1.58万t;高炉还原法处理厂3家,年处理能力9万t;大型气化厂共有6家,年处理能力20万t;焦炭炉应用处理厂6家,年处理能力22.5万t。可以看出,日本已基本建成较完善的废弃塑料回收和再生利用体系。

2. 欧洲

2008年,欧盟25国、挪威和瑞士消费后废塑料总产生量为2490万t。其中1800万t(51.3%)的废塑料被回收利用,1210万t的废塑料被填埋处置,还有很小一部分(约4.6万t)被单纯焚烧处置(无能源回收装置)。在所有废塑料产生行业中,包装、建筑和拆除、废汽车、农业、电子电气设备5个行业产生的废塑料占废塑料产生总量的 82%。不同的产生源，其回收利用的方式、难易程度各有不同。表 5-11列出了不同来源的废塑料的处理处置及再生利用情况。

表 5-11　2008 年欧盟 27 国、挪威和瑞士消费后塑料产生、处理处置及再利用情况

产生源/部门	产生量(万 t)	处置(%)	物理利用(%)	化学利用(%)	能源利用(%)
包装	1560	41.8	28.5	0.5	29.2
建筑	1400	49.1	15.9	–	35.0
汽车	120	79.8	8.7	0.5	11.1
农业	120	53.5	21.1	–	25.3
电子电气	110	55.2	7.6	–	36.2

三、我国废塑料回收利用现状及存在的问题

我国是塑料消费大国，且消费量呈逐年增加的态势。2008 年我国塑料消费量超过 5000 万 t。国内废弃塑料回收量约 900 万 t，回收率约 22%，加上进口废塑料 707 万 t，回收总量达 1600 万 t。我国已成为全球最大的再生塑料市场。

在国内，废塑料回收网点已遍布全国各地，形成了一批较大规模的再生塑料回收交易市场和加工集散地。主要分布在广东、浙江、江苏、山东、河北、辽宁等省。再生塑料回收、加工、经营市场规模越来越大。然而，与国外废旧塑料回收利用加工业相比，无论从技术、规模、回收率以及经营管理等各个方面，我国在总体上还是比较落后的。

废塑料回收利用的根本目的在于减少能源消耗和环境污染。但目前我国废塑料的回收利用方面还存在很多问题，主要表现在：缺乏废塑料回收利用行业发展的综合规划、政策扶持、废塑料分类技术规范、及废塑料再生产品认定和鼓励，这在很大程度上制约了废塑料回收再生行业的发展；民众的环保意识不强，不同塑料的分类回收还没有形成；此外，在回收利用过程中，一些回收利用价值不大的塑料包装袋没有得到较好回收，而造成环境污染。

四、废塑料再生利用技术

废塑料的再生利用主要包括再生利用(recycling)和能量回收(energy recovery)两大类。再生利用又分为机械再生(mechanical recycling)和化学再生(chemical recycling or feedstock recycling)。机械再生,也叫物理再生,指的是不改变塑料的原有组分,主要通过熔融和挤压注塑等物理方法生成塑料再生制品,产品的质量往往低于原有产品;化学再生指的是在热、化学药剂和催化剂的作用下使塑料分解生成化学原料或燃料,或通过溶解、改性等方法分别生成再生粒子和化工原料。能量再生是对不能再生利用的废塑料,将塑料直接用做燃料或制作成垃圾衍生燃料(RDF)用于工业锅炉、水泥炉窑等。

1. 机械再生

废旧塑料的机械再生是指主要通过机械手段(包括清洗、分拣、干燥、粉碎、再造粒等)对废旧塑料进行再生利用,将其加工成能够替代原生塑料的新塑料制品。废塑料的机械再生利用首先用于回收塑料生产及加工过程中产生的边角料、下脚料等消费前塑料,因为这类废塑料易于分类、清洗、杂质含量少、且量大、来源稳定,同时,也用于回收那些易清洗和挑选的消费后塑料。废塑料的机械再生技术国内外都比较成熟,再生产品包括塑料容器、儿童游乐设施、建筑板材、包装材料等。这些再生产品具有很多优点,如,耐用、质轻、容易加工、容易切割等,这些特点使这些再生产品能够作为钢材、水泥和木材的替代材料。

废塑料的机械再生始于19世纪70年代,至今一直是欧美及日本等发达国家主要的再利用方式之一。以日本为例,2009年日本机械再生的废塑料为214万t,占所有废塑料总量(包括消费前塑料和消费后塑料)的22%。机械再生的塑料中,32.9%(66万t)为消费前塑料,67.1(134万t)为消费后塑料。需要指出的是,日本各种回收再利用法律的颁布为废塑料的机械处理提供良好的条件,包括《家电再生利用法》、《容器与包装物再生利用法》、《汽车再生利用法》等。日本134万t用于机械再生的消费后塑料中,包括51.1万tPET瓶、22.6万t包装塑料、17.7万t家电部件和4.6万t汽车部件。

2. 化学再生

化学再生是指废旧塑料在热或化学试剂的作用下制成单体或低分子量的碳氢化合物，再用以制取新塑料、化学品（如乙烯、丙烯、芳烃、焦油等）及燃料油（汽油、柴油、煤油等）。化学再生方法有很多，这里主要介绍几种已经商业化运行的化学再生方法，包括焦炉干馏技术/焦炭炉化学原料法、热解油化法和气化法。

(1)焦炉干馏技术/焦炭炉化学原料法

废塑料焦炉干馏技术，也叫焦炭炉化学原料法，是新近发展起来的可以大规模处理混合废塑料的工业实用型技术。传统的高炉焦一般是将煤放入炼焦炉高温干馏而成的。废塑料焦炉干馏技术正是利用现有炼焦炉的高温干馏技术，将废塑料转化为焦炭、焦油和煤气，实现废塑料的完全资源化利用和无害化处理。该工艺的优点在于：对废塑料原料要求相对较低；废塑料加工要求相对较低，只需对废塑料进行破碎、异物去除、固化成型处理即可与煤混合入炉炼焦；对炼焦炉和炼焦化产品回收及煤气净化回收系统无须作任何改动即可完成废塑料干馏及产物回收净化过程；利用废旧塑料代替部分炼焦用煤，既有效解决“白色污染”问题，又节约了炼焦煤资源，具有明显的社会效益和环境效益。

焦炭炉化学原料法是日本废塑料化学处理中应用最为广泛的一项技术。该技术由新日本钢铁开发的将废塑料转化为化学原料的一种新技术，其工艺流程如图5-50所示。废塑料经过开袋、金属去除、粗破碎、异物去除、二次破碎、固化成形等一系列的预处理后，与煤一起送入焦炭炉内，在高温还原状态下热分解，一般温度为1000℃～1200℃，热分解产物包括20%的焦炭炉气体、40%的液态油化物、40%的焦炭残渣。其中液态油化物可以作为容器包装树脂、电子材料或是涂料的化学原材料，焦炭炉气体用于炼铁厂的燃料气体或用于发电，而焦炭残渣作为高炉炼铁过程中铁矿石的还原剂。该技术的应用可以充分利用大型炼钢企业现有的焦炭炉进行处理。该技术于2000年首先在名古屋和千叶县君津市两个大型的塑料商品化工厂投入运行，后又在北海道室兰市、福冈县北九州市、大分县大分市的塑料商品化工厂投入应用,2010 年共处理废塑料 17.5 万 t。

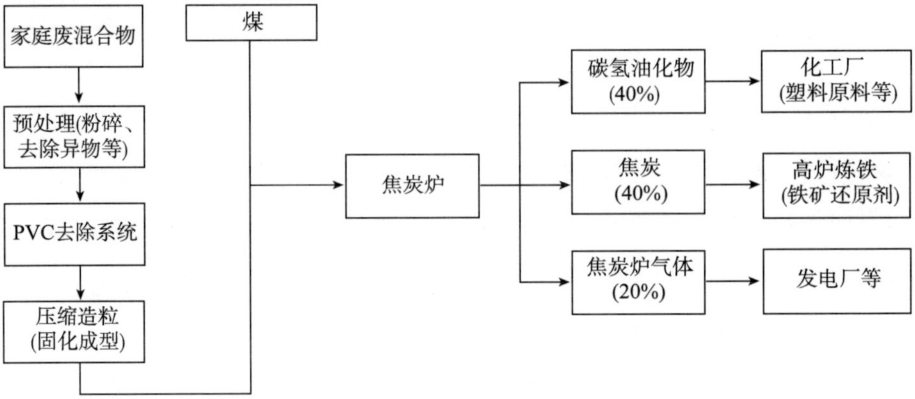

图 5-50　焦炭炉化学原料法处理废塑料流程(Nippon Steel Corporation Pamphlet)

目前我国已经展开了类似技术的研究。北京首钢集团率先开展了相关技术研发工作,研究开发内容涉及废塑料垃圾加工,加工后废塑料与炼焦配煤的混合、输送和入炉炼焦等技术开发等,并利用科研成果申请"利用焦化工艺处理废塑料"专利技术,申请国家发明专利 4 项,实用新型专利 4 项,为该技术的工业应用和产业化推广提供了基础数据。2011 年 5 月,首钢集团对国内首条利用焦炉处理废塑料的生产线调试成功,该生产线每年可以消纳废塑料 1 万 t,生产炼焦用原料 5 万 t。该项目在实现资源化利用废塑料的同时,可实现拓展炼焦煤资源、降低炼焦成本,有利于焦化行业的可持续发展,对国内钢铁企业及焦化企业将起到积极的示范作用。

(2)热分解油化法

废塑料热分解油化技术是指通过加热或加热同时加入一定的催化剂使塑料分解制取燃料油和燃料气的废塑料资源化利用方法。由于塑料是石油化工的产物,从化学结构上看,塑料为高分子碳氢化合物,而汽油、柴油则是低分子碳氢化合物,因此,将废塑料转化为燃油是完全可能的。但是,裂解油化技术工艺复杂,对裂解原料、裂解催化剂和裂解条件要求较高,而且投资较大。随着石油价格的逐渐攀升,各国不断寻求解决石油问题的新方法新工艺,尤其是日本和美国进行了大量的研究工作。

日本建有两个大型的废塑料油化处理设施。以札幌的油化处理设施为例,该设施于2000年开始运行，处理能力1.48万t/年。工艺流程是：废塑料先经过前处理（破碎、干燥和造粒），并去除异物；塑料颗粒进入脱盐装置，在约350℃下加热，使PVC中的氯元素以氯化氢的形式去除；脱盐后的塑熔融料送至热分解装置，在350℃～400℃下热分解，热分解产生的挥发分经蒸馏塔后分馏为轻质油、中质油和重质油，热分解残渣生成固体燃料。该工艺适合处理聚乙烯、聚丙烯和聚苯乙烯。

澳大利亚Ozmotech Pty公司开发的ThermerFuel热解油化工艺在德国、荷兰等国家投入使用。在该工艺中，混合的废塑料在370℃～420℃下的一个圆形室内被高温热解，热解气体经冷凝处理后成为烃类溜出物（包括直链和支链烷烃、环烷烃和芳烃）。该工艺也是适合处理聚乙烯、聚丙烯和聚苯乙烯，少量的其他塑料也可混入其中。

(3)气化

目前，日本共建有6个大型的气化处理厂，用于处理包括废塑料在内的废物。日本昭和电工川崎事业所投资6200美元建设的废塑料两段气化工艺于2003年开始运行。该工艺年处理量6.4万t。其工艺过程是：首先对塑料进行粉碎处理；粉碎的塑料送入流化床（第一阶段气化），用氧气和蒸汽在600℃～850℃下进行部分氧化，产生CO、H_2、CO_2、焦油和焦炭等物质；第二阶段气化在1300℃～1550℃下进行，将焦油和炭黑气化。该气化工艺适用于各种塑料，生成的氢气用来合成氨，产生的炉渣用作建筑材料，为日本经济产业省"3R"示范项目。

3. 能量再生

塑料类废物是燃烧热值较高的一类废物，塑料的燃烧热值是纸类废物的两倍，聚乙烯塑料的燃烧热值甚至高于煤和石油的燃烧热值。能量再生是针对不能机械再生或化学再生的废塑料，利用其高燃烧热值这一特点，直接将其用做燃料来焚烧或制作成垃圾衍生燃料（RDF）用于工业锅炉、水泥炉窑等。对于没有分类收集和分选的混合废塑料，进行能量回收是最为实用的方法之一。日本是塑料焚烧比率很高的国家，2009年，49%（444万t）的废塑料直接焚烧处理，同时回收产生的热量用于发电或热能利用；5%（42万t）的废塑料用来生产RDF。此外，能量再生也是美国和欧洲等发达国家最主要的废塑料利用方式。

(1)直接焚烧

目前焚烧是垃圾处理的主要方式之一,且很多大型的垃圾焚烧厂都有发电系统或是热水、蒸汽利用系统,将垃圾焚烧产生的热能进行回收利用。废塑料作为城市生活垃圾的一个重要组成部分常与其他垃圾组分一起焚烧处理。然而,塑料直接焚烧时产生的二次污染危害很大,排气处理设施要求很高。例如燃烧会产生氯化氢、氰化氢、二恶英等污染物质。对于中小城市,收集足够的废塑料、氯化氢气体的高温腐蚀以及尾气中剧毒物质无害化处理不易解决。然而,废塑料焚烧产能依然是很多国家尤其是发达工业国家的主要废物处理方式之一,如日本、荷兰、德国、瑞典和美国。

(2)生产垃圾衍生燃料(RDF或WDR)

垃圾固体燃料指用垃圾和废物制取的固体燃料,在美国通称RDF(Refuse Derived Fuel),在英国和欧洲则称WDF(Waste Derived Fuel)。以城市垃圾为原料时,必须除去金属、玻璃和陶瓷等不燃物和一切危险品。同时针对水分高低采取相应的措施。现以日本JFE公司开发的RDF化(RMJ方式)处理流程为例进行简单介绍。

进入该处理系统的废物首先经过一次破碎选别去除金属物质并将其破碎为易干燥的碎粒;然后利用干燥机、热风炉、脱臭炉等设备将水分降到小于10%,并对产生的臭气进行处理;干燥后的垃圾送入风选机,将不燃物(灰土、碎玻璃、金属屑等)除去后送入二次破碎机,将垃圾破碎为易成型的小粒,然后加入1%的消石灰(可抑制氯化氢发生)后送入成型机;将分选破碎处理后的垃圾成形冷却后生成棒状RDF。成品RDF的尺寸为Φ1.5×3~5cm,发热量4000~5000kcal/kg。目前日本采用RMJ方式生产RDF的设施有20个,最大处理能力为119t/d。

4. 可降解塑料

降解塑料是塑料家族中带降解功能的一类新材料,它在用前或使用过程中,与同类普通塑料具有相当或相近的应用性能和卫生性能,而在完成其使用功能后,能在自然环境条件下较快地降解成为易于被环境消纳的碎片或碎末,并随时间的推

移进一步降解成为 CO_2 和水，最终回归自然。

可降解塑料主要有生物降解塑料、光降解塑料和同时具有可控光降解与生物降解双重降解功能的塑料。生物降解塑料是指在一定条件下能够通过生物侵蚀或代谢而降解的塑料，降解机理是生物物理反应和生物化学反应。光降解塑料是在高分子聚合物中引入光增敏基团或加入光敏性物质，使其在吸收太阳紫外光后引起光化学反应而使大分子链断裂变为低分子量化合物的一类塑料。光—生物降解塑料是利用光降解和生物降解相结合的方法制得的一类塑料，是较理想的降解塑料。

近年来国外各类降解塑料有了不同程度的进展，光降解技术较为成熟，而生物降解塑料的研究开发最为活跃。我国降解塑料的研发与应用处于初级阶段，目前开拓的应用领域主要有农用、包装和日用一次性消费品。降解塑料的研究开发与应用是治理“白色污染”必要的辅助手段。

第十节　废轮胎再生利用技术

一、国外废轮胎再生利用现状

轮胎70%以上的材料为橡胶。轮胎橡胶属于热固性的聚合物材料，在自然条件下很难发生降解，弃于地表或被填埋十几年都不腐烂。废橡胶的堆积占用土地，污染环境，且易引起火灾和疾病，对居民健康和安全造成损害。过去废轮胎一直被看成是废物进行处理。但是进入20世纪70年代以后，人们才开始认识到废橡胶的再利用价值，并把废橡胶称为“新型黑色黄金”(new black gold)，千方百计回收利用，或作为再生材料，或作为替代燃料，从而开辟了废橡胶利用的新时代。废轮胎作为一种可再生资源，无论是从资源再利用的角度，还是从环境保护的角度来看，在能源相对紧缺的今天，回收利用废橡胶都具有十分重大的意义。欧美及日本等发达国家在废轮胎管理、立法，及废轮胎再生利用技术开发等方面都开展较早。因此，了解这些国家废轮胎的管理及再生利用状况对我国废轮胎管理具有重要意义。

1. 美国

1985年以前,美国没有任何关于废轮胎管理及再利用的法律法规,因此,废轮胎一直是填埋处置。自1985年到1990年期间,美国大多数州开始针对废轮胎颁布相关的法律,用以规范其管理和处理处置。1991美国颁布了《陆上综合运输经济法》(ISTEA)规定各州对政府投资的公路应该使用一定比例的胶粉改性沥青,否则将减少对其的财政支持,以促进胶粉改性沥青在公路建设中的应用。然而,由于没有办法对各州是否执行了该法令进行鉴别,该法令中有关胶粉改性沥青应用的条款于1993年被废除。ISTEA法令的废止从另一个方面促进了废轮胎在市政工程方面的应用研究,如轮胎碎片用于路堤、轻质回填材料、或作为路基材料。从总体来说,法律的实施在一定程度上促进了废轮胎的资源化利用。

图5-51为美国近期废轮胎产生及再生利用情况。由该图可知,美国废轮胎再生利用率从20世纪90年代开始显著提高。到2005年,废轮胎再生利用率达到87%。需要注意的是,在美国,可翻新的轮胎(retreadable tire)和使用过的轮胎(used tire)不属于废轮胎范围之内。因为可翻新轮胎经过处理后可以延续使用,这从某种意义上减少了废轮胎的最终处置量。据RMA估计,2006年美国有15.6百万旧轮胎被翻新处理后再利用。除可翻新轮胎之外,还有使用过的轮胎也不属于废轮胎范围之内,因为使用过的轮胎可以在本国再出售或出口。图5-51中的数据不包括可翻新轮胎和使用过的轮胎。

1979年到1992年,能源利用一直是美国唯一有市场的废轮胎处理方法。废轮胎能源利用,指的是将废轮胎用作替代燃料用于水泥窑、发电、造纸、工业锅炉或用于专门的废轮胎—能源转化设施。从1992年开始,轮胎生产胶粉和轮胎在市政工程上的应用才逐渐开始变得广泛。目前,美国的废旧轮胎主要的市场是:轮胎衍生燃料(能源利用)、市政工程、胶粉应用等。其中能源利用一直占据美国废轮胎最大的消费市场。图5-52为2007年美国废轮胎再生利用途径统计。

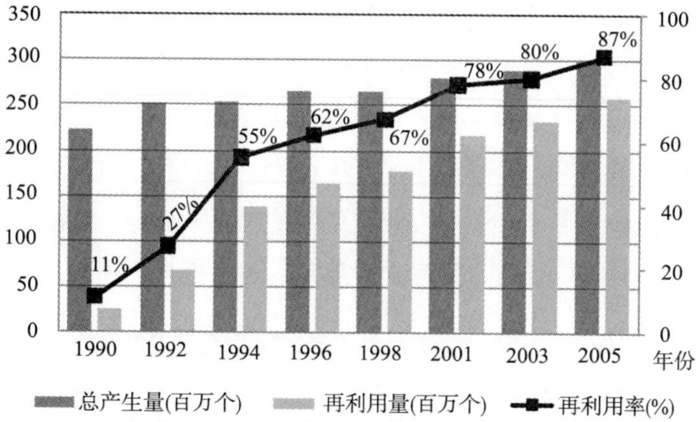

图 5-51　1990—2005 年美国废轮胎产生和再利用情况
(数据来源:美国 Rubber Manufacturers Association)

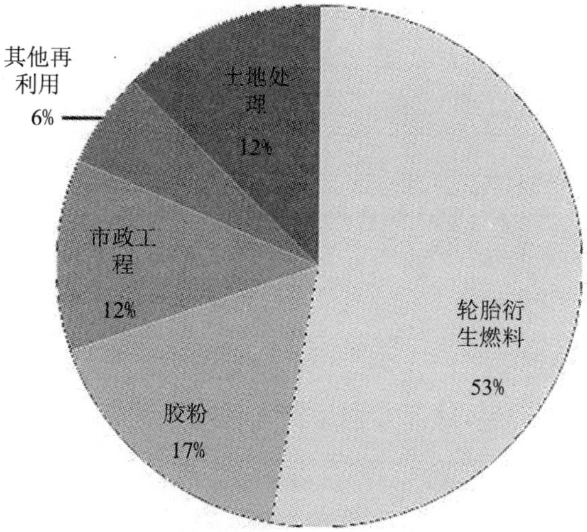

图 5-52　2007 年美国废轮胎再生利用途径统计
(数据来源:美国 Rubber Manufacturers Association)

2. 欧洲国家

基于废轮胎非法投弃或长期露天堆置过程中可能造成的安全隐患、环境污染和健康损害,多数欧洲国家已经颁布相关法律法规用于促进废轮胎的安全处置,限制废轮胎的非法丢弃及其他不适当处理,并鼓励废轮胎的再生利用。欧洲废轮胎回收再利用经验简单总结如下：再生产品要有良好的市场；谨慎选择合适的再生技术；开发创新产品；政府机构要支持废轮胎回收利用。表 5-12 为主要欧洲国家废轮胎产生、再利用及其他处理处置统计数据。由该表可知，欧洲的轮胎再利用途径中也是以能源利用为主、其次是材料再利用和轮胎翻新。不同国家再利用及处理处置途径各有不同，如德国 53% 的废轮胎能源被利用，而英国废轮胎的能源利用率仅为 15%。奥地利、葡萄牙、瑞典等国家的废轮胎达到零填埋。

表 5-12　2006 年主要欧洲国家废轮胎产生、再利用及其他处理处置统计表

单位：10^3 吨/年

国家	出售	出口	翻新	材料再利用	能源利用	填埋	总计
奥地利	–	–	4	16	35	–	55
比利时	–	2	3	28	35	14	82
捷克	–	–	12	–	–	68	80
法国	20	20	55	157	106	40	398
德国	15	38	60	124	310	38	585
意大利	30	50	50	83	148	19	380
波兰	1	1	21	10	56	57	146
葡萄牙	1	15	16	26	34	–	92
西班牙	10	20	37	42	52	144	305
瑞典	1	7	16	32	34	–	90
瑞士	1	13	7	–	25	8	54
英国	32	34	55	212	72	70	475
总计	111	200	336	730	907	458	2742

数据来源：European Tire and Rubber Manufacturers Association 2006

3. 日本

为促进循环型社会的建设，日本一直十分重视废弃物循环再利用技术的研究。日本是一个轮胎消费大国，每年有 1 百万 t 左右的废轮胎产生。其中 80%左右是用户购买新车胎时更换下来的，20%左右是汽车报废时产生的。作为一种可再生利用资源，废轮胎的回收利用是日本建设循环型社会的重要组成部分。从 2001 年到 2010 年，日本的废轮胎再生利用率一直维持在相对比较稳定的水平（如图 5-53所示）。日本废轮胎再生利用的途径主要包括原形加工利用（轮胎翻新、再生胶、胶粉等)、能源利用(造纸、水泥制造、气化炉、制铁等)和输出。只有很小一部分废轮胎被填埋处置。与其他发达国家一样,日本的废轮胎也以能源利用为主,每年以能源利用形式消耗的废轮胎占废轮胎总量的50%以上。需要指出的是,近年来日本造纸业的废轮胎利用比例有明显上升的趋势,由2005年的21%上升到了2010年的39%。

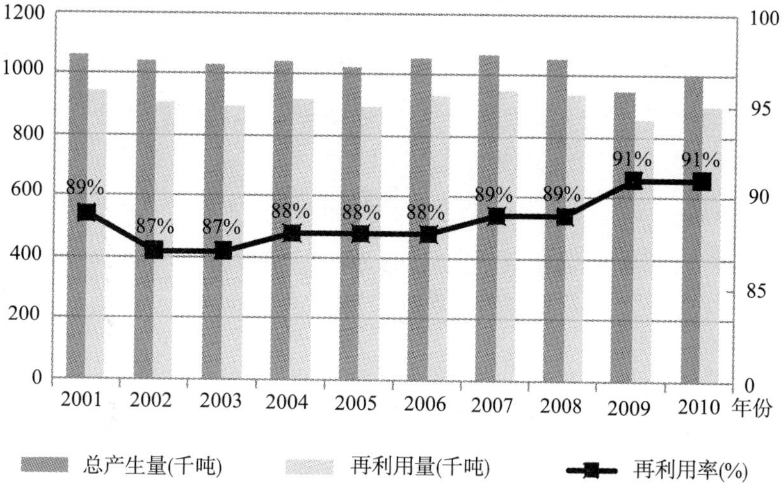

图 5-53　2001—2010 年日本废轮胎产生及再生利用统计
(数据来源:日本机动车轮胎协会)

二、我国废轮胎再生利用现状和对策

1. 现状

在我国,轮胎制造业是最主要的橡胶消耗产业。然而,我国橡胶制品所需的原材料在很大程度上依赖于进口,如每年工业所需70%以上的天然橡胶、40%以上的合成橡胶需要进口。

我国废旧轮胎综合利用主要集中在4个方面:旧轮胎翻新再制造、废轮胎生产再生橡胶、橡胶粉和热解。现有轮胎翻新企业约1000家、再生橡胶企业约1500家、橡胶粉和热解企业约100家。我国2009年产生废轮胎2.33亿条,而我国轮胎翻新产量仅为1300万条,翻新率不足5%;再生橡胶产量约

270 万 t，橡胶粉产量约 20 万 t，废旧轮胎的翻新率、回收率和利用率都处于较低水平。其原因在于：

①目前对废旧轮胎回收利用产业尚无具体的产业政策，甚至国际公认的无害化、资源化利用废轮胎生产橡胶粉行业，尚未纳入政府的产业目录，政策立法的滞后影响了废旧轮胎回收利用产业的发展。

②废旧轮胎散落于民间，没有形成一个通畅的回收系统，交易未形成市场，回收困难，技术水平相对较高的企业很难拿到生产所需的废旧轮胎资源。

③从事废旧轮胎综合利用的企业大都规模小、装备落后、企业综合实力不强，特别是再生橡胶企业二次污染问题没有得到解决。

④产品技术、质量标准规范不完善，导致产品质量参差不齐，影响了市场开拓。

2. 对策

(1)加强立法

要解决废旧轮胎管理问题，就要尽快制定《废旧轮胎回收利用管理办法》，将废旧轮胎资源回收利用逐步纳入法制化管理轨道。通过法律规定，明确生产、使用单位的责任和义务，禁止随意堆放、丢弃、焚烧、走私废旧轮胎。将废旧轮胎列入国家强制回收目录，实行“以旧换新”制度。

(2)经济鼓励

研究制定鼓励废旧轮胎回收利用的经济政策。建立废旧轮胎回收利用专项基金，征收废旧轮胎处理费，用于废旧轮胎回收管理、加工利用补贴和技术开发。同时，对从事废旧轮胎加工利用的企业实行税收优惠政策，减轻企业负担，鼓励企业进行技术改造，促使其不断发展。

(3)建立畅通的回收体系

建立健全废旧轮胎回收集散地，以解决当前无废旧轮胎回收渠道的问题。可以先在一些大城市如北京、上海等地进行试点，变目前分散、无序的回收体系为集中有序的回收体系。

(4)建立市场机制

建立加工废旧轮胎企业的市场准入机制。必须符合国家节约资源、保护环境、循环利用的要求废轮胎加工企业才能进入市场。

三、废旧轮胎的再生利用技术

根据我国废旧轮胎产生和资源化利用、处理处置现状,2010年工业和信息化部发布的《废旧轮胎综合利用指导意见》明确指出要大力开展废旧轮胎综合利用,发展橡胶工业循环经济,并设定了相应的目标:“到2015年,国内旧轮胎翻新水平有较大提高。载重轮胎翻新率提高到25%,巨型工程轮胎翻新率提高到30%,轿车轮胎翻新实现零的突破。废轮胎资源加工环保达标率达到80%。稳定发展再生橡胶产品,年产量达到300万t;橡胶粉年产量达到100万t;热解达到12万t。培育10家左右废旧轮胎综合利用知名企业”,并指出了今后的任务重点是“提高轮胎翻新率,加强再生橡胶产业节能减排,逐步扩大橡胶粉直接应用范围,促进热解技术不断优化”。

1. 废轮胎翻新

(1)现状

目前轮胎翻新是发达国家处理废旧轮胎的主要方式之一。据RMA估计,2006年美国有5%左右废轮胎被翻新处理后再利用,整个欧洲国家有超过10%的废轮胎被翻新利用。日本的轮胎翻新比例比较低,为废轮胎总量的4%左右,但从2005年到2009年,这一比例有缓慢上升的趋势。翻新轮胎业在这些国家的发展得益于政府的鼓励与提倡。如美国规定:回收商收购一条轿车废旧轮胎补助1.9美元,收购一条载重车废旧轮胎补助2.3美元。

在良好的使用、保养条件下,一条轮胎可以翻新多次,具体地说尼龙帘线轮胎可翻新2~3次,钢丝子午线轮胎可翻新3~6次。世界汽车专家认为,翻新胎可以按照新胎同样的合法速度行驶,在安全、性能和舒适程度上不亚于新胎。因此,在美国等许多国家,政府和军事用车包括邮政服务用车都使用翻新轮胎。学校大巴和公交用车使用翻新轮胎，出租车、赛车和工厂用车也可使用翻新轮胎；几乎百分之百的工程车、载重车使用翻新轮胎，就连警车、消防车和其他急救车辆、运输机和高性能的战机都使用翻新轮胎。

2010年我国工业和信息化部发布的《废旧轮胎综合利用指导意见》明确指出"推广预硫化轮胎翻新技术，适时提高翻新次数，强化轮胎使用、检测环节的磨耗极限控制。优化产品结构，提高预硫化胎面翻新比例"。

(2)废轮胎的翻新技术

废轮胎的翻新技术主要包括热翻新和冷翻新。

①热翻新。传统的轮胎翻新方式是将混合胶粘在经磨锉的轮胎胎体上，然后放入固定尺寸的钢质模型内，经过温度高达150℃以上硫化的加工方法，俗称"热翻新"，或热硫化法。该法目前仍是中国翻胎业的主导工艺，但在美国、法国、日本等发达国家已逐渐被淘汰。

②冷翻新。"冷翻新"也被称为"预硫化翻新"，是一种新型的轮胎翻新技术。这种技术已经在发达国家成功应用。它由意大利马朗贡尼(Marangonp)集团研发并于1973年投放市场。"预硫化翻新"技术是将预先经过高温硫化而成的花纹胎面胶粘在经过磨锉的轮胎胎体上，然后安装在充气轮辋里；套上具有伸缩性的耐热胶套，置入温度在100℃以上的硫化室内进一步硫化翻新。这项技术可确保轮胎更耐用，提高每条轮胎的翻新次数，使轮胎的行驶里程更长，平衡性更好，使用也更加安全。

2. 废轮胎制胶粉

(1)胶粉制造工艺

废旧轮胎中除橡胶以外，还含有20%～30%的金属、纤维等非橡胶类物质。要用废轮胎制造胶粉，就必须去除这些非橡胶类物质。胶粉的生产工艺一般有两个目的：先将废旧轮胎切割成块状，然后粉碎成胶粉；同时分离出钢丝、织物等组分。

胶粉的生产有多种分类法，按加工温度可分为常温法、低温法及常、低温并用法；按加工状态可分为干法和湿法；按粉碎设备可分为辊筒法、磨盘法、锤式粉碎法、螺杆挤出法、高压水冲击法、高压推进刃具切割法、打磨法等。胶粉的生产方法对其性状有明显影响，一般来说常温粉碎胶粉径较大(0.3～1.4mm)，低温粉碎胶粉粒径较小(0.075～0.30mm)。下面介绍两种常见的胶粉制作工艺。

①常温辊轧法。常温辊轧法，也叫常温辊筒法。此法分粗碎及细碎两道工序。粗碎采用1～2台粗碎辊筒粉碎机，配有振筛及磁选装置，分离金属后获得约20mm粒径的粗胶粉，更粗的胶粉返回粗碎辊筒。细碎采用大速比高剪切的细碎辊筒粉碎机，经多次磁选除金属、风选除纤维，筛选分级制得粒径为0.5～1.5mm的胶粉。生产工艺流程见图5-54。

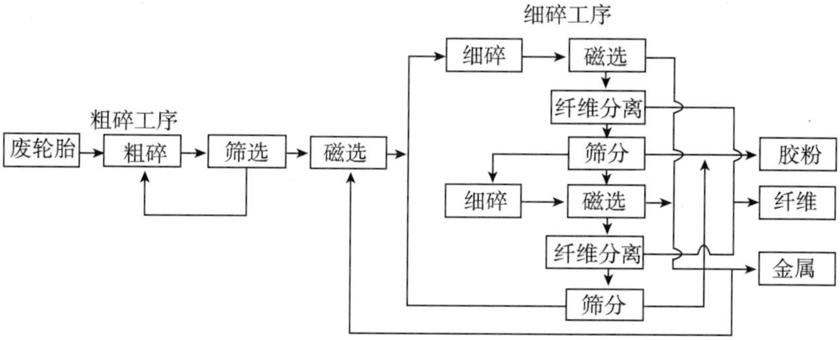

图5-54 废轮胎常温辊轧法工艺流程

②低温粉碎法。废轮胎先切除胎圈，分割成块或轧碎成片，用液氮冷冻后用锤式(冲击式)粉碎机或辊式粉碎机粉碎。简要工艺流程见图5-55。低温粉碎法的冷冻介质是液氮，因此生产成本比较高。可以根据产品的粒度要求，控制液氮使用量，以降低成本。

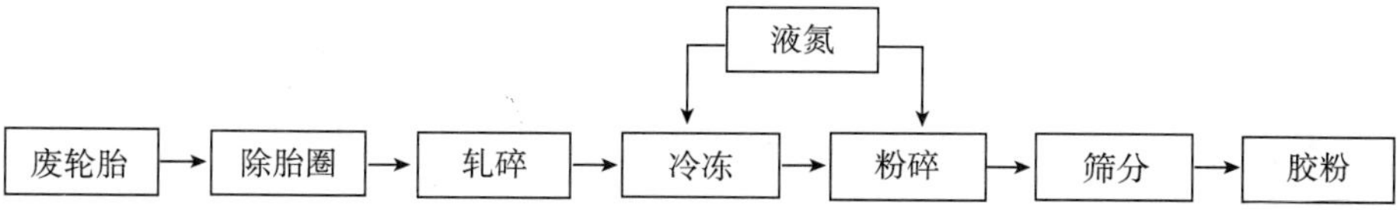

图5-55 废轮胎低温粉碎生产工艺流程

(2)胶粉的应用

胶粉生产科技含量高，市场潜力大，具有广阔的发展前景。其应用领域主要包括：

①化工、轻工领域。废旧轮胎再生精细胶粉可以应用于汽车轮胎生产，不仅作

为一种补强剂和填充材料，而且可以使汽车轮胎的性能得到大幅度提高。废旧轮胎再生精细胶粉还可用于生产自行车车胎、橡胶运输带、橡胶鞋底等橡胶制品。

②建材领域。以胶粉为主要原料的橡胶砖、橡胶地板、胶粉地毯、塑胶跑道、塑胶草坪等在欧美国家已经非常盛行。这些产品的特点是，价格低廉、防滑，充分发挥橡胶的特性，如性能稳定、不怕酸碱腐蚀、不怕霉烂虫蛀，不受气候影响等，因此越来越受到用户的青睐。美国白宫院内的人行道全部是用胶粉铺设的。

③交通领域。胶粉改性沥青是以基质沥青和轮胎橡胶粉为原料，采用高新技术和先进工艺生产而成的一种路面铺设新型材料。产品适用于各种等级的公路路面铺设，并完全满足高速公路的建设要求。该产品具有以下优点：降低行车噪声；提高沥青的黏度，具有更好的封水性能；橡胶沥青良好的低温性能，在寒冷地区将会明显减少路面开裂，降低道路修建费用；抗老化、抗疲劳性能明显提高，从而延长路面的使用寿命。

3. 废轮胎生产再生橡胶

废轮胎生产再生橡胶是指废旧硫化橡胶经过粉碎、加热、机械处理等物理化学过程，使其从弹性状态变成具有塑性和黏性的、能够再硫化的橡胶。再生过程的实质是：在热、氧、机械作用和再生剂的化学与物理作用等的综合作用下，使硫化胶网络破坏降解，断裂位置既有交联键，也有交联键之间的大分子键。

在 1990 年以前，国内再生橡胶生产基本停留在油法、水油法等 20 世纪 50 年代的技术水平上，生产工艺、装备几十年不变。其中，油法因产品质量低，生产不稳定而逐渐被淘汰；而水油法工艺虽优于油法，但生产中产生大量工业废水严重污染环境，造成二次污染。基于我国再生橡胶生产的落后状况，1994 年研究成功了新的橡胶再生工艺“废橡胶动态脱硫新工艺技术”。该技术主要由胶粉快速搅拌机、动态脱硫罐、载热体燃煤炉和尾气净化装置组成，其中载热体燃煤炉采用导热油为介质，不但满足了生产需要，还可节约能源三分之一。“废橡胶动态脱硫新工艺技术”彻底改变了我国落后的、污染严重的再生胶生产工艺，推动了废橡胶综合利用行业的再次发展。目前，我国再生橡胶生产已有 90%以上采用“动态脱硫”工艺。

在废轮胎橡胶的利用上，虽有专家指出，我国再生胶工业的发展方向是废旧橡胶利用胶粉化。但再生胶的道路并没有走到尽头。应该说胶粉并不是废橡胶利用的唯一途径，再生胶也是废橡胶利用的必要和不可缺少的方法。再生胶有着胶粉所不可比拟的优点：①再生胶具有塑性，而胶粉不具有。胶粉仅能通过表面改性的方法，使其表面具有一定的活性。②再生胶的使用范围广。胶粉仅可作为原材料来投放市场，而再生胶既可作为原材料，又可通过直接做成制品来投放市场。③再生胶价格低，人们在工艺过程中，可用其代替部分原生胶来降低成本。

4. 废轮胎能源利用

废橡胶轮胎的燃烧热值为29000～37000kJ/kg，要比煤的燃烧热值(29000kJ/kg)高，而且水分和灰分含量低，所以废轮胎适合作为燃料来焚烧回收能源。特别是废旧轮胎的收购价格非常低廉，在某些国家甚至是倒贴处理费，在煤、石油等常规能源日益短缺的情况下，废旧轮胎转化为燃料，是一个具有战略意义的举措。废轮胎的能源利用一直是欧美日等发达国家的主要利用方式。从2005年到2010年，日本产生的废轮胎中用于能源利用的废轮胎比率从52%上升到60%。2007年，美国用于能源利用的废轮胎比率为53%。西欧国家的废轮胎也不同程度的作为燃料进行能源利用。废轮胎能源利用的途径和领域主要有以下几个：造纸、水泥制造、电力、工业锅炉、金属冶炼等领域，还包括热分解以回收燃料气、燃料油等产品。

(1)造纸业

废轮胎作为煤、汽油等常规燃料物质的替代燃料用于造纸业锅炉是美国、日本最主要的能源利用方式，并且这种能源利用方式有逐步上升的趋势。如美国2005年有24个造纸业锅炉共消耗53.9万t废轮胎，而2007年有32个造纸业锅炉消耗了106.7万t废轮胎。

(2)水泥制造

废旧橡胶轮胎经粉碎后与煤、石油混烧，可用于焙烧水泥。废旧轮胎用于烧制水泥，生产过程中焙烧温度可在极短的时间内达2000℃，轮胎中的硫黄、钢丝在烧制过程中转变为石膏及氧化铁，与其他燃烧残渣一起成为水泥的组成材料，并不影响水泥的质量，不产生黑烟、臭气和二次公害。在美国、日本、西欧等国家，废轮胎作为燃料用于水泥制造是仅次于造纸业的能源利用方式。

(3)发电厂燃料

把废旧橡胶制品粉碎后与煤、石油、焦炭等混合作为发电用的燃料。2007 年美国有 14%的废轮胎用作发电厂燃料。

(4)工业锅炉的燃料

回收废橡胶产生的热，制温水或蒸汽，可用于供暖或发电。例如日本住友橡胶工业公司 1994 年在日本福岛县安装的用废轮胎作燃料的锅炉，处理废旧轮胎 750kg/h，发电能力为 630kW，还可供蒸汽 5.5t/h。

(5)作为垃圾焚烧厂辅助燃料

据报道，2007 年美国有 8 个垃圾焚烧发电设施对废轮胎进行焚烧。但由于一般的垃圾焚烧厂主要是针对热值相对比较低的城市生活垃圾，对于高热值的废轮胎，在焚烧过程及后续的能源利用方面都有一定的不适应性。因此，只有当所需要焚烧的垃圾热值很低需要添加辅助燃料时或是焚烧厂的焚烧能力远大于实际垃圾焚烧量时，才考虑焚烧废轮胎。

(6)热分解

将废旧轮胎粉碎后投入热解炉，在 500℃～1000℃隔绝空气(或少量空气)的条件下进行分解，热解产物有气体、衍生油、炭黑及固体残渣，各成分含量随热解方式、热解温度、轮胎种类的不同而不同。热分解气体主要包括一氧化碳、氢气、氮气及少量甲烷、乙烷和硫化氢气体，热值与天然气相当，可以当燃料使用。热解衍生油可做燃料，发热量在 40kJ/kg 左右，也可用于生产高质量的代用汽油。

目前废轮胎的热解技术在日本发展较快。2010 年，日本有 5%的废轮胎被热解处理。以兵库县的新日本广钿制铁厂开发的废旧轮胎处理技术为例，该技术将废旧轮胎破碎后，在外热式干熘炉内进行干熘，烟气冷却后产生的燃气、重油和轻油，都作为燃料返回炼钢厂使用。分离出来的钢丝等又可作为炼钢原料。该厂年消纳废旧轮胎 6 万 t，气化过程中产生轻质油 8000 吨/年，重质油 14000 吨/年。

5. 市政工程应用

根据各种用途，将废旧轮胎切割加工成各种形状的橡胶制品，如港口码头、墙壁等用于抗击碰撞物品、建筑用地铺路用品等。2007 年，美国有 12%的废轮胎用于市政工程的建设。

第十一节　电子废物再生利用技术

电子废物俗称电子垃圾(E - waste)。联合国环境署(UNEP)对电子废物的定义为：电子废物是指各种老化了的，已经终止使用并且对所有者来说已不具备使用价值的电子和电器产品或设备。一般来讲，电子废物是指被遗弃的电子产品以及其中的电子配件、组件或消耗品。随着科技的发展，电脑、手机、电视等设备日益普及，且其更新换代的速度也日益加快。人们在充分享受高科技带来的方便舒适之余，也随之产生了大量的电子垃圾。

一方面，电子垃圾中富含金、银、镍等贵金属，还含有铁、铝、铜、塑料等其他可再利用的资源物质；另一方面，电子垃圾中的某些有害物质如铅、汞、铬、镉、溴化阻燃剂等，在处理不当的情况下会严重污染土壤、河流、地下水、大气，危及人体健康。所以，电子废物的循环再利用无论是从经济效益还是从环境效益的角度来看，都具有非常重要的意义。

随着对电子垃圾认识的提高，一些国家和地区逐步制定了相关法律法规用以规范电子垃圾的回收及处理处置。在法律束缚下，一些电子产品制造者为了逃避电子废物处理责任，将大批的电子垃圾出口到环境政策相对宽松的欠发达国家和地区，如我国的浙江台州、广东潮汕地区。在这些地方，电子垃圾的回收处理都是由一些小作坊完成，由此引发的很多社会及环境问题已引起全球的关注。

一、电子废物的来源及其特点

1. 电子废物的来源

电子废物首先来源于人们日常生活和办公过程中产生的已经损坏或者被淘汰的坏旧电子电器设备，同时也来源于工业制造和工业生产过程中产生的电子电器废品。具体来说有以下四个主要来源：

①日常生活。包括电视机、洗衣机、冰箱、空调、固定电话、手机、电脑、音响设备、微波炉、烤箱、电子玩具等。

②办公。包括电脑、打印机、复印机、扫描仪、传真机、电话等，其中废旧电脑所占比例最高。

③工业制造。包括集成电路生产过程中的废品、报废的电子仪表等自动控制设备等。

④工业生产。包括医疗电器设备、电子测量和监控仪器及电子计算机应用产品等。

需要指出的是，本书所涉及的电子废物只包括日常生活中和办公过程中产生的电子废物，不包括工业制造和工业生产领域产生的电子废物。因此，以后有关电子废物的数据除非特别说明，一般指的是日常生活和办公过程中的产物。

2. 电子废物的特点

(1)数量大

电子工业的高速发展及市场膨胀是电子废物高速增长的主要原因。技术进步加快了电子产品的推陈出新，缩短了电子和电器产品的生命周期。电子产品在科学技术各个领域的作用日益重要，也加速电子废物的数量的增长。根据绿色和平组织的数据，在发达国家，电脑的平均寿命减少了 4 年，由 1997 年的 6 年缩减至 2005 年的 2 年；而手提电话的寿命一般少于 2 年。据统计，世界范围内每年产生的电子废物有2000万～5000万t，这些电子废物占城市垃圾总量的1%～2%，并且这一比例还有增加的趋势。

(2)增长速度快

电子产品使用范围的扩大和使用寿命的缩减使电子废物的增长的速度高于其他任何一类城市固体废物增长速度。2005年《商业周刊》的一篇报道提到，“尽管在欧洲，电子产品废弃物只占到所有固体废弃物的2%，但它的增长速度却是其他固体废弃物的2～3倍”。

(3)成分复杂

与塑料、报纸等单组分废物不同，电子废物由1000多种组分组成，大体上包括塑料、玻璃、铁和钢、陶瓷、橡胶、非铁金属等。非铁金属包括铝、铜、镍、铅、铬、镉、汞、砷等。其中铁和钢是电子废物中含量最高的一类，其次是塑料。如一台电脑由53.3%的铁、23.3%的塑料、15%的玻璃、17.3%的电子元件、8.4%的非铁金属以及少量的其他组分组成。

(4)含有危险性物质

电子设备中往往含有一定量的危险性物质。如印刷线路板和电视机或电脑显示器中的阴极射线管(CRTs)一般含有铅金属。据统计，每个CRTs平均含有1.8kg铅。其他的电子设备如电脑主机、键盘等含有铬、镉、汞、砷等重金属。此外，用于电子设备的塑料中一般含有溴化阻燃剂。这些危险性物质的存在使电子设备在回收利用、处理处置过程中易对空气、水体、土壤以及人体健康造成危害。

(5)处理困难

电子废弃物潜在价值非常高，但由于电子垃圾成分复杂、且含有大量有毒、有害物质，要想实现电子废物的资源化、无害化处理，需要先进的技术、设备和工艺，也需要较高的投资。因此许多发达国家将电子垃圾转移到欠发达地区进行低成本处理，给这些国家和地区造成严重污染。

二、国外电子废物管理现状

1. 日本

(1)立法方面

日本于1998年实施了《家电再生利用法》，其目的是通过实施能够妥善并有效推动由零售商和制造商等对家电产品废物的收集、再商品化等的措施，保证废弃物的适当处理和资源化利用。该法的对象产品包括空调、电视机、电冰箱/冷冻柜、洗衣机/衣类干燥机四种产品。废家电的再商品化手段包括从对象产品的废弃物中分离零件和材料后，将其作为新产品原材料或零件而利用；还包括从对象产品的废弃物中分离零件和材料后，将其作为燃料而利用。《家电再生利用法》规定，必须收集由自身制造或进口的经过消费而废弃的家电，安排适当的收集场所，并负有再生利用的责任。零售商的责任是回收废旧家电，并将其运送给制造商或指定的处理中心。消费者在废弃家电时，必须支付清运及再生利用的费用。消费者每废弃一台空调的费用是3675日元，冰箱/冷冻柜为4830日元，电视机为2835日元，洗衣机/衣类干燥机为2520日元。

(2)回收及再商品化方面

家电的回收方面，日本采取的是生产者责任组织(PRO)的回收模式，即“消费者－生产者责任组织－生产者”。例如，日本成立了由最大的家电生产商索尼、三菱电机、日立、三洋、夏普、富士通等15家公司联合组成的生产者责任组织绿色循环(GreenCycle)公司，该公司统一回收、处理各责任企业的废旧家电，规模化的回收和处理形成了日本低成本、高效率的家电回收处理系统。表5-13为日本《家电再生利用法》实施以来的空调、电视机、冰箱/冷冻柜、洗衣机/衣类干燥机的回收情况。对于回收来的废家电，由家电制造业者或其他家电再生利用业者进行再商品化处理，回收其中的铁、铜、铝、玻璃、塑料等有价值的材料。2010年，日本空调、CRTs电视机、液晶/等离子体电视机、冰箱/冷冻柜、洗衣机/衣类干燥机的再商品化率分别为 88%(法定基准 70%)、85%(同上 55%)、79%(同上 50%)、76%(同上 60%)和 86%(同上 65%)。括号内的数值为日本 2008 年公布的关于废家电再商品化率的新法定基准。

表 5-13　2001—2010 年日本废家电回收量统计表

单位:万台

年份	空调	CRTs 电视机	液晶和等离子体电视机	冰箱/冷冻柜	洗衣机/衣类干燥机	合计
2001	133	308	–	219	193	853
2002	164	352	–	257	243	1016
2003	158	355	–	266	266	1045
2004	181	378	–	280	281	1120
2005	199	386	–	282	295	1162
2006	183	413	–	272	294	1162
2007	189	461	–	273	288	1211
2008	197	537	–	275	282	1291
2009	215	1032	22	301	309	1879
2010	314	1737	65	340	314	2770

数据来源:日本环境省

2. 西欧

2003 年欧盟颁布了《欧盟电子废物管理法令》。欧盟电子废物管理法采用了生产者延伸责任制 (Extended Producer Responsibility,EPR),中心思想是使电子产品生产商在产品的整个生命周期内承担责任。这部法律要求生产商在产品设计阶段就采取环保型设计,当电子产品的使用寿命结束后,生产者还需对其废弃电子产品承担回收和资源化责任。该法还规定成员国政府负有制定措施、监督检查和汇报等责任,消费者负有分类收集一定数量的电子废弃物和为回收处理提供方便的义务。

欧盟电子废弃物管理法是一部全面、细致、严谨、科学的专项法律法规,由于还有一系列的环境、卫生和安全等法律条例作为支撑,因此该法律具有较强的实用性和可操作性。

3. 美国

(1)立法方面

虽然美国政府对电子废物的回收再利用采取鼓励的态度,然而目前美国并没有出台与电子废物处理处置相关的国家级环境标准,即电子废物可以和一般城市固体废物一样填埋或焚烧(阴极射线管除外)。出于对电子废物填埋、焚烧、或不规范的拆解再利用过程中可能引起的环境和人体健康问题的考虑,美国的一些州或地区开始对电子废物的管理采取新的政策。截至2009年,美国有20多个州通过了电子废物法案或议案,建立了州范围内的电子废物回收管理计划。

美国电子废物回收管理计划有两种模式:消费者责任和生产者责任。消费者责任指的是消费者在购买电子商品时需要支付额外的电子废物回收处理的费用;而生产者责任是指生产者对废弃的电子废物负责,负担产品的回收、运输和处理费用。美国除加州外,其他实行电子废物管理的州都采用生产者责任制度。这些法律的实施在一定程度上促进了电子产品制造企业对其生产的产品进行回收,以电脑行业为例,IBM、Dell等电脑知名企业都形成了自己的回收方式。如IBM通过向消费者收取30美元邮寄费用的方式回收废旧电脑,还有其他一些企业通过购买新电脑则免费回收旧电脑的形式回收废旧电脑。

(2)回收及再商品化方面

根据美国环保总局关于城市固体废物的统计数据,2009年美国共产生320万t消费者电子废物(包括电视机、VCR、DVD播放机、个人用电脑、运动器材、摄影机、卡式录影机、电话等),占城市固体废物总产生量的1.3%。产生的消费者电子废物中有60万t得到了回收再利用,回收利用率为18%。其中,电脑、电脑显示器和电视是回收比例较高的电子废物,三者占回收的电子废物总量的80%以上。

总体来说,美国对电子废物的回收利用率并不高,究其原因,首先在于美国本土并没有足够的电子废物处理设施,很多电子垃圾被运输到国外进行处理或再利用。

4. 电子废物的出口

美国和日本等国家电子废物回收处理相关法律政策的实施“迫使”一些电子产

品制造商把生产基地向发展中国家转移，相应的电子垃圾的回收和再利用也被转移到这些国家和地区。尽管“巴塞尔公约”明确禁止危险废物的越境转移，但电子垃圾的非法进出口情况依然存在。在美国，电子废物的出口甚至是合法的。据美国 EPA 估计，2005 年美国有 61%CRTs 电视机在国外被翻新或再制造成新电视，还有 14%CRTs 电视机被国外的玻璃回收厂回收制成玻璃材料。

十分具有代表性的就是我国汕头地区的贵屿，作为电子垃圾集中处置场所，很多外国电子垃圾被运到此地。这些电子垃圾落后的再利用方式对当地的环境和人体健康造成严重危害。一份 2009 年的调查报告显示，贵屿空气中二恶英浓度比参比值高 12～133 倍，地表水铜含量比参比值高 2.4～130 倍。参比值指的是，在距离贵屿一定距离的、没有电子垃圾污染的地区进行取样测定的浓度值。

三、国内电子废物管理

1. 电子废物的产生

我国既是电子电器产品的生产大国也是消费大国。2008 年我国生产电视机 9015 万台，电冰箱 4600 万台，洗衣机 3900 万台，空调 6850 万台，电脑 1 亿 3800 台，打印机 6167 万台，手机 6 亿台。目前国内每年废弃的电器电子产品超过 1 千万台。此外，国外的电子废物走私流入我国废物市场，使我国电子废物的管理更加困难。

2. 电子废物的回收

目前我国废旧电子电器产品的流向主要有三个：

一是通过走街串巷的小商贩上门回收或者通过生产厂家、销售商“以旧换新”等方式回收后，流入旧货市场，销售给低端消费者。

二是拆解、处理，提取贵金属等原材料。目前的环境污染问题主要集中在第二个流向中，即由于一些地方存在为数众多的拆解处理废弃电子电器产品的个体手工作坊。它们为追求短期效益，采用露天焚烧、强酸浸泡等原始落后方式提取贵金属。随意排放废气、废液、废渣，对大气、土壤和水体造成了严重污染，并对人类健康造成危害。

三是交给电子产品生产企业设立的电子废物回收处理系统或交给第三方设立的正规的电子垃圾回收处理机构进行规范化的回收处理。例如,由中国移动通信联合摩托罗拉、诺基亚、波导、LG、联想、NEC、松下、夏新在全国中国移动营业厅与8家企业的销售、服务中心开展的“绿箱子环保计划”,专门用于回收废弃手机和配件,再由主办方委托有环保资质的专业电子垃圾回收处理企业进行无害处理。截至2008年年底,绿箱子计划在全国回收废弃手机及配件135万余件。

3. 电子废物管理法律体系的建立

目前,中国电子废物管理法律体系正在建立,并取得一定进展:

2006年颁布的《电子信息产品污染控制管理办法》,其目的在于电子废物的源头污染防治。

2007年颁布《再生资源回收管理办法》,目的在于规范废弃电子产品的回收管理。

2006年颁布的《废弃家用电器与电子产品污染防治技术政策》以及2007年颁布的《电子废物污染环境防治管理办法》,主要是为了规范电子废物拆解、利用、处置等活动。

2010年颁布的《废旧家用电器回收处理管理条例》体现了“生产者延伸责任”,即生产者及其销售渠道回收其废弃产品;设定了处理资格许可制度,即取得电子电器产品处理资格的企业对废弃电子电器产品进行拆解、提取原材料和按照环保要求进行最终处置,即集中处理制度;要求生产者使用无毒或低毒低害以及便于回收利用的材料,体现了“清洁生产”的原则。

2010年国家发展改革委会同环境保护部和工业和信息化部组织制定了《废弃电器电子产品处理目录(第一批)》,《目录》包括电视机、电冰箱、洗衣机、房间空调器及微型计算机五类产品。

此外,针对电子垃圾的进口问题,2000年国家环保总局和海关总署发文禁止进口废旧电脑及显像管、废复印机等11种废旧电器,2002年,禁止进口的废旧电器种类又上升为21种。

4. 管理体系存在的主要问题

我国已在北京、天津、青岛、南京、无锡、上海、杭州、顺德等地建设了一批正规的电子垃圾处理厂，但大多数处理厂面临“无米下锅”的难题。主要原因是电子废物无害化处置过程工艺复杂、成本高；而那些中小企业只回收电子垃圾中的有价值物质，不注重环保要求，回收费用低。因此，这些正规的处理厂根本没有办法与这些小企业竞争。面对这种情况，企业都呼吁“政府相关政策的出台”。

四、电子废物的再生利用技术

电子废弃物的回收处理工艺最主要的是机械处理，机械处理不需要产品干燥和重金属污泥的处置等问题，而且还可以在设计阶段将可回收利用的性能融入产品中，因而具有一定的优越性。除机械处理外，火法冶金，湿法冶金、微波回收法等工艺也在电子废物的处理过程中有所应用。

1. 机械处理工艺

机械处理最早出现于20世纪70年代末美国矿产局（USBM）有关物理方法处理军用电子废物的尝试，通过锤磨、磁选、气流分选、电分选和涡流分选等冶金加工技术实现了初步的回收处理。同一时期，一些欧洲国家也开始了相关的机械处理研究。20世纪90年代后，机械处理方法不仅在美国和欧洲得以实施，在日本、新加坡、中国台湾及大陆地区都已经开始研究，并进入了工业规模的应用阶段。机械处理的工艺单元主要包括拆卸、破碎和分选。

(1)拆卸

拆卸是按照一定步骤，从电子废物中拆除某些部件或者分解为它的各个部分。其重要性体现在：对高价值、高品位零部件的再利用，如印刷线路板、电缆等；对有价值组分的材料再利用，如冰箱的金属外壳等；对有害部件的分离；简化后续处理工艺，降低处理成本。

拆卸包括安装拆卸和单体(或单体内部特殊部件)的拆卸,目前这两种拆卸一般由人工完成。在分体空调、冷冻柜的安装拆卸中,可现场回收设备残余制冷剂。单体的拆卸工作中,可实现塑料、金属外壳、印刷线路板、电动机等部件的分离,同时也可实现阴极射线管、水银开关、老式电容器等含较多危险废弃物部件的分离。其中,印刷线路板和阴极射线管是整个电子废物处理的核心。而印刷线路板和阴极射线管的进一步拆卸工作,随着废线路板数量的增多及结构的复杂化和操作人员安全问题,必须考虑拆卸效率的问题,因此采用自动化的拆卸方法更能适应发展的需求。

日本 NEC 公司开发了一套自动拆卸印刷线路板电子元件的设备。这种设备利用红外加热和分别利用垂直、水平方向冲击力作用的两级去除方式,使穿孔元件和表面贴装元件无损脱落。然后再结合加热、冲击与表面剥蚀技术,使印刷线路板上 96%的焊料脱离。脱离的焊料用作精炼锡、铅的原料。德国的 FAPS 开发的自动拆卸工艺采用与印刷线路板表面贴装相反的方式进行拆卸:先将印刷线路板放入加热融化的焊料中去除焊料,再用一种 SCARA 机械装置根据元件形状分拣出不同的电子元件。

(2)破碎

破碎程度不仅影响到破碎系统的能耗,也会影响后续的分选效果。常用的设备主要包括锤碎机、锤磨机、切碎机和旋转破碎机等。对于拆除元件后的废印刷线路板,采用具有剪、切作用的常温破碎设备可达到较好的离解效果。除常温破碎之外,利用液氮的低温脆化破碎工艺应用也很广泛。低温破碎工艺可以提高回收金属的纯度,但液氮冷却操作费用较高,其经济性取决于回收效率的高低。研究发现,破碎粒径达到 0.6nm 时金属基本可实现 100%的解离,但实际的破碎粒径还要视后续分选工艺而定。需要注意的是,废印刷线路板的破碎过程会产生大量富含玻璃纤维和树脂的粉尘,此外,溴阻燃成分主要集中在 0.6nm 以下的颗粒中。因此,破碎过程必须注意除尘和通风。

(3)分选

分选阶段主要利用电子废物中各种材料的磁、电特性、密度以及外观视觉颜色的差异进行分选。

①电选和磁选技术。电子废物破碎后，可利用传统的磁选机将铁磁性物质分离出来。除传统磁选机之外，涡流分选机（也叫涡电流分选机）现已广泛应用于从破碎的电子废弃物中回收非铁金属。涡流分选机是利用涡流电力分离金属和非金属的方法，特别适用于轻金属与密度相近的塑料（如铝镁与塑料）之间的分离，但此法对进料的形状、表面平整性、粒径有较高的要求。静电分选也常用于分离非铁金属和塑料，研究表明当进料粒径均匀时可达到较好的分选效果。

②密度分离技术。风力分选机及旋风分离器可分选塑料和金属，还可进一步分选铜和铝，但该工艺的稳定性受进料影响较大。此外，用于选矿的风力摇床（重力分选机）已成功地应用于电子废物的商业化回收。颗粒在气流作用下分层，下层的重质颗粒受板的摩擦和振动而向上移动，上层的轻质颗粒则由于板的倾斜度而向下漂移，从而完成金属和塑料的分离。该工艺同样也对进料粒径有所要求，进料粒径和形状相差太大，则不能实现有效分层。因此，电子废物破碎后必须采用窄级别物料筛分后才能采用该分选工艺。

③视觉差异分选技术。近年来随着半导体成像识别和自动化机械控制技术的长足进步，自动视觉差异分选技术在日本等国的电子废物商业回收中得到了成功的应用。如图 5-56 展示的日本电子废物中塑料回收流程中就包含视觉差异分选的运用。

废家电等电子废物经过手工拆卸、破碎、重力分选、静电分选后，得到 PP、PS、ABS 三大类包含溴化阻燃剂的塑料碎片。每类塑料碎片分别经过有 X 射线和半导体检测器的传输带，系统电脑通过半导体检测器的信息，识别含有溴化阻燃剂等有害物质的塑料碎片，并操作气枪喷嘴分离出识别的塑料碎片。分选后的塑料经过抽样分析确认合格，便可以安全回收再利用。同类的视觉差异分选技术也被应用于不同种类金属碎片的分选回收（如铜与铝等），也取得了较好的分选效率和经济效益。

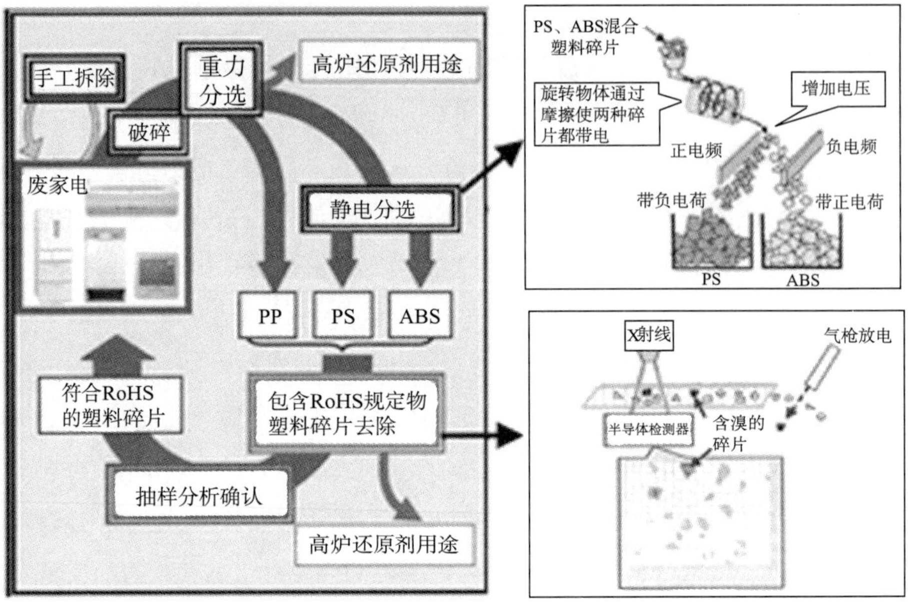

图 5-56　日本废家电中塑料的再生利用流程图(图片来源:2010 年日本家电回收年度报告书)

2. 其他处理工艺

(1)火法冶金回收法

火法冶金回收法是通过焚烧、等离子电弧炉或高炉熔炼、烧结或熔融等火法处理手段去除电子废物中塑料及其他有机成分而使金属得到富集并进一步回收利用的方法。本方法主要包括焚烧、热解两种类型。火法冶金回收可以处理所有形式的电子废弃物,回收的主要金属包括金、银、钯等贵金属以及铜等贱金属,且这些金属的回收效率较高。但火法冶金易造成有毒气体的逸出,此外电子废弃物中的陶瓷及玻璃成分使炉渣量增加、易造成某些金属损失于其中而无法回收,并伴随大量的非金属成分损失。

(2)湿法冶金回收法

湿法冶金回收法利用电子废物中的绝大多数金属(包括贵金属和贱金属)能在硝酸、硫酸、王水等介质中溶解而进入液相的特点、使绝大部分贵金属和其他金属进入液相而与电子废物中的非金属物料分离，然后从液相中回收贵金属和其他贱金属。该方法主要是通过电解来回收印刷线路板中的金属。与火法回收技术相比，湿法回收技术的优点是：废气排放少、回收得到的产品是单一的金属，经济效益显著。但湿法回收技术的化学试剂消耗量大，工艺复杂，产生的废水、污泥量大。

(3)微波回收法

微波法是将印刷线路板粉碎后放入坩埚中用微波加热，使其中的有机物分解挥发。再加热到1400℃左右使余下的废料熔化形成玻璃状物质。将玻璃状物质冷却，其中的金、银及其他金属便以小金属珠的形态分离出来，剩余的玻璃质物质可以回收用作建筑材料。

3. 清洁生产

开展清洁生产是当今世界工业与环境协调发展的产业政策，清洁生产也是环境管理由末端治理转向源头控制的新的环境管理策略。电子工业行业应率先开展清洁生产，从源头控制电子废物的产生和污染。电子行业的清洁生产主要是通过替代或减少有害物质的使用量、或使用便于回收利用的材料等途径，降低电子废物的环境污染，促进资源的循环再利用。世界各国包括中国的电子废物管理法律法规大都体现了清洁生产的原则。

日本是电子产品污染控制管理成功的国家之一。如NEC公司，该公司设立了生态管理委员会和专门的车间，负责产品环境友好要求设计与材料选择工作，负责生产过程废物的减少和废物的分类、回收和再生利用的研究与运行。再比如，荧光灯管中通常会使用一定量的汞，日本通过发展新技术，使每个荧光灯管中汞的使用量从1974年的50mg－Hg降低到2002年的10mg－Hg。因为目前并没有找到任何其他更经济有效的物质来代替汞在荧光灯管中的使用。

我国虽已于2003年颁布实施了《清洁生产促进法》，但是我国电子行业的清洁生产尚属起步阶段。据报道，中国移动公司开展的SIM卡绿色消费体系，创新性开展了用料更少，更环保的新型SIM卡小卡化工程。据测算，卡体原材料可节能50%并实现零排放、卡体印刷颜料可节约70%以上、外包装节能达45%、物流仓储环节可节能50%以上。

总体来说，必须对电子产品实行“生命全过程管理”，即从源头上对电子电器产品实行清洁生产到末端对电子废物进行有效回收再利用，才能真正解决电子废物产生的污染，实现电子工业的持续发展。

第十二节　医疗废物处理技术

一、概述

1. 医疗废物的定义

根据国务院颁布的《医疗废物管理条例》，医疗废物是指“医疗卫生机构在医疗、预防、保健以及其他相关活动中产生的具有直接或者间接感染性、毒性以及其他危害性的废物”。此外，“医疗卫生机构收治的传染病人或者疑似传染病人产生的生活垃圾，按照医疗废物进行管理和处置”。我国在《危险垃圾名录》中将医疗废物列为1号危险垃圾。

2. 医疗废物的分类

从医疗卫生机构产生的废物一般分为两类，一般性废物和危险性废物。一般性废物主要产生于医疗机构的行政管理或后勤部门，维修医疗设备时所排放的废物也在此范围，该类废弃物一般作为普通城市废物进行处理。而危险性废物指的是被列入《国家危险废物名录》中的“与医疗机构有关的医院临床废物、废药物、废药品、感光材料废物、废酸、废碱等”废弃物。通常我们所说的医疗废物指的是医疗机构产生的具有危险性的废物。根据卫生部、国家环保总局印发的《医疗废物分类名录》，医疗废物的分类如表5-14所示。根据世界卫生组织（WHO）1999年对亚洲发展中国家医疗废物组成的统计报告，医疗废物中80%为一般性废物，15%为感染性和病理性废物，3%为药物性和化学制品性废物，1%为锐器性废物。

表5-14　危险性医疗废物的分类

序号	危险医疗废物名录	描述举例
1	感染性废物	携带病原微生物具有引发感染性疾病传播危险的医疗废物：被病人血液、体液、排泄物污染的物品；医疗机构收治的隔离传染病病人或者疑似传染病病人产生的生活垃圾；病原体的培养基、标本和菌种、毒种保存液；各种废弃的医学标本；废弃的血液、血清；使用后的一次性医疗用品及一次性医疗器械
2	病理性废物	诊疗过程中产生的人体废弃物和医学实验动物尸体等，包括人体组织、器官、肢体、胎儿、畜体等
3	锐器性废物	能够刺伤或者割伤人体的废弃的医用锐器：包括针头、皮下注射针头、解剖刀及其他刀具、注射设备、锯、碎玻璃以及钉子等
4	药物性废物	过期、淘汰、变质或者被污染的废弃药品：废弃的一般性药品，如抗生素、非处方类药品等；废弃的细胞毒性药物和遗传毒性药物，如致癌性药物硫唑嘌呤；废弃的疫苗、血液制品等
5	化学制品性废物	具有毒性、腐蚀性、易燃易爆性的废弃的化学物品：包括医学影像室、实验室废弃的化学试剂；废弃的过氧乙酸、戊二醛等化学消毒剂；废弃的汞血压计、汞温度计等

3. 医疗废物的对人类及环境的危害

与一般生活垃圾相比，医疗废物对人类和环境的危害更大：化学性医疗废物具有毒性、腐蚀性、易燃易爆性；废弃的医用器械有可能损害或割伤人体；而携带病原微生物的医疗废物可引发传播感染性疾病。根据国家卫生部门的医疗检测报告表明，医疗垃圾的病毒、病菌的危害性是普通生活垃圾的几十、几百甚至上千倍，具有空间污染、急性传染和潜伏性污染等特殊性，对于人们的健康的危害和生态环境的污染是不容忽视的。

在医疗服务机构中，所有面对医疗废物的个体都处于潜在的风险之中，包括产生危害性医疗废物部门的有关人群：内科医生、护士、医疗辅助人员及医院维护人员，以及在医疗机构内或在家庭接受保健的病人。此外，在医院，许多工作人员虽不在此类机构内，但由于医疗废物的无序管理，使这些人群也有可能属于此风险范围内的高危人群，如医疗保健机构内从事洗涤、废物处理及运输等辅助性工作的工人。在任何一个医疗服务机构，护士及勤杂人员都是受到伤害风险最大的群体。美国环境保护组织向国会提交的关于医疗废物危害的报告中，估算了医疗服务从业人员及医疗废物处理人员由于受感染锐器的伤害而引发乙型肝炎病毒感染的人群数量：其中人数最多的是护士，其次是医院勤杂人员。

医疗废物的危害不仅仅是对医疗服务机构内部人员和其他与医疗废物有接触的人员的危害，医疗废物因其极强的传染性、生物毒性和腐蚀性，排放管理不严或处理不当，会被风扬失或被雨水淋失，造成对水体、大气、土壤的污染及对人体的直接危害。由于各种因素的制约，我国对医疗废物的处置长期重视不够，大部分医疗废物处于简单处置或直接排放状态，相当一部分医疗废物混入生活垃圾直接进入垃圾填埋场，极大地危害了人民群众的身体健康和环境安全。因此，建立健全医疗废物管理制度，完善医疗废物的分类收集、贮存、运输、处理处置和监管体系，实现医疗废物的安全处置，是一项保护社会环境免受危害，维护人民身体健康，防治环境污染的重要措施。

4. 中国医疗废物处理现状及存在的问题

医疗废物的危害性引起了世界各国的高度重视。许多国家通过法律法规对医疗废物的减量化、分类收集、储存、运输、处理处置等各个环节做出明确规定。此外，还十分重视医疗废物的处理技术方面的科研投入。与此相对比，我国还处于比较落后的状态，表现在：

(1)管理体系不完善

虽然我国自2003年“非典”之后相继颁布了一系列的法律法规如《医疗废物管理条例》、《医疗卫生机构医疗废物管理办法》、《医疗废物分类目录》、《医疗废物专用包装物、容器标准和警示标识规定》、《医疗废物集中处置技术规范（试行）》等，使得医疗废物的管理有法可依。但是，我国目前医疗废物的管理体系很不完善，没有实现医疗废物的收集、储存、运输、处理处置的全过程跟踪管理，医疗废物的环境污染问题没有从源头得到控制。

(2)分类收集、贮存、运输体系漏洞较多

医疗废物分类收集是实施医疗废物环境无害化管理的关键环节，但目前在中国大多数医院，尤其是中小城市和偏远地区的医院，医疗废物经常与普通生活垃圾混杂在一起。大城市的医疗废物分类收集工作也处于起步阶段。目前的医疗废物清运任务主要采取承包方式，清运人只负责将医疗废物运到指定地点，不关心是否消毒，与对待普通生活垃圾无异。

(3)无害化处理率有待提高

近年来，一些大中型城市逐步建立起了符合环保要求的医疗废物处理设施，但在小城市和县城的医疗机构根本没有有效的处理设施，大多是简易的土炉子，焚烧不完全，很难起到消毒杀菌作用，又没有安装废气处理装置，二次污染比较严重。

二、医疗废物的分类收集、贮存和运输

由于医疗废物固有的、可能对人类健康和环境产生危害的一些特性，包括化学反应性、毒性、易燃性、腐蚀性及致病性等，在其收集、运输、贮存过程中必须实行不同于一般废物的特殊管理措施。

1. 医疗废物的分类收集

控制医疗废物危害最有效的措施是对其进行合理分类与收集。为有效降低医疗废物可能产生的危害，医疗废物的分类系统应在全国范围内强制实施。医疗废物应实行源头分类，即产生部门应按照《医疗废物分类目录》对其进行分类，且在储存运输过程中应继续对废物进行分类。源头分类首先应该是对医疗机构产生的一般性的废物（75%～90%）和危险性的医疗废物（10%～25%）进行分类收集。因为危险性医疗废物安全处理与处置费用通常比普通废物高 10 倍多，因此所有无危险的废物，可采用与生活垃圾相同的处理方式，用黑色袋子收集。

对于危险性医疗废物，其源头分类工作更加细化。一般的做法是通过不同颜色或标识的包装袋或容器来收集不同种类的废物，如对于强传染性废物采用黄色的、具“高传染性”标识、坚固的防漏包装袋或能进行高压灭菌的容器，而对于锐器，则应该采用具“损伤性废物”标识、防穿透性金属或高密度塑料容器。典型的医疗

废物收集容器如图 5-57 所示。在分类收集的具体操作过程中，还有很多细节问题需要注意，如注射器使用后，使用过的注射器应存放于黄色的有“损伤性废物”标识的容器中，而注射器的包装应与普通废物一起存放。大部分情况下，针头不应从注射器上取下，因为该操作存在伤害风险。

医疗废物的有效分类收集首先要依赖于医务工作人员的积极主动配合，院方可把医疗废物分类工作作为一项业绩考核的指标，并由专门的人员对其进行监督，促进分类工作的顺利进行。

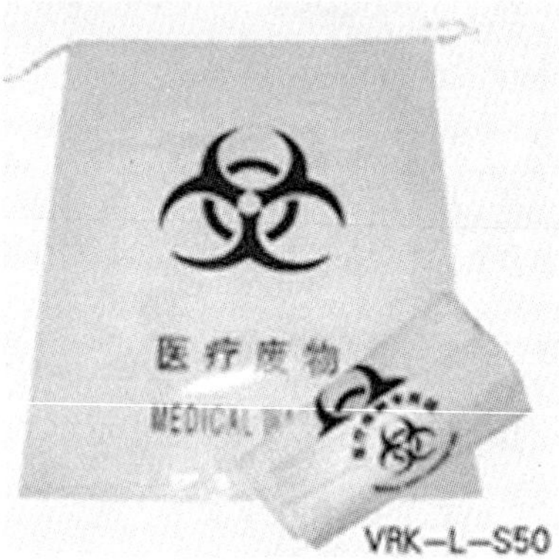

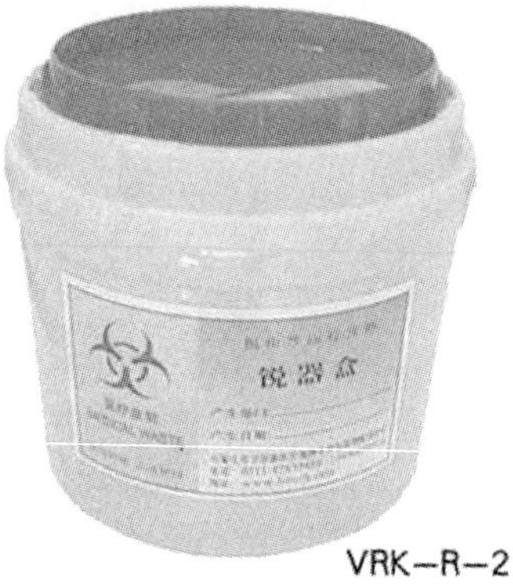

图 5-57　标有医疗废物警示标识和文字说明的医疗废物收集用塑料袋(左)和锐器盒(右)

2. 医疗废物的暂时贮存

《医疗废物管理条例》明确指出：“医疗卫生机构应当建立医疗废物的暂时贮存设施、设备，不得露天存放医疗废物；医疗废物暂时贮存的时间不得超过 2 天。”医疗废物的暂时贮存设施、设备，应当远离医疗区、食品加工区和人员活动区以及生活垃圾存放场所，并设置明显的警示标识和防渗漏、防鼠、防蚊蝇、防蟑螂、防盗以及预防儿童接触等安全措施。医疗废物的暂时贮存设施、设备应当定期消毒和清洁。医疗废物的暂时贮存场所应设置医疗废物警示性标牌，样式如图 5-58 所示。

除了医疗卫生机构设置的医疗废物暂时贮存场所之外，医疗废物的处置单位也应当有符合标准的暂时贮存场所，用于存放运达的医疗废物。

图 5-58　医疗废物暂时贮存场所标识

3. 医疗废物的运输

当将医疗废物从产生点运至处理中心时，医疗卫生机构应当使用防渗漏、防遗撒的专用运送工具，包括周转箱（图 5-59 左）和医疗废物转运车（图 5-59 右），按照本单位确定的内部医疗废物运送时间、路线，将医疗废物收集、运送至最近的医疗废物处置中心。周转箱是用来盛装经密封包装的医疗废物的专用硬质容器。该容器用于医疗废物运送车运送医疗废物，起到经包装的医疗废物不直接和车辆厢体接触或直接暴露于外环境，或在发生包装袋破损时起到防止废物污染车厢和外环境的作用。运送工具使用后应当在医疗卫生机构内指定的地点及时消毒和清洁。

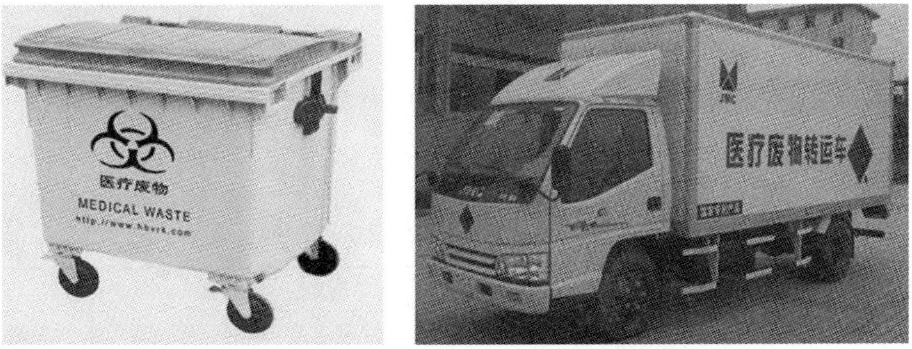

图 5-59　医疗废物周转箱（左）和医疗废物运输车（右）

4. 医疗废物收集、运输、处理管理制度

我国目前对医疗废物的收集、运输、处理和处置实行货单制。医疗机构的医疗

废物的管理人员与废物运送人员在进行废物交接时，应按照要求填写《危险废物转移联单》(医疗废物专用)和《医疗废物运送登记卡》，对医疗机构的名称、废物种类、废物量等项目进行填写并签字。

当运送人员把医疗废物运送到处理中心时，接收人员应对《医疗废物运送登记卡》进行核对并签字。医疗废物处置单位应当填报医疗废物处置月报表，报当地环保主管部门。医疗废物产生单位和处置单位应当填报医疗废物产生和处置的年报表，并于每年 1 月份向当地环保主管部门报送上一年度的产生和处置情况年报表。图 5-60 为我国目前实行的医疗废物收集运输流程和管理制度。

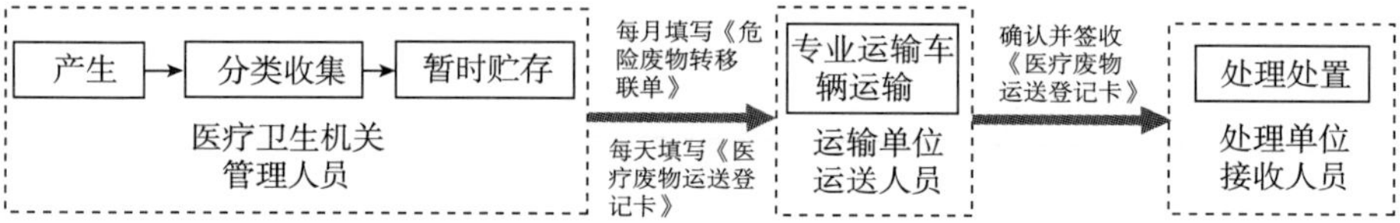

图 5-60　医疗废物收集、运输和处理流程与管理制度

三、医疗废物处理技术

现阶段，国家推行医疗废物的集中无害化处置，特殊情况下采用集中和分散处置相结合。医疗废物的处理要本着安全处置原则，降低二次污染，减小对生态环境的污染风险，确保安全化、稳定化、无害化处理。医疗废物处理技术主要包括焚烧技术、高压蒸汽灭菌技术、微波灭菌技术、化学消毒技术、等离子体技术。表 5-15 对各种医疗废物处理技术在投资运行费用、适用范围、操作难易程度等方面进行了比较。

表 5-15　各种医疗废物处理技术的比较

	现代焚烧	高压灭菌	微波灭菌	化学消毒	等离子裂解
投资费用	中	中	高	低	高
运行费用	中	中	中	低	高
适用范围	不适合放射性废物	适宜处理感染性强的医疗废物，不适宜处理病理性废物、药物性和化学性废物	适合处理感染性废物、损伤性废物、病理性废物(肢体除外)	适合处理感染性废物、损伤性废物、病理性废物(肢体除外)	所有

续表

	现代焚烧	高压灭菌	微波灭菌	化学消毒	等离子裂解
操作难易程度	相对容易	难（对操作人员要求很高）	难（对操作人员要求很高）	较难	难（对操作人员要求比较高）
废物体积削减效果	明显	不明显	明显		明显
臭气问题	有	轻微有	轻微有	轻微有	
环境影响	高	低	低	高	低

1. 医疗废物焚烧处理技术

焚烧法是目前应用最普遍的医疗废物处理方法。焚烧法不仅可以消灭有毒有害病毒病菌和分解有机毒物，消除废物的传染性及臭味，还可以最大限度地减少医疗废物的体积和数量，可以实现无害化和减量化，而且医疗废物较生活垃圾具有较高的热值，适宜于焚烧，因而该技术颇受青睐。医疗废物焚烧系统与一般生活垃圾焚烧系统有很多相似点，但二者的根本目的不同。医疗废物的焚烧处理目的首先是焚毁有毒有害物质，然后是废物的减量化和能量回收。医疗废物的焚烧系统针对医疗废物传染性和病毒性等特点，在进料系统、焚烧炉系统、烟气净化以及残渣处理系统上有以下特点：

①由于医疗废物具有极强的传染性，进料系统采用自动投料，避免与人体的直接接触。

②医疗废物的焚烧过程一般均必须在封闭的焚烧炉内进行。根据国外经验以及WHO的建议，用于医疗废物焚烧的焚烧炉，一般要求具有两个燃烧室，控制一燃室的温度≥850℃，废物停留时间≥1h，控制二燃室的温度在1050±50℃，烟气停留时间≥2s。医疗废物在一燃室可基本实现消毒灭菌，并去除绝大部分有毒有害的污染物，同时也可能因不完全燃烧产生一些有毒有害气体，这些气体随焚烧烟气一同进入二燃室，在二燃室的高温下，进一步焚毁一燃室新产生的有害气体和其他残存的污染物。

③在尾气处理中，焚烧易产生二恶英等剧毒气体，对环境和人体造成巨大威胁，一套合格的焚烧系统必须配备有烟气净化系统，该系统包括急冷装置、活性炭喷射吸附装置及袋式除尘器。通过急冷装置使烟气在短时间内急速冷却至250℃以下，跃过二恶英的形成阶段（450℃～250℃）。通过一个活性炭喷射吸附装置，使

烟气和活性炭在管道中强烈混合,从而吸附气体中二恶英等有害污染物。经过上述处理,使烟气排放达到国家相关的排放标准。

④医疗废物焚烧产生的飞灰属危险废物,应送至危险废物安全填埋场进行处置。

焚烧处理后的医疗废物能够达到消毒杀菌彻底、废物中的有机物都被转化为无机物、减容减量等显著效果。此外,医疗废物焚烧相关的设计、制造、验收等标准规范齐全、技术成熟。因此焚烧法在各类处理法中是首推的可供选择的医疗废物处理方法。一些发达国家如日本、法国、英国、荷兰,都主要采用焚烧法处理医疗废物。

2. 高压蒸汽灭菌技术

高压蒸汽灭菌法,也叫湿热法,是将医疗废物置于金属压力容器(高压釜,有足够的耐压强度),利用压力容器产生的过热蒸汽杀灭其中致病微生物的过程。

蒸汽消毒是医院消毒可重复使用的医疗器械时的标准方法,而这种方法也适用于医疗废物的处理。具体做法是:在密封的高压容器中通入130℃～190℃的蒸汽,使内部产生100～500kPa的压强,具体数值取决于设备的类型和尺寸以及废物的组成。废物在高压灭菌器中停留30～90 min,得到充分穿透,确保病原体被破坏。影响高压蒸汽灭菌效果的主要因素有高压灭菌器的温度和压力、进料废物的尺寸和组成、废物对蒸汽压的耐受力等。新一代的高压蒸汽灭菌技术中加入了浸渍和研磨,确保蒸汽更好地穿透废物,获得更好的处理效果。

该技术适宜处理感染性强的医疗废物,不适宜处理病理性废物,如人体组织和动物尸体,也不宜处理药物性和化学性医疗废物。高压蒸汽灭菌技术在美国、加拿大、摩洛哥、埃及等国家以及欧洲有着比较广泛的应用。在一些发展中国家,一些小型的高压蒸汽设施也逐渐建立起来。

3. 微波灭菌技术

微波灭菌是通过一定频率和波长的微波作用,通过微波激发预先破碎且润湿的废弃物以产生热量并释放出蒸汽,从而完成对医疗废物的灭菌。微波消毒具有节能、作用温度低、热损失慢,作用快速,消毒之后的废物无毒性、无残留物、损坏轻、环境污染小等特点。该技术适用于处理感染性废物、损伤性废物、病理性废物（人体器官和传染性的动物尸体除外），不适用于处理药物性废物、化学性废物。

我国于2006年出台的《医疗废物微波消毒集中处理工程技术规范》（试行）（HJ/T229—2006）要求，微波消毒处理系统一般包括：进料单元、破碎单元、微波消毒处理单元、卸料单元、自动化控制单元、废气/废水处理单元。其中进料单元、破碎单元的操作均在密闭及负压状态下进行。微波处理单元包括反应室、微波发射源、搅拌器、喷雾装置、出料装置等。出料单元设置自动输送装置直接卸入废物接受容器中，并对包装有专门要求，在此环节完成对废渣的污染控制。

微波处理技术是继焚烧之后经证实并取得广泛应用的医疗废物处理技术之一，近几年在美国、欧洲、澳洲等发达国家已经得到应用。

4. 化学消毒技术

化学处理技术在消毒和灭菌方面有着较长的历史和较广泛的应用。化学消毒技术适用于处理感染性废物、损伤性废物和病理性废物（人体器官和传染性的动物尸体等除外），不适合处理药物性废物和化学性废物。我国于2006年颁布的《医疗废物化学消毒集中处理工程技术规范》（试行）（HJ/T228—2005）要求医疗废物化学消毒工艺需要包括进料单元、破碎单元、药剂供应单元、化学消毒处理单元、出料单元、自动控制单元和废气/废水处理单元。其中进料单元和破碎单元需要在密闭的负压环境中进行，且废物破碎后颗粒要小于5cm。化学消毒可以分为干式化学消毒法和湿式化学消毒法两种。经过破碎的医疗废物与化学消毒药剂（如石灰粉、次氯酸钠、次氯酸钙、二氧化氯等）混合均匀，并停留足够的时间，使得传染性病菌被杀灭或失活，最终达到规定的消毒效果。从化学法处理医疗废物的本质上来看，消毒药剂与医疗废物的最大接触是保障处理效果的前提，通常使用旋转式破碎设备提高破碎程度，更好混合均匀，保证消毒药剂能够将其穿透。另一个关键的因素是必须采用高效的化学消毒剂，并确保选择的药剂的使用浓度、作用时间和作用条件（温度、湿度、pH等）符合规定要求。

目前在美国、加拿大、以色列等国家，化学消毒法在医疗废物处理领域占有一定比例。采用化学消毒处理技术处理医疗废物对我国来说还是一个崭新的话题，同高压蒸汽和微波消毒等非焚烧处理技术一样，其技术都主要是以引进为主，且管理经验不足。

5. 等离子体裂解技术

等离子体裂解技术是通入电流使惰性气体（如氩）发生电离，形成电弧，产生6000℃左右的高温，通过高温将医疗废物中的病原微生物杀死。等离子技术可以将废物变成玻璃状固体或炉渣，产物可直接进行填埋处置。等离子体裂解技术具有低渗出、高减容和高强度的特性。等离子体技术可处理任何形式的医疗废物，处理效率高，尾气排放少，二恶英和呋喃浓度很低。但该技术投资和运行费用比较高。

四、各种医疗废物处理技术在我国应用展望

在医疗废物的处理处置技术中，焚烧技术在我国的医疗废物处理中拥有较为成熟的经验，在国际上也被广泛地应用于医疗废物的处理处置。医疗废物的热值一般都比较高，能够达到焚烧热值的要求。而且当前，我国提倡对医疗废物进行集中处置，采用高温焚烧处置具有经济合理、消毒彻底、减容率高、处理量大、稳定性好等优点，因此医疗废物焚烧处置方式在我国现阶段仍然是首要选择。但近年来，废物不完全焚烧产生的污染物质引起的大气污染问题日益受到关注，各种法律法规相继出台用以限制污染气体排放，焚烧设施需要配备昂贵的尾气净化装置才能达到相应的排放要求。基于这种现状，无二次污染或二次污染小的非焚烧技术越来越受到发达国家的青睐。

目前，等离子体技术、微波技术等非焚烧技术正纷纷应用到医疗废物处理领域。我国对医疗废物的管理和处理处置处于起步阶段，对这些非焚烧处理处置技术应用的相关经验不足，尤其是像等离子体技术、微波辐射技术等新技术，虽然处理效率高、二次污染少，但其投资和运行费用高。因此，这些新技术在我国的应用，需要采取比较审慎的态度。

高温蒸汽灭菌技术因其具有投资费用较低、处理范围广，在医疗机构内部广泛应用。但该技术缺乏大规模应用的经验和实例，因此可能在较长的一段时间内仍只作为医院等医疗机构的基础消毒手段。

化学消毒技术一直是一种常规的消毒手段，现在已经延伸为处理医疗废物的一种方法。但由于其自身的局限性，如化学药剂对环境有潜在危险性，目前在发达国家已逐渐限制使用，但在我国仍是具有吸引力的选择。

参考文献

1. McDougall, F., White, P., Franke, M. et al. 城市固体废弃物综合管理——生命周期的视角[M]. 诸大建，邱寿丰，译. 上海：同济大学出版社，2006.

2. 餐厨垃圾能用做生物饲料吗？

http://news.sciencenet.cn/sbhtmlnews/2010/3/230122.html

3. 邓南圣，王小兵. 生命周期评价[M]. 北京：化学工业出版社，2003.

4. 段宁，程胜高. 生命周期评价方法体系及其对比分析[J]. 安徽农业科学，2008，36(32)：13923－13925，14049.

5. 国家环境保护总局科技标准司. 危险废物污染防治技术指南[M]. 北京：中国环境科学出社，2004.

6. 何品晶，冯肃伟，邵立明. 城市固体废物治理[M]. 北京：科学出版社，2003.

7. 何艳明，聂永丰. 我国危险废物管理现状及发展趋势[J]. 环境污染治理技术与设备，2002，3(6)：90－93.

8. 胡盛杰，付跃安，尹立吾. 医疗垃圾的危害与处理[J]. 中国卫生事业管理，2001，157(7)：437.

9. 黄晓文，吴三达. 填埋气体的综合利用[J]. 环境卫生工程，2006，14(4)：9－11.

10. 姜玲燕. 城市生活垃圾的生命周期研究[C]/中国环境保护优秀论文集(2005)：第五章 环境污染防治技术研究与开发. 北京：中国环境科学出版社，2005：1576－1579.

11. 垃圾焚烧专题[M/OL]. 科技信息与动态，2006. http://www.docin.com/p-455992.html.

12. 联合国环境署——技术，环境经济部. http://www.unep.fr/scp/waste/ewm/faq.htm.

13. 刘建. 医疗废物的危害与处理[J]. 河北医学，2009，1(10)：1251－1252.

14. 马润田，丁艳军. 城市垃圾热解工艺的探讨[J]. 煤气与热力，2002，22(5)：408－411.

15. 芈振明，高忠爱，祁梦兰，吴天宝. 固体废物的处理与处置[M]. 北京：高等教育出版社，1992.

16. 邵芳，王强，赵由才. 国内医疗废物处置与管理探讨[J]. 重庆环境科学，2001，23(5)：315.

17. 深圳汉环科技有限公司. http://a6160623.site.hichina.com/ d268867031.htm

18. 深圳汉氏固体废物处理设备有限公司. http://www.hanssz.com/hbjscontent.asp? id=233

19. 首钢集团. http://www.shougang.com.cn/shougang_cn_web/gsxw/6999.htm

20. 孙宁，吴舜泽，蒋国华. 全国危险废物处置设施普查的分析和思考[J]. 有色冶金设计与研究，2007，28(2-3)：8-17.

21. 王长生. 再生黏土砖混凝土性能试验[J]. 房材与应用，2001，29(1)：4445.

22. 王敏，王里奥，刘莉. 垃圾填埋场的温室气体控制[J]. 重庆大学学报(自然科学版)，2001，24(5)：142-144.

23. 王晓东. 发展循环经济与制度安排的思考——美德日发展循环经济的启示[J]. 福建论坛：人文社会科学版，2008(5)：30-33.

24. 魏宁，李小春，王燕，等. 城市垃圾填埋场甲烷资源量与利用前景[J]. 岩土力学，2009，30(6)：1687-1692.

25. 危险废物处理设施建设与运营现状. http://www.cecc-china.org/Item/13495.aspx

26. 肖可青. 垃圾填埋场渗滤液处理技术及其应用[J]. 环境工程，2009，27：181-184.

27. 徐海云. 我国生活垃圾填埋处理与温室气体减排概述. www.globalmethane.org/expo china07/docs/.../landfill welcome.pdf

28. 杨建斌. 一种利用餐厨垃圾中回收的地沟油生产生物柴油的方法：中国，CN101586042A [P]. 2009-11-25.

29. 杨建新，王如松. 中国产品生命周期影响评价方法研究[J]. 环境科学学报，2001，21(2)：234-237.

30. 杨玉楠，熊运实，杨军，等. 固体废物的处理处置工程与管理[M]. 北京：科学出版社，2004.

31. 赵玉杰，王伟. 垃圾填埋场甲烷气的排放及减排措施[J]. 环境卫生工程，2004，12(4)：217－219.

32. 中国移动. 2008年企业社会责任报告. http://10086.cn/aboutus/announced/201004/t20100427 16935.htm

33. 周士学. 煤与生物质热解化学[M]. 南京：中国矿业大学出版社，2000.

34. 朱锡华. 利用建筑垃圾生产轻质砌块[J]. 砖瓦，2001，(4)：41－42.

35. 朱颖，金保升，王泽明. 气化熔融焚烧工艺与城市生活垃圾热解特性的适应性研究[J]. 热力发电，2007，6：46－51.

36. 朱勇，刘保成，杜昱，吕国庆. 成都市固体废弃物卫生处置场垃圾渗滤液处理工程设计[J]. 中国给水排水，2010，26 (18)：73－75.

37. 李兵，张承龙，赵由才. 污泥处理与资源化丛书——污泥表征与预处理技术[M]. 北京：冶金工业出版社，2010.

38. 许玉东，陈荔英，赵由才. 污泥处理与资源化丛书——污泥管理与控制政策[M]. 北京：冶金工业出版社，2010.

39. 朱英，张华，赵由才. 污泥处理与资源化丛书——污泥循环卫生填埋技术[M]. 北京：冶金工业出版社，2010.

40. 王罗春，李雄，赵由才. 污泥处理与资源化丛书——污泥干化与焚烧技术[M]. 北京：冶金工业出版社，2010.

41. 李鸿江，顾莹莹，赵由才. 污泥处理与资源化利用丛书——污泥资源化利用技术[M]. 北京：冶金工业出版社，2010.

42. 王星，赵天涛，赵由才. 污泥处理与资源化利用丛书——污泥生物处理技术[M]. 北京：冶金工业出版社，2010.

43. 曹伟华，孙晓杰，赵由才. 污泥处理与资源化利用丛书——污泥处理与资源化应用实例[M]. 北京：冶金工业出版社，2010.

44. 赵由才，张承龙，蒋家超. 碱介质湿法冶金技术[M]. 北京：冶金工业出版社，2009.

45. 梅娟，范钦华，赵由才，等. 温室气体减排与控制技术丛书——交通运输领域温室气体减排与控制技术[M]. 北京：化学工业出版社，2009.

46.赵天涛，阎宁，赵由才，等.温室气体减排与控制技术丛书——环境工程领域温室气体减排与控制技术[M].北京：化学工业出版社，2009.

47.王星，徐菲，赵由才，等.温室气体减排与控制技术丛书——清洁发展机制开发与方法学指南[M].北京：化学工业出版社，2009.

48.唐红侠，韩丹，赵由才，等.温室气体减排与控制技术丛书——农林业温室气体减排与控制技术[M].北京：化学工业出版社，2009.

49.蒋家超，李明，赵由才，等.温室气体减排与控制技术丛书——工业领域温室气体减排与控制技术[M].北京：化学工业出版社，2009.

50.王罗春，张萍，赵由才，等.电力工业环境保护[M].北京：化学工业出版社，2008.

51.宋立杰，赵由才.冶金过程污染控制与资源化丛书——冶金企业废弃生产设备设施处理与利用[M].北京：冶金工业出版社，2009.

52.唐平，曹先艳，赵由才.冶金过程污染控制与资源化丛书——冶金过程废气污染控制与资源化[M].北京：冶金工业出版社，2008.

53.钱小青，葛丽英，赵由才.冶金过程污染控制与资源化丛书——冶金过程废水处理与利用[M].北京：冶金工业出版社，2008.

54.李鸿江，刘清，赵由才.冶金过程污染控制与资源化丛书——冶金过程固体废物处理与资源化[M].北京：冶金工业出版社，2008.

55.马建立，郭斌，赵由才.冶金过程污染控制与资源化丛书——绿色冶金与清洁生产[M].北京：冶金工业出版社，2007.

56.孙英杰，孙晓杰，赵由才.冶金过程污染控制与资源化丛书——冶金过程污染土壤和地下水整治与修复[M].北京：冶金工业出版社，2007.

57.蒋家超，招国栋，赵由才.冶金过程污染控制与资源化丛书——矿山固体废物处理与资源化[M].北京：冶金工业出版社，2007.

58.赵由才等.环境卫生工程丛书——可持续生活垃圾处理与处置[M].北京：化学工业出版社，2007.

59.赵由才，宋玉.生活垃圾处理与资源化技术手册[M].北京：冶金工业出版社，2007.

60. 牛冬杰，马俊伟，赵由才. 电子废弃物处理处置与资源化[M]. 北京：冶金工业出版社，2007.

61. 牛冬杰，孙晓杰，赵由才. 工业固体废物处理与资源化[M]. 北京：冶金工业出版社，2007.

62. 楼紫阳，赵由才，张全. 渗滤液处理处置技术与工程实例[M]. 北京：化学工业出版社，2007.

63. 牛冬杰，秦峰，赵由才. 环境卫生工程丛书——市容环境卫生管理[M]. 北京：化学工业出版社，2007.

64. 王罗春，赵爱华，赵由才. 环境卫生工程丛书——生活垃圾收集与运输[M]. 北京：化学工业出版社，2006.

65. 金龙，赵由才. 固体废物处理与资源化丛书——计算机与数学模型在固体废物处理与资源化中的应用[M]. 北京：化学工业出版社，2006.

66. 祝优珍，王志国，赵由才. 实验室污染与防治[M]. 北京：化学工业出版社，2006.

67. 王罗春，何德文，赵由才. 危险化学品废物的处理[M]. 北京：化学工业出版社，2006.

68. 赵由才，张全，蒲敏. 固体废物处理与资源化丛书——医疗废物管理与污染控制技术[M]. 北京：化学工业出版社，2005.

69. 边炳鑫，赵由才，康文泽. 固体废物处理与资源化丛书——农业固体废物的处理与综合利用[M]. 北京：化学工业出版社，2005.

70. 边炳鑫，解强，赵由才. 固体废物处理与资源化丛书——煤系固体废物资源化技术[M]. 北京：化学工业出版社，2005.

71. 柴晓利，赵爱华，赵由才. 固体废物处理与资源化丛书——固体废物焚烧技术[M]. 北京：化学工业出版社，2005.

72. 柴晓利，张华，赵由才. 固体废物处理与资源化丛书——固体废物堆肥原理与技术[M]. 北京：化学工业出版社，2005.

73. 赵由才，龙燕，张华. 固体废物处理与资源化丛书——生活垃圾卫生填埋技术[M]. 北京：化学工业出版社，2004.

74. 边炳鑫，张鸿波，赵由才. 固体废物处理与资源化丛书——固体废物预处理与分选技术[M].北京:化学工业出版社,2004.

75.王罗春,赵由才.固体废物处理与资源化丛书——建筑垃圾处理与资源化[M].北京:化学工业出版社,2004.

76.解强,边炳鑫,赵由才.固体废物处理与资源化丛书——城市固体废弃物能源化利用技术[M].北京:化学工业出版社,2004.

77.赵由才.危险废物处理技术[M].北京:化学工业出版社,2003.

78.赵由才.环境工程化学[M].北京:化学工业出版社,2003.

79.赵由才,牛冬杰.湿法冶金污染控制技术[M].北京:冶金工业出版社,2003.

80.赵由才.实用环境工程手册——固体废物污染控制与资源化[M].北京:化学工业出版社,2002.

81.赵由才.生活垃圾资源化原理与技术[M].北京:化学工业出版社,2002.

82.赵由才,黄仁华.生活垃圾卫生填埋场现场运行指南[M].北京:化学工业出版社,2001.

83.张益,赵由才.生活垃圾焚烧技术[M].北京:化学工业出版社,2000.

84.赵由才,朱青山.城市生活垃圾卫生填埋场技术与管理手册[M].北京:化学工业出版社,1999.

85.赵由才,牛冬杰,柴晓利,等.固体废物处理与资源化[M].北京:化学工业出版社,2006.

86.孙英杰,赵由才.危险废物处理技术[M].北京:化学工业出版社,2006.

87.宋立杰,赵天涛,赵由才.固体废物处理与资源化实验[M].北京:化学工业出版社,2008.

88.赵由才.固体废物的最终处置[M]//周立祥.固体废物处理处置与资源化.北京:中国农业出版社,2007.

89.赵由才,甄广印,韩丹.实现生活垃圾最大限度的资源利用[M]//寿子琪.科学家带你游世博.施强华,马兴发,郁增荣.上海:上海科学技术出版社,2010:46-49.

90.赵由才,汪宝英.固体废物处理与资源化[M]//上海市经济团体联合会和上海市化学化工学会.节能减排小组活动-化学化工篇-新途径与新技术.上海:华东理工大学出版社,2010:84-98.

91. Zhao Youcai. MSW Management and Technology in China; Development Towards Sustainable Waste Management in China [M]// Christian Ludwig, Stefanie Hellweg, Samuel Stucki. Municipal Solid Waste Management——Strategies and Technologies for Sustainable Solutions. Germany: Springer, 2002:34－42;2002:502－506.

92. Chai Xiaoli, Zhao Youcai. Municipal Solid Waste in China[M]//. Agamuthu P. and Masaru Tanaka Municipal Solid Waste Management in Asia and the Pacific Islands. Indonesia: Penerbit ITB Press, 2010:63－74.

93. 赵由才.固体废物处理与资源化[M]//赵庆祥.现代工程科学与技术丛书——环境科学与工程.北京:科学出版社,2007:251－284.

94. 赵由才,牛冬杰,柴晓利.固体废物实验[M]//章非娟,徐竟成.环境工程实验,北京:高等教育出版社,2006:208－226.

95. 赵由才,牛冬杰,边炳鑫.湿法冶金污染控制与资源化[M]//陈家镛.湿法冶金手册.北京:冶金工业出版社,2005:1648－1685.

96. 赵由才.固体废物处理与资源化[M]//李逸平.科学的魅力.上海:上海科学普及出版社,2004:327－337.

97. 赵由才,等.固体废物部分[M]//方如康.环境学词典.北京:科学出版社,2003:495－539.

98. 赵由才,等.有机固体废物的堆肥化处理;城市生活垃圾的卫生填埋处理;实例六;实例七;实例十[M]//李国鼎.环境工程手册——固体废物污染防治卷.北京:高等教育出版社,2003:281－350;2003:533－591;2003:918－920;2003:921－925;2003:932－933.

99. An introduction to anaerobic digestion of organic wastes, final report, 2003.

http://www.google.com.hk/#hl=zh-CN&safe=strict&q=An+introduction+to+anaerobic+digestion+of+organic+wastes&oq=An+introduction+to+anaerobic+digestion+of+organic+wastes&aq=f&aqi=&aql=&gs_sm=e&gs_upl=1731941173194161174142111110101010137613761 3－11110&fp=3cdadf9adc2477aa&biw=945&bih=612

100. An introduction to plastic recycling, 2009. Plastic Waste Management Insti-

tute. www. pwmi. or. jp/ei/plastic_recycling_2009. pdf

101. An overview of landfill gas energy in the United States. www. epa. gov/lmop/documents/pdfs/overview. pdf

102. Asphalt rubber usage guide. State of California Department of Transportation, 2003. http://www. asphaltrubber. org/ari/California_AR_Design_Guide/Caltrans_Asphalt_Rubber_Usage_Guide. pdf # search ='ASPHALT RUBBER USAGE GUIDE'.

103. Blischke, J. Combining anaerobic digestion with enclosed tunnel composting [J]. BioCycle, 2004, 45(4): 49 - 68.

104. Bonaparte, R., Gross, B. A. Field behavior of double - liner systems in waste containment systems: construction, regulation, and performance[J]. ASCE Geotechnical Special Publication, 1990, 26: 52 - 83.

105. Briefing - pyrolysis, gasification and plasma. Friends of the Earth, 2009.
www. foe. co. uk/resource/briefings/gasification pyrolysis. pdf.

106. Comparative life cycle assessment of two options for scrap tire treatment: Material recycling vs. tire - derived fuel combustion. http://www. genan. eu/Admin/Public/Download. aspx? file = Files%2fFiler%2fpdf%2fLCA - Material Recycling vs. Tire - Derived Fuel Combustion - US Methodology. pdf.

107. Data compiled from waste from electrical and electronic equipment (WEEE) - quantities, dangerous substances and treatment methods, EEA Copenhagen, 2003.

108. De Baere, L., Mattheeuws, B. State of the art of anaerobic digestion of municipal solid waste in Europe[R]. Proceedings of the International Conference on Solid Waste 2011——Moving Towards Sustainable Resource Management, Hong Kong, China, 2011.

109. Doorn, M. R. J., Barlez M. A. Estimate of global methane emissions from landfills and open dumps, project summary, EPA/600/SR - 95/019, February, 1995.

110. Electronics waste management in the United States through 2009, EPA 530 - R - 11 - 002, May 2011. http://www. epa. gov/wastes/conserve/materials/ecy-

cling/docs/fullbaselinereport2011.pdf.

111. Fact sheet, management of electronic waste in the United States, EPA530 - F - 08 - 014, July 2008. http://www.epa.gov/osw/conserve/materials/ecycling/docs/fact7 - 08.pdf

112. Facts and figures on e - waste and recycling. Electronics Take Back Coalition. www.electronicstakeback.com

113. Gasification, pyrolysis & plasma incineration.

http://www.no - burn.org/downloads/Gasification,%20Pyrolysis,%20and%20Plasma%20Incineration.pdf.

114. Goldstein, N.. Source separated MSW composting in the U.S. [J]. BioCycle, 2005, 46(12): 20.

115. Guo, Y., Huang, C.J., Zhang, H. et al.. Heavy metal contamination from electronic waste recycling at Guiyu, Southeastern China[J]. Journal of Environmental Quality, 2009, 38: 1617 - 1626.

116. Gurbakhash S. Bhander, Michael Z. Hauschild, Thomas H. Christensen. Waste Management Modeling with PC - Based Model——EASEWASTE[J]. Environmental Progress, 2008, 27(1): 133 - 142.

117. Henrik Wenzel, Michael Hauschild. Environmental assessment of products [M]. Lond: Chapman and Hall, 1997.

118. How to increase the mechanical recycling of post - consumer plastics. Strategy paper of the European Plastics Recyclers Association. 2010. http://www.plasticsrecyclers.eu/cms/compelling - facts - about - plastics

119. Integrated waste management model for municipalities. http://www.iwm - model.uwaterloo.ca/.

120. International Ash Working Group (IAWG): Chandler, A.J., Eighmy, T. T., Hartlén, J., Hjelmar, O., Kosson, D.S., Sawell, S.E., van der Sloot, H.A., Vehlow J. Municipal Solid Waste Incinerator Residues, Elsevier, Amsterdam - Lausanne - New York - Oxford - Shannon - Tokyo, 1997.

121. Inventory of U. S. greenhouse gas emissions and sinks: 1990 - 2009, EPA, April 2011. www. epa. gov/climatechange/emissions/downloads11/US - GHG - Inventory - 2011 - Complete_Report. pdf

122. Landfill methane outreach program and landfill gas energy: the power of partnership. www. epa. gov/lmop/documents/pdfs/lmopbro. pdf

123. Lissens, G., Vandevivere, P., De Baere, L., Biey, E. M., Verstraete, W.. Solid waste digestors: process performance and practice for municipal solid waste digestion [J]. Water Science and Technology, 2001, 44(8): 91 - 102.

124. Municipal solid waste in the United States. www. epa. gov/osw/nonhaz/municipal/pubs/msw2009rpt. pdf

125. Municipal solid waste in the United States: 2009 Facts and Figures. EPA - 530 - F - 010 - 012, December 2010. http://www. epa. gov/osw/nonhaz/municipal/msw99. htm

126. Münnich, K. Mechanical biological treatment of MSW: A potential to reduce the impact on environment. http://www. google. com. hk/#hl = zh - CN&safe = strict&q = Mechanical + biological + treatment + of + MSW: + A + potential + to + reduce + the + impact + on + environment&oq = Mechanical + biological + treatment + of + MSW: + A + potential + to + reduce + the + impact + on + environment&aq = f&aqi = &aql = &gs _ sm = e&gs _ upl = 1455721146308121146970111110101010101011010&fp = 3cdadf9adc2477aa&biw = 945&bih = 612

127. Naceri, A., Hamina, M. C. Use of waste brick as a partial replacement of cement in mortar [J]. Waste Management, 2009, 29(8):2378 - 2384.

128. Nichols, C.E. Overview of anaerobic digestion technologies in Europe [J]. BioCycle, 2004, 45(1): 47 - 53.

129. Plastic products, plastic waste and resource recovery 2009, PWMI Newsletter, 2011, 40.

http://www2. pwmi. or. jp/siryo/ei/ei_pdf/ei40. pdf

130. Plastic waste in the environment - final report (April 2011). ec. europa. eu/

environment/waste/studies/pdf/plastics. pdf

131. Plastics Europe, EuPC, EuPR, EPRO and Consultic. The compelling facts about plastics——An analysis of European plastics production, demand and recovery for 2008.

http://www. plasticseurope. org/document/the - compelling - facts - about - plastics - 2009. aspx.

132. Rapport, J., Zhang, R., Jenkins, B. M., Williams, R. B. Current anaerobic digestion technologies used for treatment of municipal organic solid waste, 2008.

http://www. calrecycle. ca. gov/publications/default. asp? pubid = 1275.

133. Reschner, K. Scrap Tire Recycling——A summary of prevalent disposal and recycling methods. www. entire - engineering. de/Scrap_Tire_Recycling. pdf.

134. Sakai, S. E - waste management for the sound material cycles and persistent chemicals control. Inaugural Meeting of the Regional 3R Forum in Asia, Tokyo, Japan, 2009.

135. Scrap tire markets in the United States——9th biennial report. Rubber Manufactures Association, May 2009. http://www. rma. org/publications/scrap_tires/index. cfm? PublicationID = 11502.

136. Stegmann, R. Mechanical biological pretreatment of municipal solid waste. Tenth International Waste Management and Landfill Symposium, Sardinia, Italy, 2005.

137. Systems and markets overview of anaerobic digestion. www. biores. eu/docs/BIOGASFUNDAMENTALS/IEA - MSWAD. pdf.

138. Takashi, Y. Current recycling technologies for plastic waste in Japan. Osaka, Japan, 2009. http://gec. jp/gec/en/Activities/EST/2009/wasteplatics/T1 _ Yamawaki. pdf.

139. The compelling facts about plastics 2009——a study carried out by EuPR, EuPC, Plastics Europe and EPRO. http://www. plasticsrecyclers. eu.

140. The Japan Containers and Packing Recycling Association. http://www. jc-

pra. or. jp/eng/statistics. html.

141. Hansen, T. L., Christensen, T. H., Schmidt, S. Environmental modeling of use of treated organic waste on agricultural land: a comparison of existing models for life cycle assessment waste systems [J]. Waste Management & Research, 2006, 24:141 - 152.

142. Vehlow, J. Bottom ash and APC residue management. Expert meeting on Power Production from Waste and Biomass - IV. Espoo, Finland, 2002.

143. Visvanathan, C. Medical waste management issues in Asia. Asia 3R Conference, Tokyo, Japan, 2006.

144. Yang, J., Nielsen, P. H. Chinese life cycle impact assessment factors[J]. Environmental Sciences, 2001, 13(2):209 - 251.

145. Zhao, Y., Wang, H., Lu, W. Life - cycle assessment of the municipal solid waste management system in Hangzhou, China[J]. Waste Management & Research, 2009, 27:399 - 406.

146. JFE スチール株式会社. http://www. jfe - steel. co. jp/recycle/kouro02_fireplace. html.

147. 一般廃棄物に係る新基準策定調査報告書(日本環境省). http://www. env. go. jp/recycle/report/h19 - 01/chpt4 - 3. pdf.

148. 一般廃棄物の排出及び処理状況等について(日本環境省). http://www. env. go. jp/recycle/waste_tech/ippan/index. html.

149. 今津運動公園(埋立跡地)(福岡市環境局). www. fukuoka. unhabitat. org/kcap/activities/egm/2009/pdf/oyamada_jp. pdf.

150. 家電リサイクル年次報告書(平成 22 年度版)家電製品協会. http://www. aeha. or. jp/recycling_report/index. html.

151. 株式会社レボインターナショナル. http://www. e - revo. jp/.

152. ガス化溶融炉について(参考 3). www. city. kobe. lg. jp/life/recycle/environmental/kentouiinkai/img/503gasu. pdf.

153. 京都市廃食用油燃料化施設. http://www. city. kyoto. lg. jp/kankyo/page/

0000065549. html.

154. 建設副産物の現状(日本国土交通省). http://www. mlit. go. jp/sogoseisaku/region/recycle/fukusanbutsu/genjo/index. htm.

155. 建設リサイクル法の概要(日本環境省). http://www. env. go. jp/recycle/build/gaiyo. html.

156. ごみ処理基本計画(日本四日市環境部門資料). http://www. city. yokkaichi. mie. jp/kankyo/kihonkeikaku/h21/.

157. 社団法人プラスチック処理促進協会(Plastic Waste Management Institute). http://www. pwmi. or. jp/flow/flame04. htm.

158. 食品リサイクル法. http://www. shokusan. or. jp/kankyo/shoku/foundation/fou_a. html.

159. 新日鉄エンジニアリング株式会社. http://www. nsc - eng. co. jp/news/detail/34.

160. 自動車リサイクル法(日本環境省). http://www. env. go. jp/recycle/car/index. html.

161. 全国溶融処理施設一覧(2010年12月—現在). www. k4. dion. ne. jp/～ecobag/23kugomi/pdf/youyu22. pdf.

162. タイヤ業界におけるリサイクルへの取組み,社団法人日本自動車タイヤ協会. www. env. go. jp/council/03haiki/y035 - 20/mat04_1_1. pdf.

163. 東京二十三区清掃一部事務組合. http://www. union. tokyo23 - seisou. lg. jp/23ku_seisou/3_funen. html.

164. 特定家庭用機器再商品化法について(家電リサイクル法)(日本経済産業省、環境省).

165. 独立行政法人 国立環境研究所. http://www - cycle. nies. go. jp/precycle/kokus/about. html.

166. 日本株式会社平山組. http://hirayamagumi. com/recycle - a. html.

167. 日本北九州エコタウン.

http://www. kitaq - ecotown. com/torikumi/company/hibiki - ecosite. php.

168. 日本タクマ(Takuma)株式会社. http://www. takuma. co. jp/product/waste/general/03kiln01. html.

169. 日本の廃棄物処理(平成10年度版)(日本環境省). http://www. env. go. jp/recycle/waste_tech/ippan/h10/data/waste_disposal. doc.

170. 日本の廃棄物処理(平成20年度版)(日本環境省). http://www. env. go. jp/recycle/waste_tech/ippan/h20/index. html.

171. 日本宗像清掃工場. http://www. genkai - kankyo. jp/ecopark/gas/youyuro. html.

172. 日本メタウォーター(Metawater)株式会社. http://www. metawater. co. jp/product/environment/gas_ification/index. html.

173. 日本リサイクルマネジメント(Recycling Management Japan. Inc.).
http://www. jfe - rmj. co. jp/business/rdf. html.

174. 廃タイヤリサイクルの状況，日本タイヤリサイクル協同組合(JSRA).
http://www. j - sra. jp/materials. html.

175. 福岡大学松藤康司教授研究室ホームページ.
http://wwwtec2. tl. fukuoka - u. ac. jp/～tc/suiri/new/framepage. htm.

176. プラスチック製容器包装再商品化手法に関する環境負荷等の検討(平成19年6月).
日本容器包装リサイクル協会. www. jcpra. or. jp/00oshirase/pdf/lca_kanzen. pdf.

177. 平成20年度容器包装リサイクル法に基づく市町村の分別収集及び再商品化の実績について(お知らせ)(日本環境省). http://www. env. go. jp/press/press. php? serial = 11806.

178. 利用焦化工艺处理废塑料技术研究与开发.
http://www. cedu. org. cn/web/jsp/news/detailNews. jsp? id = 1185.

编后语

为适应市长培训工作需要，全国市长研修学院以科学发展观为指导，围绕市长培训教学涉及的住房和城乡建设事业发展领域的一些重大问题，组织有关专家和政府资深官员，编写了供城市领导培训学习参考用的系列教材。

教材内容主要包括需要城市领导掌握的住房和城乡管理方面的基本知识、发展方向、政策决策重点以及精选案例。在教材编写过程中，我们力求体现理论性、知识性、政策性于一体，着重突出时代性、实效性、权威性和可操作性，并且在适应城市领导学习需要的前提下，尽可能的考虑其他相关领域领导干部以及广大读者的学习需要。

《城市固体废物管理》是市长培训教材系列中的一本重要教材。主要包括城市固体废弃物管理的法律法规、城市固体废弃物管理系统规划、城市固体废弃物管理制度、城市固体废弃物管理实用技术等内容。作者多年从事城市固体废弃物领域的课题研究与教学工作，具有丰富的理论与实践经验，本书即是作者多年实践总结和潜心理论研究的重要成果之一，相信对读者的学习和工作会有不可多得的帮助。

参与本书大纲评审、初稿修订的人员有宋言平、宓志坚、陈超、刘悦、张宁。美国能源基金会对本书的编写给予了大力支持，中国城市出版社在编辑出版过程中做了大量工作。在此，谨对提供帮助、支持的单位和个人表示衷心感谢。

最后，我们恳切希望城市领导、管理者、研究人员以及广大读者对教材多提宝贵意见，以期把中国市长培训教材编写得更好。

全国市长研修学院　王忠平

2012年8月